U0345526

从零开始学 LaTeX

李尚乐 / 编著

電子工業出版社
Publishing House of Electronics Industry
北京•BEIJING

内容简介

本书从 LaTeX 的环境安装配置开始介绍，逐步带领读者了解 LaTeX 的使用语法和应用场景。本书重点介绍了 LaTeX 的文本排版，从文本排版出发，逐步了解图表的排版方式。根据 LaTeX 文档的类型差异，介绍了幻灯片的使用方法。在学习了基本文档类应用和语法规则之后，扩展了 LaTeX 的自定义命令和环境，提供了很多参考资料和学习网站，方便读者进一步探究。

本书分为 7 章，涵盖的主要内容有 LaTeX 文本排版语法、数学公式排版方法、图表应用方法、幻灯片制作方法和定制 LaTeX。其中文本排版是本书的核心内容，LaTeX 本身就是为文本排版而设计的，它包括了文字、符号、字体、段落、标题等内容。编辑数学公式是 LaTeX 的优势，包括数学符号、公式环境及常见公式模板等。图表包括了图像和表格，幻灯片包含了很多主题样式。在掌握基础知识后，扩展了 LaTeX 的自定义命令和环境，并列举了很多学习资源。

本书内容通俗易懂，案例丰富，实用性强，特别适合 LaTeX 的入门读者和进阶读者阅读，也适合高校师生和学术研究工作者使用，同时适合图书编辑、排版人员使用。另外，本书也适合作为相关培训机构的教材。

图书在版编目（CIP）数据

从零开始学 Latex/李尚乐编著. – 北京: 电子工业出版社, 2023.1
ISBN 978-7-121-44579-8

Ⅰ. ①从… Ⅱ. ①李… Ⅲ. ①排版 – 应用软件 Ⅳ. ①TS803.23

中国版本图书馆 CIP 数据核字（2022）第 221625 号

责任编辑：高洪霞
印　　刷：三河市良远印务有限公司
装　　订：三河市良远印务有限公司
出版发行：电子工业出版社
　　　　　北京市海淀区万寿路 173 信箱　　邮编：100036
开　　本：787 × 980　1/16　　印张：21.5　　字数：445.9 千字
版　　次：2023 年 1 月第 1 版
印　　次：2023 年 1 月第 1 次印刷
定　　价：109.00 元

凡所购买电子工业出版社图书有缺损问题，请向购买书店调换。若书店售缺，请与本社发行部联系，联系及邮购电话：（010）88254888，88258888。

质量投诉请发邮件至 zlts@phei.com.cn，盗版侵权举报请发邮件至 dbqq@phei.com.cn。

本书咨询联系方式：（010）51260888-819，faq@phei.com.cn。

前　　言

这种技术有什么前途

LaTeX 是一款基于 TeX 的排版软件，特别适合排版理工科学术论文、书籍，很多出版社、杂志社都支持 LaTeX 文档排版。LaTeX 屏蔽各个出版方的文档格式要求，让作者专注于文本内容的创作。各个出版方的文本格式，可以由出版方或专业人士提供，在此基础上，作者在短时间内就能够排版出不错的文档，且在各个平台上文档格式不会改变（用 Word 排版的文档在不同版本、不同平台中可能会出现混乱，用 LaTeX 排版的文档就不会有这样的问题）。

LaTeX 将 TeX 的底层命令以宏包的形式封装调用，极大地简化了 TeX 的应用难度，成为学术排版利器，在学术排版上受到极大欢迎，LaTeX 也得到极大的发展。本书用的 LaTeX 版本是 LaTeX2ε，这是一个非常经典的版本，还在不断地更新。掌握 LaTeX 的基本语法，你就可以排版出符合出版社要求的文档，即使更换出版方，也只需要简单地修改格式文件，不用在格式版本上花费太多时间，更不需要担心格式混乱问题。

LaTeX 能够非常轻松地排版数学公式，这是 Word 等编辑器不能比拟的。LaTeX 语法与 Markdown 有很多相似的地方，特别是数学公式的语法，两者基本相同，这为 LaTeX 应用在多平台上提供了便利。

笔者的使用体会

LaTeX 的最大优势在于不需要作者去排版内容，能够让作者专注于内容创造。只要作者掌握简单的 LaTeX 命令，了解基本的语法规则，就可以很快排版出不错的文档，且不会因为平台移植导致文档格式混乱，节省了大量的排版时间。特别是在理工类文档写作中，常常涉及大量的数学公式，例如密码学中的数学公式，LaTeX 能够非常轻松地编辑它。另外，如果熟练掌握 LaTeX 的公式语法，则在编辑 Word 文档的时候，可以通过相关插件将 LaTeX 中的公式导入 Word 中，或者在 Word 中像使用 LaTeX 一样编辑公式。

LaTeX 的语法非常简单，LaTeX 针对不同应用场景和个性化需求定制了很多宏包，形成命令和环境的宏包集合。通过命令可以指挥 LaTeX 执行某些指令，达到用户的预期效果。环境相当于一个盒子，每个盒子按照类型装载不同样式的内容。用户根据需求加载不同的宏包，定制个性化格式版面。所以，学习 LaTeX 就是学习如何使用命令和环境。

学习 LaTeX 的网站有很多，它们提供了很多学习资料，但多数是英文资料。在很多中文博客、论坛、社区上，也有相关的技术分享。如果在应用过程中遇到困难，用户可以到网络上寻求帮助。

本书的特色

- **视频教学：**笔者为本书录制部分配套教学视频，并附赠部分学习资料，帮助读者高效、直观地学习重点内容。
- **从零到一：**从环境配置开始介绍，引入大量基础示例夯实基础，扩展大量参考资料深入探究。
- **内容精简：**书中应用大量的图表辅助，理论与案例结合，深入浅出，语言精练。

本书包括哪些内容

本书内容分四部分，第一部分简单介绍 LaTeX 有哪些主要内容，第二部分是 LaTeX 的核心内容，第三部分介绍幻灯片的制作，第四部分学习自定义 LaTeX 的命令和环境。

第一部分主要介绍了 LaTeX 包含的内容，如 LaTeX 的文本排版、数学公式、图表应用、幻灯片、扩展资源等。

第二部分是本书的核心内容，包括文本排版、数学公式应用、图表应用等内容。

第三部分介绍幻灯片的制作方法，以及相关的主题样式和动画。

第四部分增加了 LaTeX 的自定义命令和环境，并列举了很多外部工具和学习资源。

本书读者对象

- LaTeX 零基础入门人员；
- 学术研究工作者；
- 高校师生；
- 图书排版、编辑人员。

目录

第一部分　LaTeX 简介

第 1 章　初识 LaTeX ······ **1**

1.1　认识 LaTeX ······ 1

1.1.1　历史简介 ······ 1

1.1.2　编辑工具 ······ 2

1.2　基本结构 ······ 3

1.2.1　第一个 LaTeX 文档 ······ 3

1.2.2　正文段落 ······ 7

1.2.3　数学公式 ······ 11

1.2.4　图形表格 ······ 13

1.2.5　幻灯片 ······ 15

1.3　延伸学习 ······ 17

1.3.1　命令和环境 ······ 17

1.3.2　错误调试 ······ 18

第二部分　LaTeX 的核心内容

第 2 章　文本 ······ **21**

2.1　文字 ······ 21

2.1.1　语言 ······ 21

2.1.2　文字 ······ 22

2.2　符号 ······ 24

2.2.1　特殊符号 ······ 25

2.2.2　标点符号 ······ 26

2.2.3　抄录 ······ 27

2.2.4 着重号 29
2.2.5 空格 30
2.3 字体字号 32
2.3.1 字体 32
2.3.2 字号 36
2.3.3 大小写转换 39
2.3.4 间距 40
2.4 段落 42
2.4.1 缩进和换行 43
2.4.2 文本对齐 44
2.4.3 行间距 46
2.4.4 首字下沉 48
2.4.5 图文环绕 50
2.4.6 文本环境 52
2.4.7 列表环境 53
2.4.8 定理环境 58
2.4.9 代码环境 61
2.4.10 行号 71
2.4.11 分栏 75
2.4.12 盒子 80
2.5 标题 82
2.5.1 文章标题 83
2.5.2 浮动体 90
2.5.3 图/表标题 92
2.6 版式 97
2.6.1 页眉/页脚 97
2.6.2 页码 102
2.6.3 脚注 104
2.7 索引 108
2.7.1 目录 108
2.7.2 引用 111
2.7.3 参考文献 113
2.8 文档和页面 118
2.8.1 页面 119
2.8.2 文档类型 126

第 3 章 数学公式 ······ 128

3.1 数学符号 ······ 128

3.1.1 常用字符 ······ 129

3.1.2 运算符 ······ 131

3.1.3 连字符 ······ 136

3.1.4 箭头 ······ 136

3.1.5 带帽字符 ······ 138

3.2 公式环境 ······ 140

3.2.1 初识公式 ······ 140

3.2.2 amsmath 宏包 ······ 141

3.3 括号 ······ 150

3.3.1 定界符 ······ 150

3.3.2 方程组 ······ 152

3.3.3 矩阵 ······ 154

3.4 常用形式 ······ 157

3.4.1 根号 ······ 157

3.4.2 常用公式形式 ······ 159

3.4.3 极限角标 ······ 160

3.4.4 交互图 ······ 163

3.4.5 分式 ······ 164

3.4.6 案例集合 ······ 167

3.5 格式调整 ······ 170

3.5.1 字体 ······ 170

3.5.2 字符尺寸 ······ 172

3.5.3 公式空间 ······ 174

3.5.4 序号 ······ 176

第 4 章 表格 ······ 181

4.1 表格环境 ······ 182

4.1.1 array 宏包 ······ 186

4.1.2 表格宽度 ······ 190

4.2 跨行跨页 ······ 194

4.2.1 行列合并 ······ 194

4.2.2 表格跨页 ······ 198

4.3 表格色彩 206
4.3.1 文字颜色 206
4.3.2 表格背景 207
4.3.3 边框色彩 210
4.3.4 表格边框 214
4.4 扩展 219
4.4.1 进制数对齐 219
4.4.2 添加标注 222
4.4.3 对角线 225

第 5 章 图形 228
5.1 认识图形 228
5.1.1 简单边框 228
5.1.2 线条 235
5.2 插图 238
5.2.1 插入图片 239
5.2.2 插入 PDF 文档 245
5.2.3 图像小标题 248
5.2.4 图像上添加标注 252
5.2.5 图文环绕 253
5.2.6 页面背景 254
5.3 绘制图形 256
5.3.1 线条控制 257
5.3.2 线条样式 265
5.3.3 箭头 268
5.3.4 节点 271
5.3.5 tikz 宏包仓库 275
5.4 颜色控制 278

第三部分 幻灯片的制作

第 6 章 幻灯片 281
6.1 基本结构 281
6.1.1 frame 286

6.1.2 头部和底部 …… 289
6.1.3 背景 …… 290
6.1.4 布局 …… 291
6.2 主题 …… 293
6.2.1 样式主题 …… 293
6.2.2 色彩主题 …… 294
6.2.3 字体主题 …… 295
6.2.4 内部主题和外部主题 …… 296
6.3 模块 …… 298
6.3.1 文本 …… 298
6.3.2 列表 …… 301
6.3.3 分栏 …… 305
6.4 动画 …… 307
6.4.1 pause 命令 …… 308
6.4.2 overlay 覆盖 …… 310
6.4.3 帧作用命令 …… 312

第四部分 自定义 LaTeX 的命令和环境

第 7 章 定制 LaTeX …… 315
7.1 宏编辑 …… 315
7.1.1 定义命令 …… 315
7.1.2 定义环境 …… 318
7.1.3 条件判断 …… 319
7.1.4 建立宏包 …… 321
7.2 扩展 …… 326
7.2.1 外部工具 …… 326
7.2.2 资源 …… 329

参考文献 …… 330

第一部分 LaTeX 简介

第 1 章 初识 LaTeX

LaTeX 在图书排版方面具有很大的优势，特别是对于数学、物理、计算机等领域来说，涉及大量的数学公式，利用 LaTeX 排版文档，能够节省大量的排版时间，且得到相对美观的效果。

本章将从 LaTeX 的简要历史出发，带领读者逐步认识什么是 LaTeX——先配置好所需环境，尝试第一个简单的 LaTeX 文档，认识文档的基本结构及相关的常用命令。

1.1 认识 LaTeX

LaTeX 是一款优秀的排版软件，作者在内容的排版上不需要花太多时间，只需要将精力专注于学术内容，就能排版出相当美观的文档，从而节省大量的排版时间。

1.1.1 历史简介

斯坦福大学教授 Donald Knuth (高德纳) 创作了一本名为 *The Art of Computer Programming* (《计算机编程艺术》) 的书，交给出版商出版，由人工手动操作传统金属设备完成。1976 年再版的时候，出版商改用简单的电子排版方法，却没有达到 Donald Knuth 的要求。于是，Donald Knuth 与学生一起写出了名为 TeX 的排版软件。

TeX 可以非常方便地排版学术论文，特别是在数学公式排版方面有着非常大的优势，排版完成之后，不管在哪里使用，格式都不会乱。TeX 中定义了几百个排版命令，即 TeX 引擎，但是无法满足所有用户的需求，所以 Donald Knuth 开发了可扩展的 TeX——PlainTeX。

尽管 TeX 的底层只有几百个命令，但对于大多数用户来说，还是比较难以接受。1984 年，Leslie Lamport (兰波特) 创建了一个名为 lplain 的宏，然后运行一个名为 LaTeX 的程序，让 TeX 引擎先读取这个宏，使得程序更方便阅读。

Leslie Lamport 设计的 LaTeX 可以更加方便用户利用 TeX 的强大功能，不需要用户自己设计命令或定义宏，即使用户不知道 TeX 的存在，也可以在短时间内生产高质量文档，于是 LaTeX 变得越来越受欢迎。

LaTeX 自问世以来不断发展，最初的正式版本为 2.09。随着时间的推移，出现了很多版本，例如 AMS-LaTeX。版本的增加，面临的问题是版本之间的兼容性如何解决。Frank Mittelbach 等人成立了 LaTeX3 项目组，希望开发一个最优的、有效的、统一的、标准的命令集合。1994 年发布的LaTeX 2_ε 是实现这一目标的第一步，是目前的标准版本，本书也是基于LaTeX 2_ε 编写的。

1.1.2　编辑工具

在 TeXLive 官网下载镜像，文件的后缀名一般为 .iso。下载好 .iso 镜像文件之后解压，得到 install-tl-advanced.bat 文件，双击运行该文件，安装 TeXLive[1]。本书使用的 TeXLive 版本如下：

```
...>tex -version
TeX 3.14159265 (TeX Live 2019/W32TeX)
kpathsea version 6.3.1
Copyright 2019 D.E. Knuth...
```

安装好 TeXLive 之后，就可以安装可视化编辑器了。LaTeX 的可视化编辑器有很多，例如有 TeXstudio[2]。TeXstudio 的功能比较齐全，包含了多种编译工具，如 LaTeX、PDFLaTeX、XeLaTeX 等。

在 TeXstudio 的官网下载 TeXstudio 的可执行文件，双击后安装即可，安装完成之后，在 TeXstudio 的【Options】→【Configure TeXstudio】窗口配置命令，指定 TeXLive 应用程序的安装路径，还可以调整个性化窗口等。TeXstudio 的配置窗口如图 1.1 所示。用户一般喜欢改写【General】、【Command】、【Build】窗口中的某些选项参数。本文编辑使用的 TeXstudio 版本如下：

```
TeXstudio 2.12.18 (git 2.12.18)
Using Qt Version 5.12.1, compiled with Qt 5.12.1 R
Copyright (c)
TeXstudio: Benito van der Zander, Jan Sundermeyer...
```

[1]TeXLive 安装包很大，安装程序也非常大，安装过程可能要一个多小时，请耐心等待。在安装过程中可选择安装路径。在 Windows 系统中，可以在 cmd 窗口通过 tex -version 命令查看安装的版本号。

[2]本书在编辑的时候，使用的编辑器为 TeXstudio。

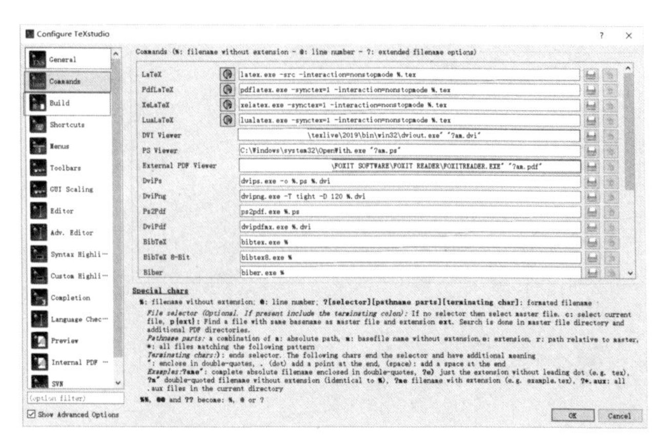

图 1.1　TeXstudio 的配置窗口

本书在编译环境的安装和配置上没有花很多笔墨，因为版本在不断更新，每个版本之间存在一定的差异。读者在安装和配置的时候，可以借鉴网络上最新的教程，本节起到抛砖引玉的作用。

1.2　基本结构

简单了解 LaTeX 的历史、安装并配置好 LaTeX 的编辑环境之后，我们就要开始学习 LaTeX 文档的编辑方式，掌握相应的语法规则了。LaTeX 文档由正文、段落构成，在组成正文的时候，会用到很多定制的环境，比如文本环境、数学公式环境、图表环境等。根据文档类型不同，页面尺寸存在差异，应用的命令有所不同。本节会特别介绍一个定制幻灯片的文档类，因为幻灯片与一般文档存在很大差异，使用频率也比较高。

1.2.1　第一个 LaTeX 文档

第 1.1.2 节已经介绍了编辑、编译的工具，相信读者都已经跃跃欲试，想要开始编写自己的第一个 LaTeX 文档了。请读者配置好 TeXLive 环境，安装好 TeXstudio 编辑器，下面开始编辑 LaTeX 文档。

例　我们以一个简单的案例作为导引，带领大家了解 LaTeX 文档编辑的基本要素。用 TeXstudio 新建 test.tex 文件，布局大致如图 1.2 所示。LaTeX 文本经过编译之后输出后缀名为 .pdf 的文件，在 TeXstudio 的右边有预览视图，下面的 LaTeX 文本输入是一个简单的文档结构，效果如图 1.3 所示[3]。

[3]案例中输出的是两个 PDF 页面，为了排版方便，图中插入的两个 PDF 页面有堆叠。

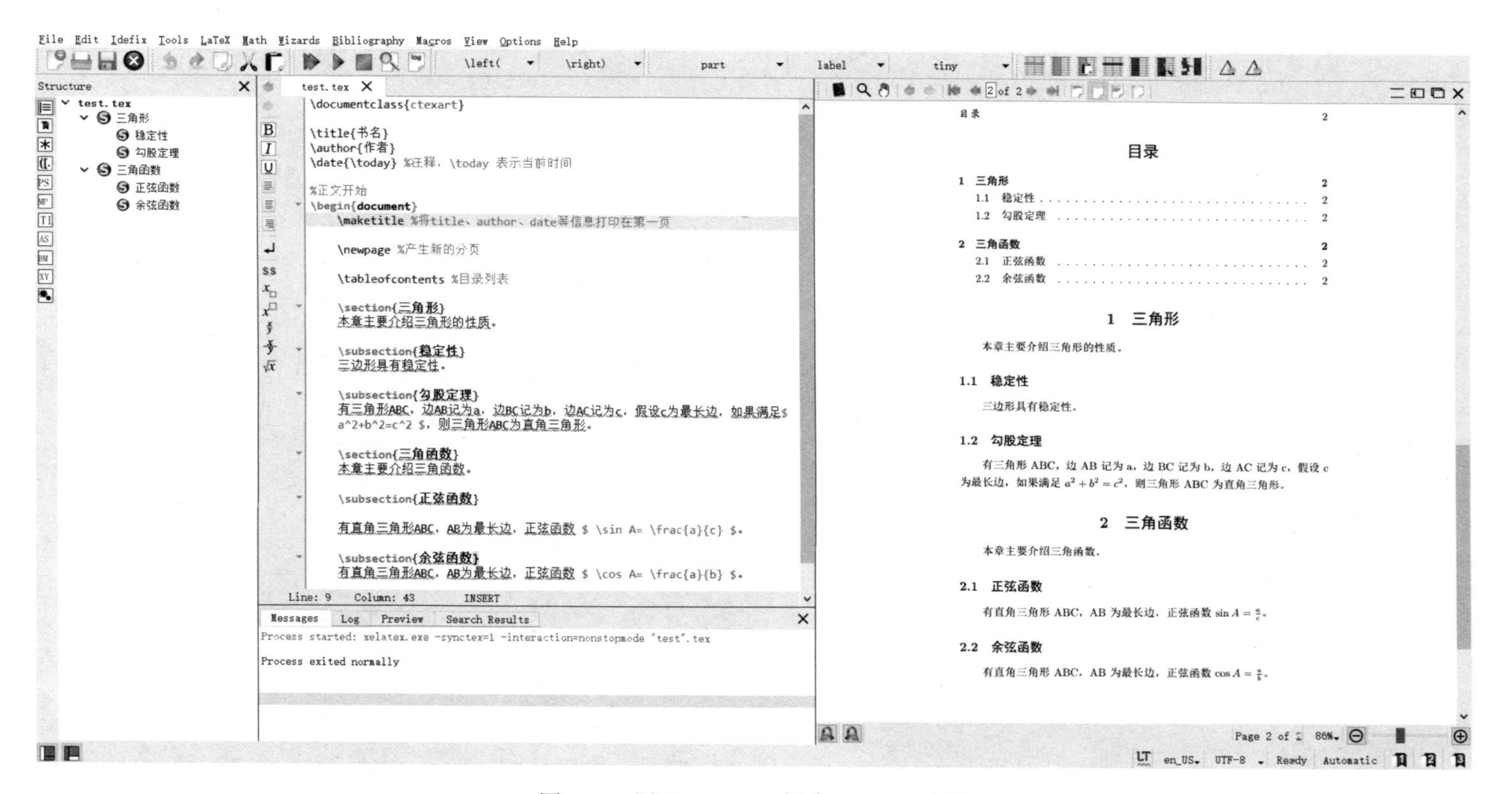

图 1.2　用 TeXstudio 新建 test.tex 文件

```
\documentclass{ctexart}

\title{书名}
\author{作者}
\date{\today} %注释，\today 表示当前时间

%正文开始
\begin{document}
  \maketitle %将title、author、date等信息打印在第一页

  \newpage %产生新的分页

  \tableofcontents %目录列表

  \section{三角形}
  本章主要介绍三角形的性质。

  \subsection{稳定性}
  三边形具有稳定性。

  \subsection{勾股定理}
  有三角形ABC，边AB记为a，边BC记为b，边AC记为c，假设c为最长边，如
   果满足$ a^2+b^2=c^2 $，则三角形ABC为直角三角形。

  \section{三角函数}
  本章主要介绍三角函数。

  \subsection{正弦函数}

  有直角三角形ABC，AB为最长边，正弦函数 $ \sin A= \frac{a}{c} $。

  \subsection{余弦函数}
  有直角三角形ABC，AB为最长边，正弦函数 $ \cos A= \frac{a}{b} $。

\end{document}
```

书名

作者

2022 年 1 月 8 日

目录　　2

目录

1　三角形　　2

1.1　稳定性 2

1.2　勾股定理 2

2　三角函数　　2

2.1　正弦函数 2

2.2　余弦函数 2

1　三角形

本章主要介绍三角形的性质。

1.1　稳定性

三边形具有稳定性。

1

1.2　勾股定理

有三角形 ABC，边 AB 记为 a，边 BC 记为 b，边 AC 记为 c，假设 c 为最长边，如果满足 $a^2+b^2=c^2$，则三角形 ABC 为直角三角形。

2　三角函数

本章主要介绍三角函数。

2.1　正弦函数

有直角三角形 ABC，AB 为最长边，正弦函数 $\sin A=\frac{a}{c}$。

2.2　余弦函数

有直角三角形 ABC，AB 为最长边，正弦函数 $\cos A=\frac{a}{b}$。

图 1.3　简单的 LaTeX 文档结构

下面我们尽可能地读懂每一行代码 (命令)，为后面的学习做好铺垫。第一行声明文档类，用 `\documentclass` 命令指明文档类为 ctexart，它表示中文的短文档。每个 LaTeX 工程文本都应该指明文档类型，否则编译时会报错。可选的文档类型有很多，可参考第 2.8.2 节的介绍。

在一个文档的开始部分，一般会有标题、作者、日期等基本信息。命令 `\title` 带有一个参数，指定文本的标题。\author 也带有一个参数，指明文本的作者。\date 命令用于设置日期，\today 即文本编译时的年、月、日。需要读者注意的是，这些内容只在导言区声明，并不会打印在正文中。

从 \begin{document} 开始，到 \end{document} 结束，才是 LaTeX 文档的正文部分，才会生成 PDF 文件。在 \begin{document} 之前的部分，称为导言区，一般在导言区定义命令、引入宏包。位于 \begin{}...\end{} 之间的内容，我们称之为环境，例如 document 环境。

在导言区的 \title、\author、\date 等内容不会打印，除非在 document 环境中加入 \maketitle 命令。因为标题、作者、日期等信息一般放在文档的首页，所以 \maketitle 也放在 document 环境的开始位置。

一般地，标题页与正文部分分开，标题页独占一个分页，所以用 \newpage 命令分页。紧接着是 \tableofcontents 命令，用于打印文档目录。正文部分的章节划分，可以用 \section、\subsection 等命令实现。在 ctexart 类型的文档中，它们分别表示一级标题、二级标题。根据文档类型不同，\section、\subsection 所表示的标题层级也有所不同 (见第 2.5.1 节)。

正文文字、段落可以直接放在 document 环境中的任意位置，但不可以放在导言区。两个 $ 号之间的内容是数学公式，有关数学公式的详细介绍请参考第 3 章。\sin 表示正弦函数 sin，打印出 sin 符号。类似地，\cos 表示余弦函数。\frac 表示分数，它有两个参数，分别表示分子和分母。

在 LaTeX 文档编辑的过程中，为了更加方便阅读和后期的修改，常常会添加一些注释信息。LaTeX 文档的注释内容放在 % 号之后，% 之后的全部内容被注释，直到遇到空行，空行表示分段。% 可以单独成行，也可以放在其他语句的后面。

1.2.2 正文段落

例 一个最简单的 LaTeX 文档 test.tex。只需要声明文档类型，即可在 document 环境中开始写正文部分。

```
\documentclass{ctexart}
\begin{document}
正文内容......
\end{document}
```

LaTeX 文档的所有内容都要放在 document 环境中才能被打印出来，但是必须指明文档类型，任何一个最基础的 LaTeX 文档都必须包括这两部分。

段落　正文段落就是放在 document 环境中的内容，像 Word 文档一样，正文可以有很多段落。在 LaTeX 文本中，分段一般用空行实现。

例　朱自清的散文《荷塘月色》节选，如图 1.4 所示，可以学习 LaTeX 文本正文段落排版(限于篇幅，文本内容有省略)。

```
\documentclass{ctexbook}
\begin{document}
\chapter{荷塘月色}
这几天心里颇不宁静。今晚在院子里坐着乘凉，忽然想起......

沿着荷塘，是一条曲折的小煤屑路。这是一条......
\end{document}
```

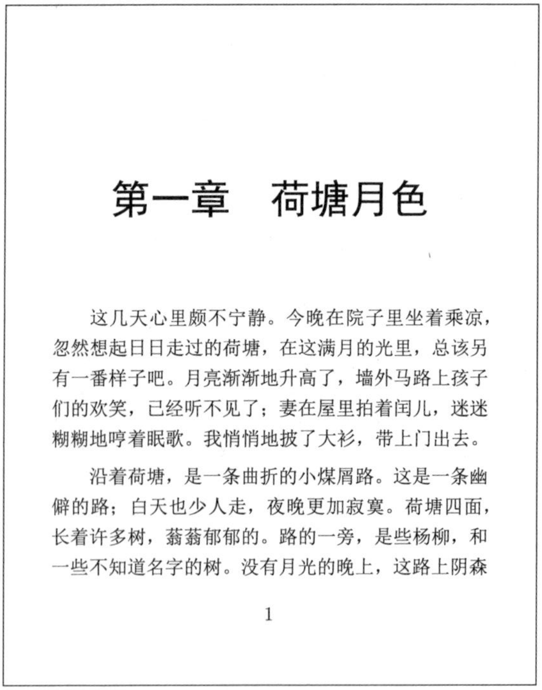

第一章　荷塘月色

这几天心里颇不宁静。今晚在院子里坐着乘凉，忽然想起日日走过的荷塘，在这满月的光里，总该另有一番样子吧。月亮渐渐地升高了，墙外马路上孩子们的欢笑，已经听不见了；妻在屋里拍着闰儿，迷迷糊糊地哼着眠歌。我悄悄地披了大衫，带上门出去。

沿着荷塘，是一条曲折的小煤屑路。这是一条幽僻的路；白天也少人走，夜晚更加寂寞。荷塘四面，长着许多树，蓊蓊郁郁的。路的一旁，是些杨柳，和一些不知道名字的树。没有月光的晚上，这路上阴森

1

图 1.4　LaTeX 文档的正文段落

在案例中,我们选用的文档类型为 ctexbook 类型,这是一个中文长文档类型,与 ctexart 类型属于同一家族。在 document 环境中，编辑正文内容，前一个段落与后一个段落之间用空行分隔，段落能够自动首行缩进。空行可以有多个，但只会产生一次分段。

本例中还用到了 \chapter 命令，它是 ctexbook 类型文档中的命令，表示产生章标题。在 ctexart 类型文档中是不能使用 \chapter 命令的。每种类型文档支持的标题 (sectioning) 命令有所不同，可参考标准 LaTeX 文档 (见第 2.5.1 节)。

除了最简单的正文段落，LaTeX 文档中还有很多特定的环境，用于排版不同类型的文本。例如诗歌放在 quote 等环境中，列表放在 enumerate 等环境中，所以 LaTeX 文档可以被看作诸多环境与命令的集合体。

文本环境 对于诗歌类型的文章，用这种排版方式似乎不太美观，LaTeX 中有类似于 quote 的环境，专门用于排版诗歌、引言等。

例 用 quote 环境引用毛泽东的《沁园春・雪》。

```
\begin{quote}
北国风光，千里冰封，万里雪飘。望长城内外，惟余莽莽；大河上下，顿
    失滔滔。
山舞银蛇，原驰蜡象，欲与天公试比高。须晴日，看红装素裹，分外妖
    娆。江山如
此多娇，引无数英雄竞折腰。惜秦皇汉武，略输文采；唐宗宋祖，稍逊风
    骚。一
代天骄，成吉思汗，只识弯弓射大雕。俱往矣，数风流人物，还看今朝。
\end{quote}
```

上述 LaTeX 命令打印效果如下：

> 北国风光，千里冰封，万里雪飘。望长城内外，惟余莽莽；大河上下，顿失滔滔。山舞银蛇，原驰蜡象，欲与天公试比高。须晴日，看红装素裹，分外妖娆。江山如此多娇，引无数英雄竞折腰。惜秦皇汉武，略输文采；唐宗宋祖，稍逊风骚。一代天骄，成吉思汗，只识弯弓射大雕。俱往矣，数风流人物，还看今朝。

列表环境 有些内容需要分条理列举，可以尝试 LaTeX 中的列表环境。

例 用 enumerate 环境打印一个简单的列表。

```
\begin{enumerate}
  \item \textbf{第一层列表} \label{q1}
  \begin{enumerate}
    \item \textbf{第二层列表} \\
    第二层描述 \label{q2}
    \begin{enumerate}
      \item 第三层列表
      \item 第三层列表
    \end{enumerate}
    \item \textbf{第二层列表} \\
    第二层描述 \label{q3}
  \end{enumerate}
  \item \textbf{Literature Survey} \label{q4}
\end{enumerate}
```

上述 LaTeX 命令打印效果如下：

1 **第一层列表**

　(a) **第二层列表**
　　第二层描述

　　i. 第三层列表
　　ii. 第三层列表

　(b) **第二层列表**
　　第二层描述

2 **Literature Survey**

这里对所列举的案例没有做过多的解释和说明，只是想让读者知道在 LaTeX 文档中可以定义和应用诸多的环境，然后将文本放在定制的环境中排版出预期的效果。每个环境就相当于从 LaTeX 文档中切分出来的独立主体，能够有独立的文本样式，我们将会在第 2 章集中介绍与文本排版相关的知识。

1.2.3 数学公式

LaTeX 的一大优势就是能够非常快速地排版数学公式，在图 1.3 所示案例中我们就已经见过数学公式 $a^2+b^2=c^2$、$\sin A=\frac{a}{c}$ 和 $\cos A=\frac{a}{b}$。从 LaTeX 文本中可知，编辑 $a^2+b^2=c^2$ 的是 `$ a^2+b^2=c^2 $`，编辑 $\sin A=\frac{a}{c}$ 的是 `$ \sin A= \frac{a}{c} $`。它们有一些共同的特点，即都放在两个 `$` 号之间，且指数用 `^` 号表示，sin、cos、$\frac{a}{b}$ 等用命令 `\sin`、`\cos`、`\frac` 表示。

两个 `$` 号之间的环境是数学环境，可以编辑数学公式，而数学公式中的指数用 `^` 号，下标用下画线符号 `_`，所以这两个符号在 LaTeX 中有着特殊的含义，特别是下画线，不要随意使用。

用两个 `$` 号打印的数学公式比较单一，属于行内公式。LaTeX 文档中可以加载很多与数学公式相关的宏包，以实现更加复杂的数学公式排版。最常用的宏包有 amsmath，它提供了很多好用的数学环境。

例 当公式很长的时候，放在一行中就会超出文本范围，利用 amsmath 宏包，在 split 环境中，可将单行公式切分成多行公式，如公式 (1.1) 所示。

```
\usepackage{amsmath}
\begin{equation}
  \begin{split}
    (a + b)^4
    &= (a + b)^2 (a + b)^2 \\
    &= (a^2 + 2ab + b^2)(a^2 + 2ab + b^2) \\
    &= a^4 + 4a^3b + 6a^2b^2 + 4ab^3 + b^4
  \end{split}
\end{equation}
```

上述 LaTeX 命令打印效果如下：

$$\begin{split}(a+b)^4&=(a+b)^2(a+b)^2\\&=(a^2+2ab+b^2)(a^2+2ab+b^2)\\&=a^4+4a^3b+6a^2b^2+4ab^3+b^4\end{split}\tag{1.1}$$

例 当需要切分公式的时候，将括号拆分成两部分，很可能会出现括号不匹配问题，拆分位置前后都需要添加\.符号，以实现分界符前后的一致性，如公式 (1.2) 所示。

```
\usepackage{amsmath}
\begin{equation}
  \begin{split}
    H_c&=\frac{1}{2n} \sum^n_{l=0}(-1)^{l}(n-{l})^{p-2}
    \sum_{l _1+\dots+ l _p=l}\prod^p_{i=1} \binom{n_i}{l _i}\cdot
        [(n-l ) \. \\
    & \. -(n_i-l _i)]^{n_i-l _i}\cdot
    \Bigl[(n-l )^2-\sum^p_{j=1}(n_i-l _i)^2\Bigr].
  \end{split}
\end{equation}
```

上述 LaTeX 命令打印效果如下：

$$
\begin{split}
H_c&=\frac{1}{2n} \sum^n_{l=0}(-1)^{l}(n-{l})^{p-2}\sum_{l_1+\dots+ l_p=l}\prod^p_{i=1} \binom{n_i}{l_i}\cdot[(n-l) \\
& -(n_i-l_i)]^{n_i-l_i}\cdot\Bigl[(n-l)^2-\sum^p_{j=1}(n_i-l_i)^2\Bigr].
\end{split}
\tag{1.2}
$$

例　还有方程组和矩阵，都可以用 amsmath 宏包提供的环境排版，如公式 (1.3) 所示。

```
\usepackage{amsmath}

\left\{
  \begin{array}{c}
    a_1x+b_1y+c_1z=d_1 \\
    a_2x+b_2y+c_2z=d_2 \\
    a_3x+b_3y+c_3z=d_3
  \end{array}
\right.
```

上述 LaTeX 命令打印效果如下：

$$\begin{cases} a_1x + b_1y + c_1z = d_1 \\ a_2x + b_2y + c_2z = d_2 \\ a_3x + b_3y + c_3z = d_3 \end{cases}$$

```
\usepackage{amsmath}
\begin{equation}
  \begin{matrix} 0 & 1 \\ 1 & 0 \end{matrix} \quad
  \begin{pmatrix} 0 & -i \\ i & 0 \end{pmatrix} \quad
  \begin{bmatrix} 0 & -1 \\ 1 & 0 \end{bmatrix} \quad
  \begin{Bmatrix} 1 & 0 \\ 0 & -1 \end{Bmatrix} \quad
  \begin{vmatrix} a & b \\ c & d \end{vmatrix} \quad
  \begin{Vmatrix} i & 0 \\ 0 & -i \end{Vmatrix}
\end{equation}
```

上述 LaTeX 命令打印效果如下：

$$\begin{matrix} 0 & 1 \\ 1 & 0 \end{matrix} \quad \begin{pmatrix} 0 & -i \\ i & 0 \end{pmatrix} \quad \begin{bmatrix} 0 & -1 \\ 1 & 0 \end{bmatrix} \quad \begin{Bmatrix} 1 & 0 \\ 0 & -1 \end{Bmatrix} \quad \begin{vmatrix} a & b \\ c & d \end{vmatrix} \quad \begin{Vmatrix} i & 0 \\ 0 & -i \end{Vmatrix} \tag{1.3}$$

第 3 章主要介绍的就是数学公式，不仅会对上述这些案例进行详细分析，还会介绍很多特殊符号、常用公式模型，以及如何精细化调整公式格式。

1.2.4 图形表格

像 Word 文档一样，LaTeX 文档也可以打印表格和图像，可以说图表是 LaTeX 文档不可或缺的一部分。但是不可否认，图表的建立比较复杂，特别是用 LaTeX 绘制图像更难。

第 4 章主要介绍表格，包括表格的基本结构，以及许多实用的表格模板。第 5 章主要介绍图像，从简单的插图到自己绘制图像，都有比较详细的阐述。

例 利用 diagbox 宏包和 array 宏包绘制一个带斜线表头的表格，如表 1.1 所示。

```
\usepackage{diagbox}
\usepackage{array}
\begin{tabular}{|c|c|c|c|c|c|c|}
  \hline
```

```
  \diagbox[linewidth=1.5pt,linecolor=blue]{姓名}{科目} & 语文 &
     数学 & 英语 & 物理 & 生物 & 化学 \\
  \hline
  张三 & 85 & 85 &  99 & 78 & 79 & 80 \\
  \hline
  李四 & 88 & 77 &  89 & 88 & 89 & 90 \\
  \hline
  小红 & 89 & 90 &  90 & 91 & 92 & 93 \\
  \hline
  小明 & 87 & 88 &  86 & 87 & 88 & 89 \\
  \hline
\end{tabular}
```

表 1.1　绘制一个带斜线表头的表格

科目 / 姓名	语文	数学	英语	物理	生物	化学
张三	85	85	99	78	79	80
李四	88	77	89	88	89	90
小红	89	90	90	91	92	93
小明	87	88	86	87	88	89

例　利用 tikz 宏包中的 decorations.markings 仓库绘制数学函数，如图 1.5 所示。

```
\usepackage{tikz}
\usetikzlibrary {arrows.meta, automata, positioning, decorations.
   markings}
\begin{tikzpicture}[domain=0:4,label/.style={postaction={
  decorate, decoration={
  markings, mark=at position .75 with \node #1;}}}]
  \draw[very thin,color=gray] (-0.1,-1.1) grid (3.9,3.9);
  \draw[->] (-0.2,0) -- (4.2,0) node[right] {$x$};
  \draw[->] (0,-1.2) -- (0,4.2) node[above] {$f(x)$};
  \draw[red,label={[above left]{$f(x)=x$}}] plot (\x,\x);
```

```
  \draw[blue,label={[below left]{$f(x)=\sin x$}}] plot (\x,{sin(\
     x r)});
  \draw[orange,label={[right]{$f(x)= \frac{1}{20} \mathrm e^x$}}]
      plot (\x,{0.05*exp(\x)});
\end{tikzpicture}
```

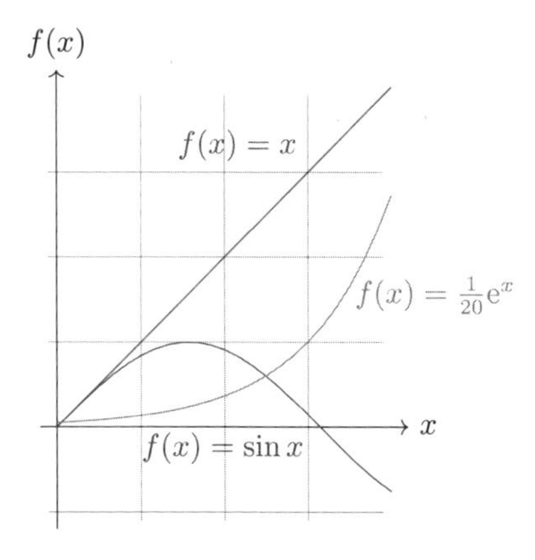

图 1.5　绘制数学函数

1.2.5 幻灯片

LaTeX 中有很多文档类型，基本的文档类型有 book、article、report 三种。根据需要，用户也可以定制自己的文档类型。在编辑中文文档时，ctex 系列文档类型比较常用，前面已经介绍过了 ctexbook 和 ctexart 两种类型。

LaTeX 文档类型中有一种可用来制作幻灯片，beamer 是制作幻灯片比较常用的文档类型。这些文档类型的不同，也就决定了页面的尺寸差异。在第 6 章主要介绍幻灯片的使用，LaTeX 仓库中提供了很多漂亮的幻灯片主题模板，我们可以像 PowerPoint 一样定制主题样式，如图 1.6 所示。

例 应用 serif 样式，定制一个幻灯片。

```
...
\usetheme{Warsaw}
\usecolortheme{wolverine}
\usefonttheme[stillsansserifmath]{serif}
\setbeamercolor{normal text}{bg=gray!20}
```

```
\begin{document}
  \begin{frame}
    \titlepage
  \end{frame}

  \begin{frame}
    \frametitle{无最大素数}
    \framesubtitle{反证法}

    \begin{theorem}
    无最大素数。
    \end{theorem}
    \begin{proof}
      \begin{itemize}
        \item 假设 $ p $ 是最大素数;
        \item 令 $ q $ 为 $ p $ 的乘积;
        \item 则 $ q+1 $ 不能被分解;
        \item 所以 $ q+1 $ 也是素数, 且比 $ p $ 大。
      \end{itemize}
    \end{proof}
  \end{frame}
\end{document}
```

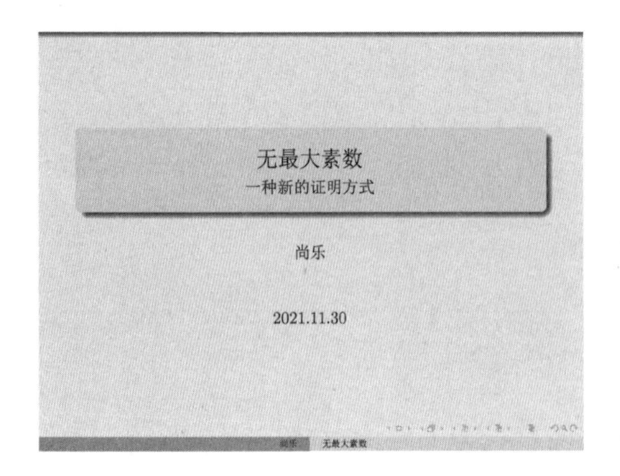

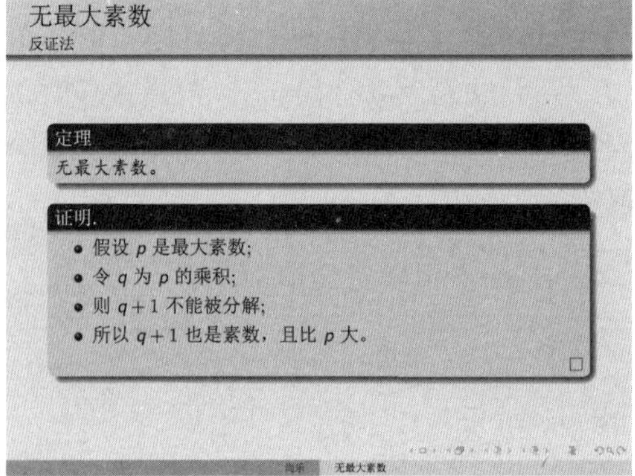

图 1.6　定制幻灯片主题样例

1.3 延伸学习

学习了 LaTeX 文档的基本内容之后，读者应该具有 LaTeX 文档编辑的能力了。本节在此基础上，扩展一些 LaTeX 相关的高级使用方法：用户可以自定义命令和环境，定制个性化宏包。在文档编辑过程中，可能会遇到很多错误和警告，本节归纳了一些常见错误及警告的处理方法，供读者参考。

1.3.1 命令和环境

前面提到 LaTeX 文本放在 document 环境中才能打印出来，并且介绍了其他的环境，比如 quote 环境。环境是放在 \begin{}...\end{} 里面的，有开始也有结束，这是环境的基本结构。

环境的一般格式如下。其中参数 name 表示环境的名称，参数 arg 表示可添加的其他信息，可选参数 sarg 表示附加信息 (我们声明本文 {} 中的变量为参数，[] 中的参数为可选参数，一个命令或环境可以有一个或多个参数和可选参数)。

```
\begin{name}{arg}[sarg]
内容...
\end{name}
```

例如表 1.1 就是在 tabular 环境中建立的，tabular 是表格环境，可以装载很多的列表项。可以说 tabular 环境是独立于其他文本之外的部分，是一个单独的盒子，我们可以在盒子中盛放很多东西 (盒子中的东西应该符合环境预定义的类型，不同环境能够装载的内容不同，如表格环境中装载的内容与文本环境中的内容不同)。

什么是命令？LaTeX 的语法规定，以 \ 符号开头的一串符号可以称为命令，它具有一定的含义，能够指挥 LaTeX 执行某些指令。例如 \begin 和 \end 就是两个命令，\begin 标识一个环境的开始，\end 标识一个环境的结束。到目前为止，我们已经见过诸如 \title、\author、\maketitle、\newpage 等命令。

在 LaTeX 系统中预定义了非常多的命令和环境，当预定义命令和环境不能满足需求时，用户还可以进行自定义。自定义命令和环境的一般形式如下。

```
\newenvironment{name}[narg][default]{begdef}{enddef}
\renewenvironment{name}[narg][default]{begdef}{enddef}
\newcommand{cmd}[num][default]{definition}
```

```
\newcommand*{cmd}[num][default]{definition}
\renewcommand{cmd}[num][default]{definition}
```

\newcommand 和 \renewcommand 分别表示自定义命令和重定义命令。参数 cmd 为新定义的命令，可选项 num 表示新命令中带有的参数个数，可选项 default 表示默认的参数值，参数 definition 表示定义的内容。类似地，\newenvironment 和 \renewenvironment 分别表示自定义环境和重定义环境。参数 name 表示新环境的名称，可选项 narg 表示参数个数，可选项 default 表示参数默认值，参数 begdef 表示开始定义的内容，参数 enddef 表示结束定义的内容。

例 自定义 \emphxy 命令和 Abstract 环境。

```
\newcommand{\emphxy}[1]{\textcolor{red}{\textbf{#1}}}
\newenvironment{Abstract}
{\begin{center}\normalfont\bfseries 摘要
\end{center}\begin{quote}}{\end{quote}\par}

\begin{Abstract}
这是本文的\emphxy{摘要部分}，请简要概述本文内容及主要贡献，但摘要
    部分内容不要超过五百字。
\end{Abstract}
```

上述 LaTeX 命令打印效果如下：

摘要

> 这是本文的**摘要部分**，请简要概述本文内容及主要贡献，但摘要部分内容不要超过五百字。

这部分内容属于延伸学习内容，是掌握了 LaTeX 基本使用方式方法之后的扩展。关于自定义命令和环境的详细介绍，请参考第 7 章，解读上述案例的命令语句。

1.3.2 错误调试

学习 LaTeX 文档编辑很像学习某种编程语言，其中有很多命令和语法，所以在文档编辑过程中难免发生错误。本节将列举几个常出现的错误或问题，希望读者能够注意。

Undefined control sequence. 出现这个错误，很可能是因为宏包没有引入。在使用某个命令的时候，没有引入该命令支持的宏包，就不能正常编译 (如果是因为引入宏包的时候拼写错误，就有些闹心了)。

Missing ... inserted. 报告缺少插入某部分内容的错误，常出现在花括号不匹配的问题上。特别是在数学公式、命令定义、环境定义等使用括号较多的地方，容易出现括号嵌套却不匹配的情形。

Missing $ inserted. 这是典型的需要数学环境支持的问题。

I can't find file ... LaTeX 找不到目标文件，可能是因为在插入外部文件的时候，没有写入正确的文件路径。

\begin ... on input line ... ended by \end ... 一般是因为环境首尾不一致导致了这种错误，即环境开始 `\begin{name1}` 与结束的 `\end{name2}` 不一致。

Can be used only in preamble. 这是在提示用户，该命令只能放在导言区。

Command ... already defined. `\newcommand` 命令有检测功能，如果命令已经被定义，就会出现这样的错误提示。

Environment ... undefined. 环境未定义，不能使用。

\verb ended by end of line. 提示 `\verb` 命令没有被定义，可能是因为`\verb` 配对的符号不完整导致的。

Overfull \hbox ... in ... 这是水平方向上文本超出页面范围导致的警告，它不是错误，不会影响编译，但行末超出部分的文字影响美观。

Overfull \vbox ... has occurred... 这是垂直方向上文本超出页面范围导致的警告，也不是错误，但是超出的部分可能被遮盖。

There are multiply-defined labels. 文档中的标签被重复定义所致。在使用 `\label` 命

令设置标签的时候，尽量不要重复命名，在编译完成之后，可以在日志 log 中查看是否有被重复定义的标签。

以上只列举了部分常见的错误或警告，相信读者在使用的时候，还会出现更多错误或者警告类型，请大家不要担心，这是正常现象。在调试错误或警告的时候，可以借助 syntonly 等宏包工具，也可以借助编辑器的调试功能，还可以在网络上寻找答案。

没有错误，就没有进步，相信读者能够克服所有困难，学会 LaTeX 的使用技巧。

第二部分　LaTeX 的核心内容

第 2 章　文本

在对 LaTeX 文档有了简单的了解之后，就要正式开始学习 LaTeX 文档的编辑了。还记得 LaTeX 设计的初衷吗，是为了方便理工科的学术文档排版，既然是文档，就离不开文本，毫不夸张地说，文本处理是 LaTeX 的核心。

文本的重要性可见一斑，它包含最基本的语言文字和符号，以及能够控制字符的字体和字号。将简单的字符拼接就成了段落，段落的样式很丰富，所以本书会花费大量的篇幅来介绍。为了让段落更具条理性，还会分章节、设置标题。一般页面都会带有页眉、页脚，与正文一起构成一个完整的页面。为了方便检索，还会建立索引 (如书籍目录)。

以上是本章的重点内容，是 LaTeX 文档的基础内容。另外，为了文档结构的完整性，我们还会介绍文档类型和页面布局，希望读者能够更加深入地了解 LaTeX 文档的组成。

2.1　文字

有了语言文字，人类文明得以延续。本节作为了解性的内容，简单介绍一些与 LaTeX 排版相关的语言文字，以及如何在一个 LaTeX 文档中排版多种语言文字。本书的重点是学习 LaTeX 的中文排版和英文排版，对于一些特殊的文字符号，读者可以跳过阅读，不会影响对 LaTeX 的学习。

2.1.1　语言

LaTeX 能够支持多国语言，包括中文、英文、阿拉伯语、日语、德语等，所支持的部分语言如表 2.1 所示。

用户需要使用某种语言的时候，在导言区引入对应的宏包即可。例如，LaTeX 默认为英文文档编辑，故不能显示中文字符，所以对于中文文档，在导言区加载 ctex 宏包[1]，即 `\usepackage{ctex}`，才能够打印中文字符。

---

[1] ctex 宏包包含在 chinese 包中，ctex 是打印中文时使用最频繁的宏包。

表 2.1　LaTex 支持的部分语言

Arabic and Farsi	Syriac	Armenian	Bardi	Basque	Bengali
Cree/Inuktitut	Burmese	Cherokee	Chinese	Slavonic	Maltese
Croatian	Devanagari	Epi-Olmec	French	Georgian	German
Greek	Guarani	Gurmukhi	Hebrew	Japanese	Korean
Latin	Lithuanian	Malayalam	Marathi	Mongolian	Oriental
Oriya	Romanian	Sinhala	Spanish	Swedish	Telugu
Turkish	Trukmen	Speech			

从表 2.1 中可知，LaTeX 可以支持的语言非常多，当 LaTeX 文档中有多国语言混排的时候，则需要解决三个问题：一是文档所需字符的编码方案，二是 TeX 选定的编码方案，三是选择字体。对于编号来说，最简单的编码方式是 Unicode 编码，但在同时使用多国语言的时候，最好使用 UTF-8 编码，甚至可以用 `\usepackage[utf8]{inputenc}` 显式地指明引擎用 UTF-8 编码。

例　如图 2.1 所示，同时排版英文、希腊文、拉丁文、西班牙文、俄文、中文 (对于一些国家的语言，可能需要特殊的输入法)，只需要在导言区加入：

```
\usepackage{fontspec}
\setmainfont{CMU Serif}
\usepackage{xeCJK}
```

fontspec 是一个基于 XeLaTeX 和 LuaLaTeX 的宏包[2]，用于修改字体，这里用 CMU Serif 字体格式。`\setmainfont` 只能修改正文字体，不能修改数学公式的字体。xeCJK 可以支持中文、日文等多国语言格式 (也可换成 ctex 或者其他格式试试)。

因为本书主要针对中文和英文排版，所以不再花费太多篇幅介绍其他国家语言的排版问题，读者只要简单了解即可。

2.1.2　文字

文字是文本的基石，没有文字也许不会有太久的人类文明。如表 2.1 所示，LaTeX 能够打印多国语言，每个国家的语言文字又存在一定的差异，比如中文与英文就有着天壤之别，如何打印不同国家的语言文字，是一个很复杂的问题。

[2]fontspec 宏包基于 XeLaTeX 和 LuaLaTeX 开发，在编译时不能使用 PdfLaTeX，否则会报错。

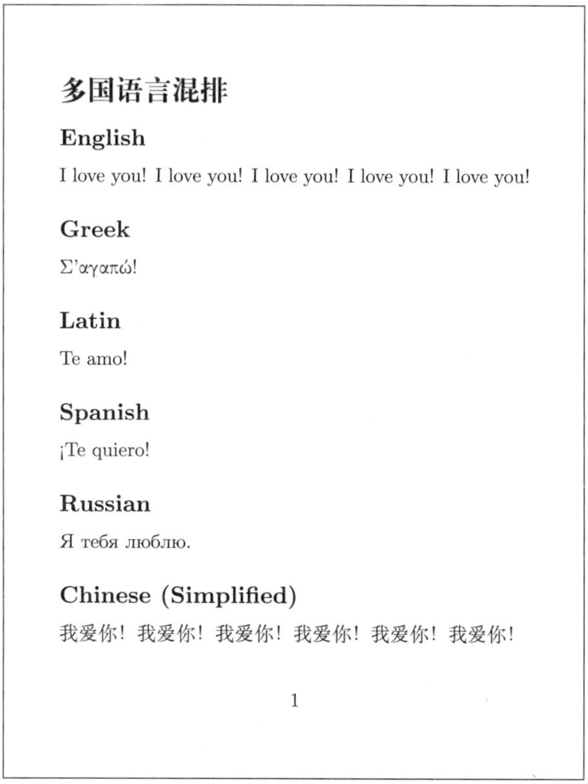

图 2.1　同时打印多国语言

在图 2.1 所示案例中，我们打印了一些国家的语言文字，这是很少的一部分。我们介绍一些常用的语言字符作为案例，希望可以有抛砖引玉的效果。

最简单的文字就是英文的 26 个字母，LaTeX 默认打印英文，但这并不能满足我们的需求 (国内主要用中文)。一篇学术论文 (LaTeX 设计的初衷) 通常会包含希腊字母、拉丁文等，特别是在理工科的数学公式排版中，常涉及希腊字母。

例如“我爱你！”是一句非常甜蜜的话，如果用希腊语或者俄语表示，就是下面这两串稀奇古怪的文字了。

例　Σ'αγαπώ!，Я тебя люблю.

我们的重点不在于翻译希腊语或者俄语，而是要知道如何打印这些文字。一般地，对于希腊语、俄语、日语等其他国家的语言，都需要特定的输入法支持，LaTeX 有合适的编码打印这些字符。就希腊文字和俄语来说，采用的是与图 2.1 所示案例相同的处理方法——用 fontspec 宏包修改字体。传统的处理方式则采用特殊的命令，例如给字母添加重音符号或设置特殊符号，分别如表 2.2、表 2.3 所示。表 2.2 中只是以字母 a 为例，26 个英文字母都可以标注重音。

表 2.2　LaTex 中定义的重音符号

案例	命令	案例	命令	案例	命令	案例	命令
á	\'a	à	\`a	â	\^a	ä	\"a
ã	\~a	ā	\=a	ȧ	\.a	ă	\u{a}
ǎ	\v{a}	a̋	\H{a}	a͡a	\t{aa}	å	\r{a}
a̧	\c{a}	ạ	\d{a}	a̱	\b{a}		

表 2.3　LaTex 中定义的特殊符号

案例	命令	案例	命令	案例	命令	案例	命令
Å	\AA	å	\aa	Æ	\AE	æ	\ae
Œ	\OE	œ	\oe	⊠	\SS	ß	\ss
IJ	\IJ	ij	\ij	Ł	\L	ł	\l
Ø	\O	ø	\o	ı	\i	ȷ	\j

LaTeX 提供的特殊命令毕竟是有限的，使用 fontspec 宏包设置字体编码，可以满足多数文字的打印 (如图 2.1 所示)。对于不需要混合排版特殊文字的文档 (只需要打印一两种语言文字)，可以引入对应的字体宏包，如中文打印用 ctex 宏包。

还是啰嗦一句，这一节不是本章重点内容，读者只要有所了解即可。但本节提到的特殊符号，读者可以稍加留意，在需要的时候方便查阅。

2.2　符号

在简单了解了 LaTeX 支持的语言文字之后，我们就要开始学习常用的字符了，这些字符将会经常出现在 LaTeX 文本中，是文档写作不可或缺的一部分。读者在本节会看到很多奇奇怪怪的字符以及文档写作不可避免的标点符号，正因为这些特殊符号的特殊性，读者在文档写作中需要格外注意。

本节主要包含一般字符、特殊字符和空格，一般字符我们经常看到 (不单独介绍)，特殊字符可以查阅，空格需要重点关注。逐个字符打印以及着重号、省略号等内容，涉及很多宏包以及相应的命令，读者在需要的时候查阅即可。而空格是不可忽视的重点，不管是中文写作还是英文写作，都少不了空格 (常作为分隔符)。LaTeX 在中英文文档中对空格的处理不一样，这导致字符间距不同，所以不要轻易多给空格。

2.2.1 特殊符号

在 LaTeX 中，内置了一些特殊符号，这些符号是不能直接打印的，例如 ~#$%&^{}_\。它们有着特殊的作用：$为数学模式的标志，%为注释符号，^为数学公式的上标，_为数学公式的下标，&可用于数学公式的对齐，{}为分组，\是宏命令的开始标志，#用于宏定义，~为带子。

如果要打印这些字符，有两种方式：一是用 \verb 命令 (或其他可直接打印字符的命令、环境)，二是将其作为转义字符处理。将其作为转义字符处理的时候，大部分时候是在前面添加反斜线\，如表 2.4 所示。

表 2.4　在 LaTex 中打印特殊符号

符号	命令	符号	命令	符号	命令	符号	命令
#	\#	$	\$	%	\%	&	\&
{	\{	}	\}	_	_	\	\textbackslash

例　在 alltt 宏包提供的 alltt 环境中，能够逐个字符地打印，所以即使对于特殊字符，也能逐个打印，而不会被 LaTeX 解析为特殊字符。

```
\usepackage{alltt}
\begin{alltt}
这些特殊字符: # $ % ^ & ~ _
\end{alltt}
```

上述 LaTeX 命令打印效果如下：

这些特殊字符: # $ % ^ & ~ _

在 alltt 宏包的 alltt 环境中打印特殊字符不需要转义，但是该环境默认只能打印单行文本，文本过长则会超出页面。

类似地，用 \verb 命令也可以打印这些特殊符号，例如 \verb=~#$%&^{}_\=，即打印 ~#$%&^{}_\。如果将 ~#$%&^{}_\ 作为源码看待，还可以用 \lstinline 命令打印。

读者需要注意的是，~#$%&^{}_\ 等符号之所以被列为特殊符号，是因为它们在 LaTeX 系统中已经被赋予了特殊的功能含义。后面我们介绍到的很多字符也不同于一般字符，是因为它们不能直接输入，只能通过一些命令或者在特定的编码集中输入，但两者本质上不同。

2.2.2 标点符号

标点符号是语句的分隔符，任何一个国家的语言都有标点符号。我们以中文和英文两种语言为例，在英文环境中可以直接输入的标点符号有 `,.;:!?`'()[]-/*@`，其中 `,.;:!?` 等符号用于分隔语句，后面应该跟随一个空格。在中文环境中可以直接输入的标点符号有，。；：！？〃“”（）【】，后面不需要再添加空格。

在中英文标点符号中，最有特色的是单引号，特别是在中英文混排的文档中，应格外注意这个问题。在中文文档中，要插入英文的单引号，直接用 `''` 恐怕只能打印两个右单引号，想要打印左单引号还需要 ` 符号 (该键一般位于电脑键盘的左上角)。

例 中英文文档对单引号的处理方式不同。

```
This is `left single quotation mark'.
这是‘左单引号’。
```

上述 LaTeX 命令打印效果如下：

This is ‘left single quotation mark’.
这是‘左单引号’。

本书是中文排版的，在插入英文的单引号时，需要使用 ` 符号打印左单引号。

在中文文档 (ctex) 中，要打印单引号 `'`，直接打印可能也不能如愿，也可以使用 `\verb` 命令，如 `\verb|'|`。类似地，在 lstlisting 环境下，即在插入源代码的时候，要保留英文的单引号，则需要 `\lstset{upquote}` 命令。

例 在伪代码 lstlisting 环境下打印英文单引号。

```
\usepackage{listings}
\lstset{upquote}
\ begin{lstlisting}
If you want this type of quoting with listings simply use the
    keyword upquote. So the quoting is ' or ".
\ end{lstlisting}
```

上述 LaTeX 命令打印效果如下：

If you want this type of quoting with listings simply use the keyword upquote. So the quoting is ' or ”.

符号 (-) 在英文中可以作为连字符，在中文中可以作为破折号，例如：en-dash——破折号。此外，中文的破折号可以是两个或者三个短横线 (-)，也可以是半角的破折号 (——, Shift+-键)。

中文的省略号用六个小点 (……) 表示，英文的省略号常用三个小点表示，可用 \ldots、\dots 等命令产生，如 ...由 \ldots 打印。一般 \ldots 等命令后面添加空格、逗号、句号。

一般在标点符号的应用中不会出现什么问题，出现问题最多的就是单引号的应用。需要注意的是，每种语言的标点符号的左右间距略有差别，以标点符号作为一行结束时，是否存在压缩也有所不同。

2.2.3 抄录

LaTeX 文本中的命令不一定全部需要用 LaTeX 翻译，我们已经见过 \verb 命令，它能够将字符按照原样打印，例如打印特殊字符。\verb 命令的基本格式为 \verb<char>text<char>，其中 char 表示符号 (不是字母)，text 前后用一对符号包围，text 原样打印。例如打印特殊符号 &：\verb=&=。

如果是 \verb* 带星号，即表示打印 text 中的空格，如 \verb*"\LaTeX & \TeX"，即 \LaTeX␣&␣\TeX，其中空格用 ␣ 表示。

不管是 \verb 还是 \verb*，都只适合打印小段文本，对于大段文本，更适合用 verbatim 环境。类似地，verbatim* 环境可见空格。

例 verbatim 环境打印程序段。

```
\usepackage{verbatim}
\begin{verbatim}
  #include <stdio.h> //包含头文件

  //main函数开始
  int main (){
    int a = 1, b = 2; //定义两个int类型的变量
    printf("a + b = %d \n", a + b); //输出a + b的和
```

```
    return 0;
  }//main函数结束
\end{verbatim}
```

上述 LaTeX 命令打印效果如下：

```
#include <stdio.h> //包含头文件

//main函数开始
int main (){
int a = 1, b = 2; //定义两个int类型的变量
printf("a + b = %d \n", a + b); //输出a + b的和

return 0;
}//main函数结束
```

除 LaTeX 原生的 verbatim 环境外，还有 verbatim 宏包也提供 verbatim 环境，shortvrb 宏包提供 \verb 的简写形式，fancyvrb 宏包扩展 verbatim 环境。fancyvrb 宏包提供的 Verbatim 环境，与 verbatim 环境 (两个环境的首字母一个大写，一个小写) 有着相似的功能，但其功能更强大。

例　在 Verbatim 环境中，打印数学公式的 LaTeX 文档。

```
\usepackage{fancyvrb}
\begin{Verbatim}
公式1:  \sum_{i=1}^n
公式2:  \sum_{i=1}^n
\end{Verbatim}
```

上述 LaTeX 命令打印效果如下：

```
公式 1:  \sum_{i=1}^n
公式 2:  \sum_{i=1}^n
```

从案例中可知，Verbatim 环境中的文本并没有换行，打印的时候却是两行，也就是按照 LaTeX 文本的原样打印 (与 lstlisting 环境类似)。LaTeX 文本中的数学公式 `\sum_{i=1}^n`

没有被解析为 $\sum_{i=1}^{n}$，而是按照原样打印。需要注意的是，每一行的文本不能太长，否则会超出页面范围，因为不会自动换行。

2.2.4 着重号

对于某些需要突出显示的文本，有时候需要给予不同程度的凸显，例如利用文字加粗、下画线、着重号等方式，使之与其他文本在表现形式上存在明显的不同。LaTeX 中添加着重号有多种方式，可以借助不同的宏包实现，每种宏包有着各自的特点和使用规则，这里介绍几种比较常用的宏包及其实现方式。

在 CJK 系列宏包[3]中，提供了 `\CJKunderdot{text}` 命令，用于打印着重号 (文字下面添加小黑点)。该命令有一个参数，即需要添加着重号的文本。

例 李白的《静夜思》中，“床前明月光，疑似地上霜。”中的“床”，指的并不是现代意义中的床，而是指代井上的围栏。这里的着重号就是用 `\CJKunderdot` 命令打印的。

用粗体也可以让文本有一定的凸显效果，`\textbf{text}` 命令可以让文字变成粗体，起到加深的作用。该命令有一个参数，即需要加粗的文本。

例 用 `\textbf` 命令加粗文字，如**床前明月光，**疑似地上霜。`\textbf` 可以与 `\CJKunderdot` 等其他命令嵌套，如**床前明月光**，疑似地上霜。

xeCJK 宏包包含了 xeCJKfntef，而 xeCJKfntef 宏包基于 ulem 宏包。LaTeX 本身喜欢用 `\emph`、`\em` 等命令打印斜体文本做标记，ulem 宏包对 `\emph` 命令进行重定义，舍弃了原来的斜体效果，对文本添加下画线。ulem 宏包中定义的命令如表 2.5 所示，这些命令都带有一个参数，就是需要添加着重号的文本。

表 2.5 ulem 宏包中定义的命令

命令	案例	效果	命令	案例	效果
`\uline`	`\uline{text}`	text	`\uuline`	`\uuline{text}`	text
`\uwave`	`\uwave{text}`	text	`\sout`	`\sout{text}`	~~text~~
`\xout`	`\xout{text}`	text	`\dashuline`	`\dashuline{text}`	text
`\dotuline`	`\dotuline{text}`	text			

与 ulem 宏包类似，soul 宏包也可以提供下画线支持，且可以对单词样式进行修改：增加字母距离、添加背景颜色、全部大写等，以突出强调效果，soul 宏包中定义的命令如表 2.6 所示，这些命令也有一个参数，即作用的文本。

[3]例如 ctex、xeCJK 宏包。

表 2.6　soul 宏包中定义的命令

命令	案例	效果	命令	案例	效果
\caps	\caps{text}	text	\hl	\hl{text}	text
\so	\so{text}	t e x t	\st	\st{text}	text
\ul	\ul{text}	text			

值得注意的是，如果加载了 color 宏包，则表 2.6 中的 \hl 默认的颜色为黄色，否则为浅灰色。\caps 命令可以将小写字母自动转换为大写字母，\so 命令增加了字母的间距。

2.2.5　空格

空格在文中并不显示，只是有一定的留白距离。在中文文档中，中文字符后面的空格并不打印，英文字符之间的空格只打印一个 (即使有很多个空格)。

例　中文与英文对空格的处理方式。

```
  I love    you.
我   爱 你。
```

上述 LaTeX 命令打印效果如下：

I love you. 我爱你。

从打印的结果可知，即使开头的位置有很多空格，或者在句中有很多空格，空格都不会被打印。在英文语句中，字符之间只会打印一个空格作为分隔符。换行相当于空格，所以在“我”的前面有一个空格。

宏定义中可能需要添加空格，如定义某个英文缩写，可以在定义中添加 \␣(空格) 或者 { }。xspace 宏包也提供了类似的支持，在宏定义末尾添加 \xspace 命令也可以打印空格。

例　定义一个常用的缩写 \USA，在 LaTeX 文中引用，即使用 \USA 命令打印。

```
\newcommand\USA{United States of America}
The abbreviation of \USA is USA
```

上述 LaTeX 命令打印效果如下：

The abbreviation of United States of Americais USA

在打印结果中，“America” 与 “is” 之间没有空格，可以在宏定义中添加 \␣(空格) 或者 { } 增加空格。

```
\newcommand\USA{United States of America \ }
```

例 在导言区添加 xspace 宏包，并在宏定义的末尾添加 \xspace 命令，可智能打印空格。

```
\usepackage{xspace}
\newcommand\USA{United States of America\xspace}
The abbreviation of \USA is USA。
```

上述 LaTeX 命令打印效果如下：

The abbreviation of United States of America is USA。

需要注意的是，\xspace 命令即打印空格，宏定义中，“America” 与 \xspace 命令之间没有空格。

另外，介绍几个打印空格的命令，这些命令可以显式地打印空格：\qquad、\quad。

例 用 \qquad、\quad 打印空格，但两者的间距不同。

```
$$ (x-1)^2=0 \quad (x+1)^2=0 \qquad (x-1)^2=0 \quad (x+1)^2=0 $$
```

上述 LaTeX 命令打印效果如下：

$$(x-1)^2=0 \quad (x+1)^2=0 \qquad (x-1)^2=0 \quad (x+1)^2=0$$

很显然，\qquad 命令打印的空格间距比 \quad 命令打印的空格间距更大 (两个字长)。\qquad 和 \quad 命令的使用频率很高，不仅可以应用于数学公式，也可以在文本环境中使用。

还有一种称为 “幻影” 的空格，用 命令，打印一个与 code 大小相同的空格。

例 用 \phantom 命令打印 “幻影空格”。

```
这是\phantom{幻影空格}幻影空格。
```

上述 LaTeX 命令打印效果如下：

这是　　　　　幻影空格。

类似地，还有 `\hphantom{text}` 和 `\vphantom{text}` 命令，分别表示水平方向和垂直方向的幻影。

以上介绍的案例都是在水平方向上打印的空格，后面会介绍两个常用的命令：`\hspace` 命令和 `\vspace` 命令，分别在水平方向和垂直方向上产生指定距离的间距 (严格来说不是空格)。

2.3　字体字号

LaTeX 文档本就是对字符的排版，一般地，字符会涉及字体、字号、字形等多个属性。TeX 项目刚开始建立的时候 (1979 年)，只有十几种字体。后来随着需求的增加、样式的丰富，字体也变得越来越多。

本节主要介绍什么是字体，读者对字体有一个简单的了解，能够掌握如何应用即可。一个字符必然会有一定的大小，所以字号常常是读者更加关心的。标准 LaTeX 预定义了一些字号的命令，根据所依赖的宏包，可能还有其他特定命令控制字号。英文写作常遇到大小写转换问题，本节也做了简单介绍。最后介绍字体、字号、插入一个字符间距问题。

2.3.1　字体

按不同的分类标准，字体可以分为有衬线与无衬线两大类，也可以分为单间距与比例间距两大类，所谓衬线就是字符末端的收尾笔画 (或锋利，或圆润)，单间距字符按照预置大小排列，比例间距字符按照字符大小比例排列。

字体族有相同的设计原则，可以通过大小、粗细、宽度、形状区分。标准 LaTeX 预定义字体族有：罗马字体 (roman family)、无衬线字体 (sans serif family)、打字机字体 (typewriter family)。

要修改文本字体，有两种方式：一种是直接用字体声明，如 `\bfseries`；一种是用带参数的命令修改，如 `\textbf{...}`。这两种方式的区别在于，前者可以影响声明后面所有的文本，后者只会影响部分文本 (即括号里面的文本，且括号里面的文本允许断行)。如果是一段文本或者某些个别单词，还可以用对应的环境包围，如 `\begin{bfseries}...\end{bfseries}`。

类似地，根据字体的属性，可以从所属的字体集、字体粗细、字体宽度、字体形状等方面修改字体，标准字体修改命令和声明如表 2.7 所示。

表 2.7 标准字体修改命令和声明

命令	声明	环境	案例
\textrm{text}	\rmfamily	rmfamily	Chinese
\textsf{text}	\sffamily	sffamily	Chinese
\texttt{text}	\ttfamily	ttfamily	Chinese
\textmd{text}	\mdseries	mdseries	Chinese
\textbf{text}	\bfseries	bfseries	**Chinese**
\textup{text}	\upshape	upshape	Chinese
\textit{text}	\itshape	itshape	*Chinese*
\textsl{text}	\slshape	slshape	*Chinese*
\textsc{text}	\scshape	scshape	Chinese
\emph{text}	\em	em	*Chinese*
\textnormal{text}	\normalfont	normalfont	Chinese

例 打印如表 2.7 所示不同字体文本时，可以有以下三种方式，以 typewriter 类型字体为例：

```
\texttt{typewriter} \quad
{\ttfamily typewriter} \quad
\begin{ttfamily} typewriter \end{ttfamily}
```

上述 LaTeX 命令打印效果如下：

typewriter typewriter typewriter

需要注意的是，\ttfamily 声明中不能带有参数，即不能有 \ttfamily{...} 这样的形式，否则会导致后面的字体加粗。案例中用花括号将 \ttfamily 包围，是为了缩小其作用范围。这条规则适用于表 2.7 中所有的命令。

表 2.7 中的 \textrm、\textsf、\texttt 命令用于切换字体族，\textmd、\textbf 命令用于设置字体粗细，\textup、\textit、\textsl、\textsc 命令用于设置字体的形状。可以从字体族、粗细、形状三个维度同时描述一个字体，即不同维度可以叠加，同一维度不能叠加，叠加后的效果如表 2.8 所示。

表 2.7 中描述的 \normalfont 字体声明表示普通格式，相当于 \rmfamily\mdseries \upshape，适用于复杂字体环境下恢复普通字体，使用方法相同。

相较于英文等语言，中文的字体相对简单，不会有很多复杂成套的字体。在 xeCJK 和 CJK 宏包下，中文字体与英文字体选择的命令分离，选择中文字体族用 \CJKfamily 命

表 2.8　从字体族、粗细、形状三个维度描述字体

字体族	rmfamily		sffamily		ttfamily	
粗细 / 形状	\mdseries	\bfseries	\mdseries	\bfseries	\mdseries	\bfseries
\textup	Chinese	**Chinese**	Chinese	**Chinese**	Chinese	**Chinese**
\textit	*Chinese*	***Chinese***	*Chinese*	***Chinese***	*Chinese*	***Chinese***
\textsl	*Chinese*	***Chinese***	*Chinese*	***Chinese***	*Chinese*	***Chinese***
\textsc	Chinese	**Chinese**	Chinese	**Chinese**	Chinese	**Chinese**

令，如 \CJKfamily{hei}。在 ctex 宏包下，简化了这种表示方式，直接把字体名称作为命令，如 \heiti。ctex 宏包中预定义的中文字库如表 2.9 所示，如果要禁用中文字库，就设置 fontset = none。在表 2.9 所示的中文字库中，ctex 宏包还预定义了一些字体命令，如表 2.10 所示。

表 2.9　ctex 宏包中预定义的中文字库

字库	系统	支持 pdfLaTeX	字库	系统	支持 pdfLaTeX
adobe	Adobe	否	fandol	Fandol	否
founder	方正	是	mac	macOS	否
macnew	El Capitan	是	macold	Yosemite	是
ubuntu	Ubuntu	否	windows	Windows	是

表 2.10　ctex 宏包中预定义的字体命令

命令	字库	案例	命令	字库	案例
\songti	全部	中国	\heiti	全部	**中国**
\fangsong	全部	中国	\kaishu	除 ubuntu	中国
\lishu	windows founder macnew	中国	\youyuan	windows founder macnew	中国
\yahei	windows、macnew	中国	\pingfang	macnew	**中国**

在数学公式编辑中，经常遇到字母斜体、加粗等形式，在 LaTeX 中预定义了一批字体命令，专门用于公式书写，如表 2.11 所示。表 2.11 所示命令都带有一个参数，即被作用的文本。需要提醒的是，这些命令既然用于数学公式编辑，就需要放在公式环境中。最简单的行内公式环境为 $...$，更多公式环境的介绍，请阅读第 3 章。

除了表 2.7～表 2.10 中预定义的方式之外，还有很多个性化字体及符号，如表 2.12 所

表 2.11 公式中预定义的字体

命令	案例	打印
\mathcal	\mathcal{A}=a	$\mathcal{A}=a$
\mathrm	\mathrm{max}_i	max_i
\mathbf	\sum x = \mathbf{v}	$\sum x = \mathbf{v}$
\mathsf	\mathsf{C}_1^2	C_1^2
\mathtt	\mathtt{W}(a)	$\mathtt{W}(a)$
\mathnormal	\mathnormal{abc}=abc	$\mathnormal{abc}=abc$
\mathit	differ\neq\mathit{differ}	$differ\neq\mathit{differ}$

示。表 2.12 中包含了很多字体宏包，包括文本字体和数学公式字体，读者可以查阅对应的说明文档学习。表 2.12 中还列举了一些特殊符号 (如常用的勾叉) 的宏包，部分宏包提供的符号也可以用于数学公式编辑，在对应的宏包里面查询即可。

表 2.12 个性化字体宏包

宏名	类别	说明
fix-cm	字体	加载 LaTeX 未加载的字体
ae	字体	与 fix-cm 宏包作用类似
lmodern	字体	将 Latin Modern 字体作为 LaTeX 的默认字体
inputenc	字体	指定文档的字体编码
fontenc	字体	指定文档编码种类
textcomp	字体	实现 TS1 编码，添加额外的文本符号
exscale	字体	字号大小缩放
tracefnt	字体	用于检测字体选择系统中的问题
mathptmx	字体	罗马字体在数学公式中的应用
mathpple	字体	Adobe Palatino 字体在数学公式中的应用
pifont	字体	包含大量的特殊符号
ccfonts concmath	字体	Concrete 体
cmbright	字体	Computer Modern Bright 体
luximono	字体	通用打字机字体
txfonts	字体	罗马字体
pxfonts	字体	Palatino 体
yfonts	字体	旧德文字体
euler eulervm	字体	欧拉体
dingbat wasysym marvosym bbding ifsym tipa eurosym	字体	符号

2.3.2　字号

字号指文字符号的大小，被 NFSS 当作字体的坐标之一。标准 LaTeX 中预置了 10 个可以设置全局文档字号的命令，如表 2.13 所示。表 2.13 所示命令可以带一个参数，即作用的文本，也可以不带参数，作用于后面全部的文本。为了缩小作用范围，还可以将表 2.13 中的命令放在一个分组 (一对花括号) 中。

表 2.13　标准 LaTeX 预置的字号

命令	案例	命令	案例	命令	案例
\tiny	size	\scriptsize	size	\footnotesize	size
\small	size	\normalsize	size	\large	size
\Large	size	\LARGE	size	\huge	size
\Huge	size				

表 2.13 所示的字号大小由 LaTeX 标准定义，为绝对大小，不随文档环境改变字号大小。但是定义的字号大小依赖于文档类型，也就是说，文档类型或文档大小选项会影响字号的具体大小，如表 2.14 所示[4]。

表 2.14　不同类型 (大小) 文档下的字号大小

命令	10pt	11pt	12pt	c5size	cs4size
\tiny	5	6	6	七号	小六号
\scriptsize	7	8	8	小六号	六号
\footnotesize	8	9	10	六号	小五号
\small	9	10	10.95	小五号	五号
\normalsize	10	10.95	12	五号	小四号
\large	12	12	14.4	小四号	小三号
\Large	14.4	14.4	17.28	小三号	小二号
\LARGE	17.28	17.28	20.74	小二号	二号
\huge	20.74	20.74	24.88	二号	小一号
\Huge	24.88	24.88	24.88	一号	一号

如果希望文档中的某些字号跟随文档当前字号大小设置，则可以引入 relsize 宏包实

[4]正文默认字号为 normalfont，英文默认字号为 10pt(point)，ctex 文档默认为 c5size，本书依赖于 ctex 编辑。

现。relsize 宏包中定义的 \relsize 命令，需要传入一个整型参数，表示相对当前字号增减的步长。例如当前字号为 \Large，\relsize{-2} 即相对于 \Large 减小 2 个单位，变成了 \normalsize (见表 2.13)。

例 下面的 LaTeX 文本，利用 \relsize 命令可相对于当前文本调整文本字号。

```
\usepackage{relsize}
\Large{这是 \Large 字号的文本，设置为 {\relsize{-2} 字号的文本}，
  后者相对于前者明显变小。}
```

上述 LaTeX 命令打印效果如下：

这是 \Large 字号的文本，设置为 \relsize{-2} 字号的文本，后者相对于前者明显变小。

通过花括号限定 \Large 作用的范围，\relsize{-2} 相对于当前字号减小 2 个单位。为了方便，relsize 宏包还定义了如表 2.15 所示命令。

表 2.15 relsize 宏包中定义的命令

命令	案例	说明
\smaller	\smaller{text}	相对于当前字号减小 1 号
\larger	\larger{text}	相对于当前字号增大 1 号
\textsmaller	\textsmaller[n]{text}	相对于当前字号减小 n 号
\textlarger	\textlarger[n]{text}	相对于当前字号增大 n 号

例 表 2.15 所示命令控制字号大小。

```
\usepackage{relsize}
\Large{这是 \Large 字号的文本，设置为 {\smaller 字号的文本}，后者
  相对于前者明显变小，与 {\large 字号相同}。或者用 \textsmaller
  [2]{命令，}{字号与 {\normalsize{相同}}}}
```

上述 LaTeX 命令打印效果如下：

这是 \Large 字号的文本，设置为 \smaller 字号的文本，后者相对于前者明显变小，与 \large 字号相同。或者用 \textsmaller 命令，字号与 \normalsize 相同

在表 2.15 所示命令中，\textsmaller 命令与 \textlarger 命令中的参数都是整数，relsize 宏包还支持分数类型的参数，使用 \relscale 命令或者 \textscale 命令，如表 2.16 所示。例如 \textscale{1.2}{text} 表示根据当前文本字号扩大 20%，\relscale{0.8}{text} 表示根据当前文本字号缩小 20%。

表 2.16 relsize 宏包中定义的其他命令

命令	案例	说明
\relscale	\relscale{factor}{text}	相对于当前字号的 factor 倍
\textscale	\textscale{factor}{text}	相对于当前字号的 factor 倍
\mathsmaller	\mathsmaller{text}	相对于当前字号缩小
\mathlarger	\mathlarger{text}	相对于当前字号增大

例 表 2.16 中的 \mathsmaller 命令和 \mathlarger 命令适用于数学模式，使用两个 \mathlarger 对字符进行双倍放大。

```
\usepackage{relsize}
$ a \mathlarger{\mathlarger{\times}} b \neq a \mathlarger{\times}
    b $
$ a \times b \neq a \times b $
```

上述 LaTeX 命令打印效果如下：

$a \mathlarger{\mathlarger{\times}} b \neq a \mathlarger{\times} b$

$a \times b \neq a \times b$

仔细观察，×, ×, × 三者的大小，的确是从大到小。也就是说，\mathsmaller 和 \mathlarger 等命令可以叠加使用。

除了表 2.13 中定义的字号命令之外，在 ctex 宏包中还可以用 \zihao{num} 命令定义字号，该命令带有一个参数，如表 2.17 所示。表 2.17 中的参数均为整数，例如 \zihao{0} 表示初号字。参数 −6 ~ 8 分别代表了对应的字号大小，单位为 dp，对应中文字号由初号到八号。

```
\usepackage{ctex}
\zihao{1}这是定义的一号字，\zihao{4}这是定义的四号字。\zihao{-4}
    这是定义的小四号字。
```

上述 LaTeX 命令打印效果如下：

这是定义的一号字，这是定义的四号字。这是定义的小四号字。

表 2.17 ctex 宏包中的 zihao 命令 (单位为 dp)

参数	大小	案例	参数	大小	案例
0	42	初号	-0	36	小初号
1	26	一号	-1	24	小一号
2	22	二号	-2	18	小二号
3	16	三号	-3	15	小三号
4	14	四号	-4	12	小四号
	10.5	五号	-5	9	小五号
6	7.5	六号	-6	6.5	小六号
7	5.5	七号	8	5	八号

2.3.3 大小写转换

在英文文档中，常遇到全大写或全小写的段落，在标准 LaTeX 中有 `\MakeUppercase` 命令和 `\MakeLowercase` 命令，分别实现英文字母的大写转换为小写和小写转换为大写，例如要将“text”转换为“TEXT”，使用 `\MakeUppercase{text}` 即可。

使用 `\MakeUppercase` 命令和 `\MakeLowercase` 命令时存在这样一个问题：当文本中包含数学公式、`\label`、`\ref`、`\cite` 等命令时，可能会导致不必要的错误，如引用错误。为此，textcase 宏包提供了 `\MakeTextUppercase` 命令和 `\MakeTextLowercase` 命令，如表 2.18 所示，能够智能识别数学公式和交叉引用等命令。

例 有下面这样的 LaTeX 文本，将字母全部转换成大写形式，并给出打印结果。

```
\usepackage{textcase}
... \MakeTextUppercase{shown in Table \ref{label} are defined in
   textcase package.}
```

上述 LaTeX 命令打印效果如下：

\MakeTextUppercase AND \MakeTextLowercase SIIOWN IN TABLE 2.18 ARE DEFINED IN TEXTCASE PACKAGE.

从这个案例中我们看到，\MakeTextUppercase 里面包含了 **\ref**，依然能够正确引用。如果 **\MakeUppercase** 中包含 **\ref** 等，将出现引用错误。

在一大段文本中，有时候希望个别位置的内容独立于 \MakeTextUppercase 或者 \MakeTextLowercase，即部分内容不做全部大写或者小写的转换，可使用 textcase 宏包中的 \NoCaseChange 命令，如“I Love YOU, CHINA!”，其命令为

```
\usepackage{textcase}
\MakeTextUppercase{I \NoCaseChange{Love} you, China!}
```

\MakeTextUppercase 命令和 \MakeTextLowercase 命令还可以与 **\textbf**、**\emph** 等命令结合使用，打印粗体。

表 2.18　大小写智能转换命令

命令	宏包	案例	说明
\MakeUppercase	LaTeX	\MakeUppercase{text}	全部大写
\MakeLowercase	LaTeX	\MakeLowercase{text}	全部小写
\MakeTextUppercase	textcase	\MakeTextUppercase{text}	全部大写
\MakeTextLowercase	textcase	\MakeTextLowercase{text}	全部小写
\NoCaseChange	textcase	\NoCaseChange{text}	剔除文本

2.3.4　间距

除了空格，还有必要谈一谈两个字符之间的距离，这是水平距离。既然要谈到距离，就要先介绍一下长度单位，如表 2.19 所示。表 2.19 中所示单位可以用在各种表示长度的地方。

除了后面第 3 章的表 3.23 中列举的间距控制之外，还有 **\enspace**、**\nobreakspace** (简写为~) 等命令，这些命令都可以在水平方向上产生一定的间距。需要注意的是，\符号与后面的字符不能断开，否则就表示\␣ (其中 ␣ 符号表示空格)，而它们所表示的间距是不同的。

表 2.19 长度单位

单位	全拼	说明	单位	全拼	说明
pt	point	磅	pc	pica	1pc=12pt，相当于四号字
in	inch	1in=72.27pt	sp	scaled point	65536sp=1pt
cm	centimeter	2.54cm=1in	mm	millimeter	10mm=1cm
cc	cicero	1cc=12dd	dd	didot point	1157dd=1238pt
bp	big point	1in=72bp	em	全方	相当于\quad
-	-	-	ex	x-height	与字号相关，字号决定大小

例 \符号与后面的字符不可断开，否则表示间距为\␣。

```
&123\,456\,789 \\
&123\ 456\ 789
```

123 456 789

123 456 789

很明显，这两种方式产生的间距完全不同，除了 \, 符号，其他命令也是如此。所以，在使用的时候要格外小心。

还可以用 `\hspace` 命令指定间距。`\hspace` 命令与 `\vspace` 命令分别表示水平方向和垂直方向上的间距，在本书中多次提及，它们的使用范围非常广泛。它们都有一个参数，用于指定间距大小 (记得带上长度单位)，如 `\hspace{2cm}`，即在水平方向上增加 2cm 的间距。

有一个特殊的长度 `\fill`，它的具体长度我们并不知道，是根据文档剩余空间确定的，可以作为 `\hspace` 的参数。类似地，`\stretch` 命令也可以作为 `\hspace` 的参数，`\stretch` 有一个参数，如 `\hspace{\stretch{2}}`，相当于 2 倍 `\fill`。

例 用 `\hspace{\fill}` 打印一个间距，`\hspace{\fill}` 可缩写为 `\hfill`。

```
我\hspace{\fill}是\hspace{\fill}中\hspace{\fill}国\hspace{\fill}
    人。
我\hfill 是\hfill 中\hfill 国\hfill 人。
我\hspace{\fill}爱\hspace{\fill}我\hspace{\fill}的\hspace{\fill}
    祖\hspace{\fill}国。
```

```
我\hspace{\fill}爱\hspace{\fill}我\hspace{\fill}的\hspace{\fill}
    祖\hspace{\stretch{2}}国。
```

上述 LaTeX 命令打印效果如下：

我　　　　　　是　　　　　　中　　　　　　国　　　　　　人。
我　　　　　　是　　　　　　中　　　　　　国　　　　　　人。
我　　　　爱　　　　我　　　　的　　　　祖　　　　国。
我　　　爱　　　我　　　的　　　祖　　　　　　国。

与 \hfill 类似的还有 \hrulefill、\dotfill 等，分别表示中间填充横线和圆点。例如用 \dotfill 作为填充：

```
我 \dotfill 是 \dotfill 中 \dotfill 国 \dotfill 人。
```

上述 LaTeX 命令打印效果如下：

我 .... 是 .... 中 .... 国 .... 人。

类似地，\vspace 为垂直间距，也有 \vfill，等价于 \vspace{\fill}。LaTeX 中定义了一些表示垂直间距的命令：\smallskip、\medskip 和 \bigskip，分别由 smallskipamount、\medskipamount 和 \bigskipamount 定义。

2.4　段落

介绍完语言文字和字符字号，就要开始组织段落了。一般地，正文段落要求首行缩进，之后确定文本对齐方式，并适当调整行间距。在一些学术论文中，可能会要求首字母下沉；为了节省版面，可能需要图文环绕、分栏排版等，都属于调整段落样式的操作。

除可以自己做一些常规的段落格式调整外，还可以借用预定义的文本环境，快速完成个性化段落格式控制。例如排版引用的选段、节选的诗歌词赋，可以放在文本环境中。对理工科文档来说，可能更多见到的是列表、定理、代码等，这些具有代表性的段落，都可以借助特定环境完成排版。

以上这些内容是本节的重点部分，读者在应用过程中不可避免要遇到。此外，本节还简单介绍了行号与盒子，以供读者查阅。

2.4.1 缩进和换行

默认情况下，LaTeX 文档的正文部分，所有段落的首行都会自动缩进。在 ctex 宏包[5]中，强行缩进的命令为 \indent，与之相反的是 \noindent 命令，表示不缩进。在 ctex 宏包中，默认情况下，标题不会缩进 (除 subparagraph)，如表 2.20 所示。

例 可根据需要修改标题的缩进距离。

```
\usepackage{ctex}
\ctexset{
  part = {
    format += \raggedright,
    indent = 3\ccwd,
  },
  section = {
    format = \Large\bfseries,
    indent = 20pt,
  }
}
```

其中 format 用于表示设置标题格式，它包含 numberformat、nameformat、titleformat：numberformat 设置标题序号样式，nameformat 用于设置章节序号和名称 (如第 1 章) 样式，titleformat 用于设置标题样式。

表 2.20 ctex 宏包的缩进设置

标题名称	默认值	标题名称	默认值
part	0pt	chapter	0pt
section	0pt	subsection	0pt
subsubsection	0pt	paragraph	0pt
subparagraph	\parindent		

除 ctex 宏包中提供了首行缩进命令外，indentfirst 宏包的 \parindent 命令也可设置首行缩进。

[5]本书引入的是 ctex 宏包。

```
\usepackage{indentfirst}
\setlength{\parindent}{2em}
```

LaTeX 文本中的空行表示换行，默认情况下，以空行换行的段落，会自动得到首行缩进。多个空行与一个空行效果相同，只会产生一个换行。

\par 命令也可以产生换行效果，但在普通正文行文中，不推荐使用，以空行作为换行更加方便、标准。\par 命令产生的效果与空行的效果相似，即使使用多个 \par 命令，也只会产生一次分段。

\\ 命令可以强行换行，上一段的文字排列不会受到影响，而会在 \\ 的位置断开。下一段紧跟在下一行，不会有首行缩进效果。\\ 命令后面可以带一个参数，表示换行之后，额外增加的行间距离，如 \\[2cm]。需要注意的是，如果 \\ 命令后面需要使用方括号 []，则应该添加空分组，即 \\{}，否则可能发生编译错误。

\linebreak 命令作为换行断点，也是强制换行，上一段最后一行文字会均匀分布，下一段不会有首行缩进效果。\linebreak 命令也可以带有一个参数，参数值为 $0\sim4$，表示允许换行的程度。0 表示不可以换行，4 表示必须换行 (默认)。类似地，\nolinebreak 命令与 \linebreak 命令意义相反。

2.4.2　文本对齐

你一定遇到过这样的情况：某个单词很长，却刚好处在一行的结束位置，导致文本超出范围，不能正常换行，例如有下面这样的文本。

例　这里有一些很长的单词：unenthusiastically、acquaaintanceship、biotransformation、chemiluminescence、dihydrostreptomycin、electroencephalography、great-granddaughter，你认识几个呢?

其中 “chemiluminescence” 超出了行末，不能正常换行 (LaTeX 编译日志提示行末超出)。TeX 中提供了 \linebreak 命令，用于强制换行，即 \linebreak{text}，前一行文本自动两端对齐。类似地，当不能正常换页的时候，使用 \pagebreak 命令。

段落的水平对齐方式有左对齐、居中对齐、右对齐三种，可分别在 flushleft、center、flushright 环境中设置，也可以用 \raggedright、\centering、\raggedleft 命令实现，如表 2.21 所示。

表 2.21 段落对齐方式控制

名称	种类	案例	说明
flushleft	环境	`\begin{flushleft} ... \end{flushleft}`	左对齐
center	环境	`\begin{center} ... \end{center}`	居中对齐
flushright	环境	`\begin{flushright} ... \end{flushright}`	右对齐
`\raggedright`	命令	`\raggedright{text}`	左对齐
`\centering`	命令	`\centering{text}`	居中对齐
`\raggedleft`	命令	`\raggedleft{text}`	右对齐

例 在 flushleft 环境下排版一段文字，即段落左对齐：

```
\begin{flushleft}
What the hell is that? What is your motto here? Boys, inform on
   your classmates, save your hide, anything short of that, we're
    gonna burn you at the stake?
\end{flushleft}
```

上述 LaTeX 命令打印效果如下：

What the hell is that? What is your motto here? Boys, inform on your classmates, save your hide, anything short of that, we're gonna burn you at the stake?

例 用 `\raggedright` 命令可以得到与 flushleft 环境相同的排版效果。

```
\raggedright{What the hell is that? What is your motto here? Boys
   , inform on your classmates, save your hide, anything short of
    that, we're gonna burn you at the stake? }
```

上述 LaTeX 命令打印效果如下：

What the hell is that? What is your motto here? Boys, inform on your classmates, save your hide, anything short of that, we're gonna burn you at the stake?

ragged2e 宏包也提供了类似于 LaTeX 中定义文本对齐的环境和命令，如表 2.22 所示。

表 2.22　ragged2e 宏包中段落对齐方式控制

名称	种类	案例	说明
FlushLeft	环境	\begin{FlushLeft} ... \end{FlushLeft}	左对齐
Center	环境	\begin{Center} ... \end{Center}	居中对齐
FlushRight	环境	\begin{FlushRight} ... \end{FlushRight}	右对齐
\RaggedRight	命令	\RaggedRight{text}	左对齐
\Centering	命令	\Centering{text}	居中对齐
\RaggedLeft	命令	\RaggedLeft{text}	右对齐

例　用 ragged2e 宏包的 \RaggedRight 设置段落左对齐。

```
\usepackage{ragged2e}
\RaggedRight{text omitted. }
```

上述 LaTeX 命令打印效果如下：

What the hell is that? What is your motto here? Boys, inform on your classmates, save your hide, anything short of that, we're gonna burn you at the stake?

2.4.3　行间距

在 LaTeX 中，行间距与字号相关，默认情况下，行间距为字号的 1.2 倍。行间距是指一行文字的基线到下一行文字的基线之间的距离，如图 2.2 所示。

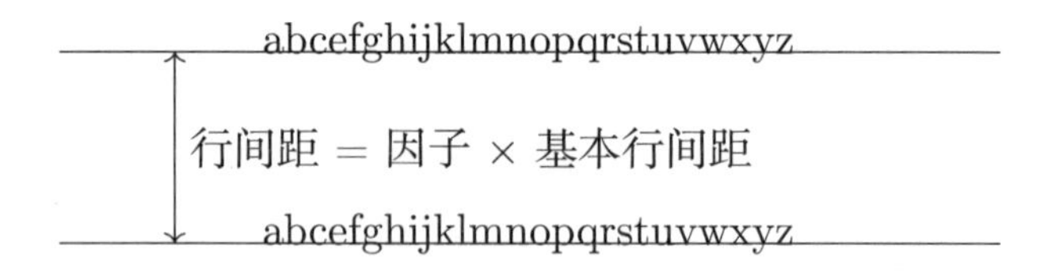

图 2.2　行间距

TeX 定义的参数 \baselineskip 设置了基本的段间距离，比字号大 20%，LaTeX 提供的 \linespread 命令，可基于 \baselineskip 修改段间距离，如 \baselineskip{2.0}{text}。

setspace 宏包提供了一组命令与环境，在修改行间距的时候，尽量使得数学公式、浮动体、脚注等行间距相对合理，如表 2.23 所示。setspace 宏包中的 \singlespacing、\onehalfspacing、\doublespacing 三个命令可对文本行间距进行设置，在全局范围内产生单倍行间距、多倍行间距和双倍行间距。\setstretch 命令可用于指定多倍行距，如 \setstretch{1.2}。与这三个命令对应的，还有三个环境：singlespace、onehalfspace、doublespace，可单独设置某部分段落的行间距。除预置的行间距外，还可以在 spacing 环境中自定义行间距。

表 2.23 行间距控制

名称	宏包	种类	案例	说明
\baselineskip	TEX	参数	\baselineskip{text}	默认行间距
\linespread	LATEX	命令	\linespread{decimal}{text}	修改行间距
\singlespacing	setspace	命令	\singlespacing{text}	单倍行间距
\onehalfspacing	setspace	命令	\onehalfspacing{text}	多倍行间距
\doublespacing	setspace	命令	\doublespacing{text}	多倍行间距
\setstretch	setspace	命令	\setstretch{decimal}	多倍行间距
singlespace	setspace	环境	在 \begin{}...\end{} 环境中	单倍行间距
onehalfspace	setspace	环境	在 \begin{}...\end{} 环境中	多倍行间距
doublespace	setspace	环境	在 \begin{}...\end{} 环境中	多倍行间距
spacing	setspace	环境	在 \begin{}...\end{} 环境中	多倍行间距

例 用 setspace 宏包下的 spacing 环境对某段文本设置行间距，下面是 LATEX 文本和打印效果 (限于篇幅，命令中略去了部分文本)。

```
\usepackage{setspace}
\begin{spacing}{2.0}
What the hell is that? What is your motto here? Boys, inform on
    your classmates, save your hide, anything short of that, we'
    re gonna burn you at the stake? Well, ...
\end{spacing}
```

上述 LATEX 命令打印效果如下：

What the hell is that? What is your motto here? Boys, inform on your classmates, save your hide, anything short of that, we're gonna burn you at the stake? Well, gentleman, when the shit hits the fan some guys run and some guys stay, here's Charlie, facing the fire and there's George hiding in big daddy's pocket. And what are you doing? And you are gonna reward George, and destroy Charlie.

这段文字在 spacing 环境中打印，为 2 倍行间距。因为是在 spacing 环境中设置的，所以不会影响后面其他文本的行间距，而以 \doublespacing 等命令设置的行间距，作用范围为后面的所有文本，会影响后续内容的行间距，可以采用分组的方式缩小其作用范围。

2.4.4 首字下沉

不管是在英文文献中，还是在中文文献中，都有首字下沉的应用。首字下沉，就是段落开始的第一个字母或者汉字单独占据两行及以上的空间。lettrine 宏包的 \lettrine 命令可以实现这一需求，其命令格式为

```
\usepackage{lettrine}
\lettrine[key/val-list]{initial}{text}
```

\lettrine 命令最简单的使用方法为忽略可选项 [key/val-list]，参数 initial 表示需要下沉的字母或者汉字，可通过重定义 \LettrineFontHook 修改字符样式。参数 text 为文本，如果是英文，则默认全部大写，可重定义 \LettrineTextFont 修改字体。

例 以《闻香识女人》中的经典台词为例，打印首字下沉效果 (限于篇幅，命令中省去了文本)。

```
\usepackage{lettrine}
\lettrine{W}{hat the hell is that?} What (text omitted.)
```

上述 LaTeX 命令打印效果如下：

What the hell is that? What is your motto here? Boys, inform on your classmates, save your hide, anything short of that, we're gonna burn you at the stake? Well, gentleman, when the shit hits the fan some guys run and some guys stay, here's Charlie, facing the fire and there's George hiding in big daddy's pocket. And what are you doing? And you are gonna reward George, and destroy Charlie.

例 翻译成中文，也可以有首字下沉效果 (限于篇幅，命令中省去了文本)：

```
\usepackage{lettrine}
\lettrine{这}{到底是什么?}你...
```

上述 LaTeX 命令打印效果如下：

这到底是什么?你们的校训是什么? 孩子们，给你们的同学打小报告，要是隐瞒不能彻底的交待，就把你放在火上烤。看吧! 子弹扫来的时候，有些人跑了，有些人毅力不动。这位查理迎上去面对火刑，而乔治躲到他老爸的羽翼之下去了，你要怎么做，奖赏乔治，还是毁掉查理。

例 对 \LettrineFontHook 和 \LettrineTextFont 重定义，再次打印上面的案例。

```
\renewcommand\LettrineFontHook{\sffamily\bfseries}
\renewcommand\LettrineTextFont{\sffamily\scshape}
```

上述 LaTeX 命令打印效果如下：

WHAT THE HELL IS THAT? What is your motto here? Boys, inform on your classmates, save your hide, anything short of that, we're gonna burn you at the stake? Well, gentleman, when the shit hits the fan some guys run and some guys stay, ...

下面来看可选项 [key/val-list] 部分，其部分键值对如表 2.24 所示。表 2.24 中参数可以调整首字下沉行数、下沉高度、行首缩进等。

例 结合表 2.24 中的参数，有 LaTeX 文本 (限于篇幅，命令中省去了文本)。

```
\usepackage{lettrine}
\lettrine[lines=4, loversize=-0.1, lraise=0.1, lhang=.2, slope
    =0.6em, findent=-1em, nindent=0.6em]{A}{What the hell is that
    ?} What...
```

上述 LaTeX 命令打印效果如下：

A WHAT THE HELL IS THAT? What is your motto here? Boys, inform on your classmates, save your hide, anything short of that, we're gonna burn you at the stake? Well, gentleman, when the shit hits the fan some guys run and some guys stay, here's Charlie, facing the fire and there's George hiding in big daddy's pocket.

And what are you doing? And you are gonna reward George, and destroy Charlie.

表 2.24 lettrine 命令可选项键值对 (部分)

参数	参数值	说明
lines	整数	下沉行数
loversize	数值	增大下沉的高度
lraise	数值	不改变下沉的高度，但上下移动
lhang	数值	下沉的宽度
slope	数值	对于 A 或 V 这类字母，各行首与之之间的距离
findent	数值	缩进行与下沉在水平方向上的距离
nindent	数值	从第二行开始水平移动缩进行

2.4.5 图文环绕

你一定见过书籍、论文中插入的图表，如果图表很小，则为了节省版面，常常让文字环绕在图表四周。picinpar 宏包定义了 window 环境和 figwindow 环境，用于在段落中插入图表。

picinpar 宏包的 window 环境的语法格式如下：

```
\usepackage{picinpar}
\begin{window}[lines, where, commands, caption]
content...
\end{window}
```

在这个环境中，可以有多个可选参数：lines 表示在第几行插入图表；where 表示插入的位置，有 l(left)、c(center) 和 r(right) 三个参数值；commands 表示要插入的内容，caption 表示标题，可以省略。

例 在 picinpar 宏包的 window 环境下，实现图文环绕。

```
\usepackage{picinpar}
\begin{window}[1,c,\fbox{\shortstack{H\\e\\l\\l\\o}},{caption}]
What the hell is that? What is your motto here? Boys, inform on
   your classmates, save your hide, anything short of that, we're
```

```
   gonna burn you at the stake? Well, gentleman, when the shit
   hits the fan some guys run and some guys stay, here's Charlie,
   facing the fire and there's George hiding in big daddy's
   pocket. And what are you doing? And you are gonna reward
   George, and destroy Charlie.
\end{window}
```

上述 LaTeX 命令打印效果如下：

What the hell is that? What is your motto here? Boys, inform on your classmates, save your hide, anything short of that, we're gonna burn you at the stake? Well, gentleman, when the shit hits the fan some guys run and some guys stay, here's Charlie, facing the fire and there's George hiding in big daddy's pocket. And what are you doing? And you are gonna reward George, and destroy Charlie.

Hello
I love you
My sweet

标题

在这个案例中，可选项 1 (数字 1) 表示在第 1 行下面插入图表；c 表示图表位置居中；**\shortstack** 命令让换行符产生的换行效果得以实现 (如堆栈向上叠加)；**\fbox** 命令即产生一个边框；标题 caption 可以省略。

在 window 环境中不仅可以插入文本框，还可以插入图片、表格等，但是在设置标题的时候，并没有生成图表的编号，在 figwindow 环境中却可以实现，其语法格式与在 window 环境中类似。

例 在 picinpar 宏包的 figwindow 环境中，实现图文环绕。

```
\usepackage{graphicx}
\usepackage{picinpar}
\begin{figwindow}[1,c,\fbox{\includegraphics[width=15mm]{image/
   example1}},{图文环绕}]
Mr. Simms doesn't want it. He doesn't need to be labeled, still
   worthy of being a Baird man! What the hell is that? What is
   your motto here? Boys, inform on your classmates, save your
   hide, anything short of that, we're gonna burn you at the
   stake? Well, gentleman,\par\indent when the shit hits the fan
   some guys run and some guys stay, here's Charlie, facing the
```

```
    fire and there's George hiding in big daddy's pocket. And what
     are you doing? And you are gonna reward George, and destroy
    Charlie.
\end{figwindow}
```

上述 LaTeX 命令打印效果如下：

Mr. Simms doesn't want it. He doesn't need to be labeled, still worthy of being a Baird man! What the hell is that? What is your motto here? Boys, inform on your classmates, save your hide, anything short of that, we're gonna burn you at the stake?

Well, gentleman, when the shit hits the fan some guys run and some guys stay, here's Charlie, facing the fire and there's George hiding in big daddy's pocket. And what are you doing? And you are gonna reward George, and destroy Charlie.

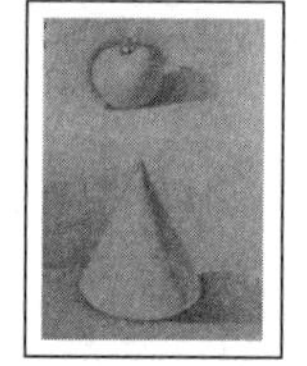

图 2.3 图文环绕

在 figwindow 环境中，用 `\includegraphics` 插入图片 (需要引入 graphicx 宏包)，并为图片配置了标题，且自动编号。由于这段文字很长，所以还添加了 `\par` 命令，用于开启新的段落，`\indent` 命令产生首行缩进。

2.4.6 文本环境

在 LaTeX 中有几种常用的文本环境，分别是引用环境、诗歌环境和摘要环境等。quote 环境和 quotation 环境都是引用环境，verse 环境用于诗歌排版，article 和 report 类型文档还有 abstract 环境，用于打印文章摘要。

下面的案例，都是以形如 `\begin{quote}...\end{quote}` 的方式实现的，所以不逐一列举 LaTeX 文本。

例 quote 环境下的引用，中间对齐，行首没有缩进。左右、上下间距比正文大，常用于引用小段文章。

> 北国风光，千里冰封，万里雪飘。望长城内外，惟余莽莽；大河上下，顿失滔滔。山舞银蛇，原驰蜡象，欲与天公试比高。须晴日，看红装素裹，分外妖娆。江山如此多娇，引无数英雄竞折腰。惜秦皇汉武，略输文采；唐宗宋祖，稍逊风骚。一代天骄，成吉思汗，只识弯弓射大雕。俱往矣，数风流人物，还看今朝。

例 quotation 环境下的引用，有首行缩进。左右、上下间距比正文大，常用于引用大段文章。

> 北国风光，千里冰封，万里雪飘。望长城内外，惟余莽莽；大河上下，顿失滔滔。山舞银蛇，原驰蜡象，欲与天公试比高。须晴日，看红装素裹，分外妖娆。江山如此多娇，引无数英雄竞折腰。惜秦皇汉武，略输文采；唐宗宋祖，稍逊风骚。一代天骄，成吉思汗，只识弯弓射大雕。俱往矣，数风流人物，还看今朝。

例 verse 环境下的引用，左右、上下间距比正文大，过长的文本会在折行的时候悬挂缩进。

> 北国风光，千里冰封，万里雪飘。望长城内外，惟余莽莽；大河上下，顿失滔滔。
> 山舞银蛇，原驰蜡象，欲与天公试比高。须晴日，看红装素裹，分外妖娆。
>
> 江山如此多娇，引无数英雄竞折腰。惜秦皇汉武，略输文采；唐宗宋祖，稍逊
> 风骚。一代天骄，成吉思汗，只识弯弓射大雕。俱往矣，数风流人物，还看
> 今朝。

abstract 环境需要在 article 或者 report 类型文档中实现，其使用方式与 quote 环境的使用方式相同，这里不再赘述。值得一提的是，摘要的标题由 `\abstractname` 命令定义，英文文档默认标题为“Abstract”，中文文档默认标题为“摘要”，可通过 `\abstractname` 命令重定义名称。

2.4.7 列表环境

标准 LaTeX 提供了三种列表环境：itemize、enumerate、description，用户可以基于这些列表环境进行个性化定义。

① itemize 环境下的列表格式

```
\begin{itemize}
  \item 列表项
  \item 列表项
  \item ...
\end{itemize}
```

例 在 itemize 环境中添加列表项，每一个列表项都由 `\item` 开始，`\item` 后面即列表项内容。

上述 LaTeX 命令打印效果如下：

- 列表项
- 列表项
- ……

在列表 itemize 环境中，对列表项层级标记的控制如表 2.25 所示。根据各层级的控制命令，可尝试修改列表标记。

表 2.25　itemize 环境下的列表项层级控制

命令	层级	默认值	标记
\labelitemi	1	\textbullet	•
\labelitemii	2	\normalfont\bfseries \textendash	–
\labelitemiii	3	\textasteriskcentered	*
\labelitemiv	4	\textperiodcentered	·

② enumerate 环境下的列表格式

```
\begin{enumerate}
  \item 列表项
  \item 列表项
  \item ...
\end{enumerate}
```

enumerate 环境下的列表格式与 itemize 环境下的列表格式相似，列表项用 \item 陈列，enumerate 环境下的列表项层级控制如表 2.26 所示。

表 2.26　enumerate 环境下的列表项层级控制

命令	层级	计数器	默认值	标记
\labelitemi	1	enumi	\arabic{enumi}	\theenumi
\labelitemii	2	enumii	\alph{enumii}	\theenumii
\labelitemiii	3	enumiii	\roman{enumiii}	\theenumiii
\labelitemiv	4	enumiv	\Alph{enumiv}	\theenumiv

例　enumerate 环境下的默认列表形式如下：

```
\begin{enumerate}
  \item \textbf{第一层列表} \label{q1}
  \begin{enumerate}
    \item \textbf{第二层列表} \\
    第二层描述 \label{q2}
    \begin{enumerate}
      \item 第三层列表
      \item 第三层列表
    \end{enumerate}
    \item \textbf{第二层列表} \\
    第二层描述 \label{q3}
  \end{enumerate}
  \item \textbf{Literature Survey} \label{q4}
\end{enumerate}
```

上述 LaTeX 命令打印效果如下：

1 **第一层列表**

　(a) **第二层列表**
　　第二层描述

　　i. 第三层列表

　　ii. 第三层列表

　(b) **第二层列表**
　　第二层描述

2 **Literature Survey**

③ description 环境下的列表格式

```
\begin{description}
  \item 列表项
  \item 列表项
  \item ...
```

```
\end{description}
```

例　description 环境下的列表格式与前面两种列表相似，也是用 `\item` 陈列列表项。

```
\begin{description}
  \item[A.] 第一层列表
  \begin{description}
    \item 第二层列表
    \item 第二层列表
  \end{description}
  \item[B.] 第一层列表
\end{description}
```

上述 LaTeX 命令打印效果如下：

A. 第一层列表

　　第二层列表

　　第二层列表

B. 第一层列表

在默认情况下，各个列表项前面是没有标记符号的，可以在 `\item` 命令后面添加标记(这种方式同样适用于 itemize、enumerate 列表)。

下面简单介绍一些宏包，如表 2.27 所示，这些宏包中定义了很多个性化的列表环境，读者可以查阅对应的参考手册。

表 2.27　LaTeX 中支持脚注的部分宏包

宏名	类别	说明
paralist	列表	标准 LaTeX 列表的扩展，提供了很多列表环境
amsthm	列表	标题列表，列表项可以设置标题

如果上述的列表环境还不能满足个性化需求，还可以自定义列表环境，语法格式为：

```
\begin{list}{default-label}{decls} item-list \end{list}
```

其中参数 default-label 表示默认的列表标记，如果没有为 `\item` 添加标记，则用默认标记。参数 decls 表示具体定义的列表版面，其中相关参数如表 2.28 所示，各参数之间的关系如图 2.4 所示。

表 2.28　自定义列表中参数 decls 可控制的布局

`\topsep`	`\partopsep`	`\itemsep`	`\parsep`
`\leftmargin`	`\rightmargin`	`\listparindent`	`\itemindent`
`\labelwidth`	`\labelsep`		

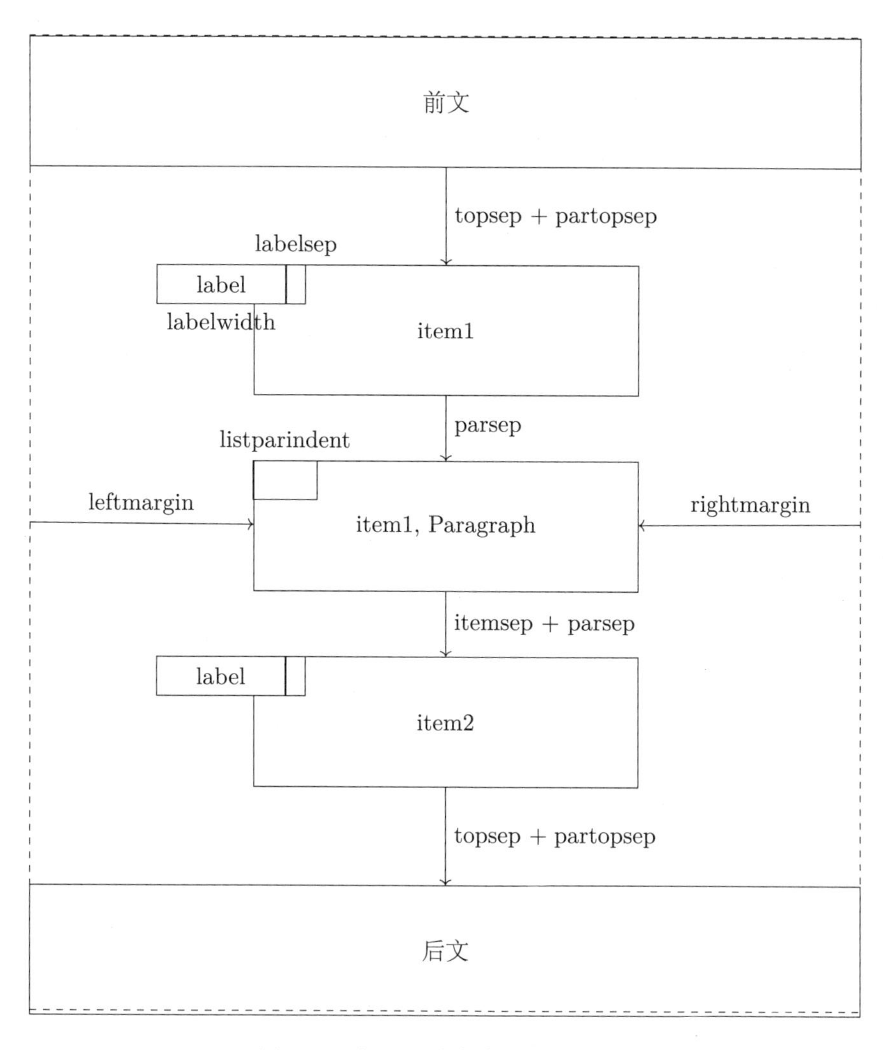

图 2.4　表 2.28 中各参数的位置关系

例　定义下面的 Quote 环境，将某段文本放在一对双引号里面包裹起来。

```
\newenvironment{Quote}{\begin{list}{}%
{\setlength\rightmargin{\leftmargin}}%
\item[]\makebox[0pt][r]{ ‘ ‘}\ignorespaces}
{\unskip\makebox[0pt][l]{’ ’ }\end{list}}

\begin{Quote}
列表内容放在双引号里面，即使有多个段落，也只有一对双引号，且只有
    一个列表项。

列表内容放在双引号里面，即使有多个段落，也只有一对双引号，且只有
    一个列表项。
\end{Quote}
```

上述 LaTeX 命令打印效果如下：

‘‘列表内容放在双引号里面，即使有多个段落，也只有一对双引号，且只有一个列表项。

列表内容放在双引号里面，即使有多个段落，也只有一对双引号，且只有一个列表项。’’

在自定义的列表 Quote 环境中，设置了左边距 **\leftmargin**。在 Quote 里面只有一个列表项 **\item**，且没有给该列表添加标识 ([] 为空)。

2.4.8　定理环境

特别是在理工类文档中，常常看到很多定理、引理、定义等，它们与正文样式有着很大不同，一般还伴随着标题、编号等。在 LaTeX 中可用 **\newtheorem** 命令来实现这样的需求，一般有下面三种形式：

```
\newtheorem{envname}{caption}
\newtheorem{envname}{caption}[within]
\newtheorem{envname}[counter]{caption}
```

envname 为自定义环境的名称，caption 为自定义环境的标题，within 为自定义环境的主计数器，counter 为延续编号的计数器。

例 用 `\newtheorem` 命令定义一个定理环境 thm：

```
\newtheorem{thm}{定理}
\begin{thm}
任意两边之和大于第三边，可以构成三角形。
\end{thm}
```

上述 LaTeX 命令打印效果如下：

定理 1 任意两边之和大于第三边，可以构成三角形。

thm 为自定义的环境名称，该环境的标题为“定理”，且可以自动编号。除设定的“定理”外，还可以添加定理名称。

```
\begin{thm}[三角形定理]
任意两边之和大于第三边，可以构成三角形。
\end{thm}
```

上述 LaTeX 命令打印效果如下：

定理 2 (三角形定理) 任意两边之和大于第三边，可以构成三角形。

在自定义的 thm 环境中添加一个参数，指示该定理的名称。这种方式可以应用于其他由 `\newtheorem` 定义的环境中，但要注意，这个参数是在应用的时候以方括号的形式添加的。

例 `\newtheorem` 的第二种形式，修改编号开始的层级。

```
\newtheorem{lemma}{引理}[section]
\begin{lemma}
如果知道最长边，两条短边之和小于最长边，则可以构成三角形。
\end{lemma}
```

上述 LaTeX 命令打印效果如下：

引理 2.4.1 如果知道最长边，两条短边之和小于最长边，则可以构成三角形。

在定义 lemma 环境的时候，设置该环境的编号从 section 这一层级开始计数。自定义环境中计数器的起始计数，可以继承其他环境的计数器。

例　延续其他环境的计数器。

```
\newtheorem{example}[thm]{案例}
\begin{example}
假设AB是最长边，如果AC加BC的和大于AB，则ABC为三角形。
\end{example}
```

上述 LaTeX 命令打印效果如下：

案例 3 假设 AB 是最长边，如果 AC 加 BC 的和大于 AB，则 ABC 为三角形。

example 环境延续了 thm 环境的计数器，在 thm 的基础上继续增加。需要注意的是，这个计数器放置的位置与设置主计数器的位置不同。

默认的 `\newtheorem` 方式定义的环境格式比较固定，theorem 宏包对其做了扩展，也提供 `\newtheorem` 命令，其使用方式与 LaTeX 原始 `\newtheorem` 命令相同，但必须放在导言区。theorem 宏包还定义了 `\theoremstyle` 命令，可指定环境的格式，如 `\theoremstyle{change}`。theorem 宏包中预定义了一些格式，如表 2.29 所示。

表 2.29　theorem 宏包中预定义的格式

名称	说明	名称	说明
plain	默认格式	break	标题换行
marginbreak	编号在页边，标题换行	changebreak	编号在前，标题与内容不在同一行
change	编号在前，标题与内容在同一行，不换行	margin	编号在左边

例　用 theorem 宏包提供的支持定义一个定理环境 theorem，并设置其格式为 change。

```
\usepackage{theorem}
\theoremstyle{change}
\newtheorem{theorem}{定理}
\begin{theorem}[三角形定理]
```

```
任意两边之和大于第三边，可以构成三角形。
\end{theorem}
```

上述 LaTeX 命令打印效果如下：

1 定理 (三角形定理) 任意两边之和大于第三边，可以构成三角形。

在 change 格式中，编号放在前面，标题放在后面，由案例可知，`\newtheorem` 的使用方式与原始 `\newtheorem` 的使用方式相同，但必须放在导言区。

theorem 宏包还提供了 `\theorembodyfont` 命令和 `\theoremheaderfont` 命令，分别用于设置定理环境中内容的字体和定理标题的字体。定理环境前后的间距，可分别由两个命令控制：`\theorempreskipamount` 和 `\theorempostskipamount`。

ntheorem 宏包在 theorem 宏包的基础上进行扩展，功能更强大。例如 `\theoremstyle` 的预定义格式添加了 nonumberplain、nonumberbreak、empty (扩大了表 2.29)。关于 ntheorem 宏包的使用，读者可参考官方说明。

2.4.9 代码环境

IT 行业在短短的几十年里，取得了极大的发展，培养了大量的 IT 人才。程序代码越来越被人们熟知，如果想要排版某种编程语言的源程序代码该怎么办？像输入文本一样，直接放在 document 环境里面吗？还是用抄录 (见第 2.2.3 节) 的方式，放在 verbatim 等环境中？

例 假设有 C 语言的源代码如下：

```
#include <stdio.h> //包含头文件

//main函数开始
int main (){
  int a = 1, b = 2; //定义两个int类型的变量
  printf("a + b = %d \n", a + b); //输出a + b的和

  return 0;
}//main函数结束
```

即使读者没有学习过 C 语言也没有关系，我们也可以在这段简单的程序中看到很多符号：#、"、\、%，这些符号在 document 环境中是特殊符号，并不能直接打印，它们会被 LaTeX 解析为 LaTeX 命令 (见第 2.2.1 节)。如果通过某些方式 (如转义) 打印这些字符，则可能失去了源程序原有的结构，当需要修改或者引用 (复制) 的时候就很不方便。更何况，除了 C 语言，还有很多其他的编程语言 (如 LaTeX 本身也是一种编程语言)。用抄录的方式虽然可以按照字符原样打印，但是在代码缩进、关键字颜色控制上有很大不便。如何将程序的源代码漂亮地排版出来？LaTeX 的 listings 宏包为该需求提供了解决方案。

读者也许会思考，为什么上面引用的 C 语言源程序能够像编译器中的排版一样打印，所有特殊字符也正常显示？其实是作者在编排的时候，将该源程序放在了 lstlisting 环境中，下面来讨论有关 listings 宏包的应用。

与其他环境相同，要使用代码环境，首先需要在导言区添加 listings 宏包。类似地，添加 listings 宏包的命令如下，其中可选项 options 的说明如表 2.30 所示 (一般省略该可选参数，应用默认选项即可)。

```
\usepackage[options]{listings}
```

表 2.30　可选项 options 的说明

参数	说明
0.21	文档加载 listings 的版本为 0.21
draft	不输出独立文件，但输出标题和对应的标签 (可以弃用)
final	覆盖 draft 选项
savemem	针对特殊要求的文档，编译的时候，为频繁切换程序语言节省时间

如果所用的程序语言需要频繁改变，为了更快地加载不同的程序语言样式，建议在加载 listings 宏包之后，用 \lstloadlanguages 命令对其预先加载：

```
\usepackage{listings}
\lstloadlanguages{languages list}
```

其中 languages list 列表可以是：[ISO]C++、Java 等编程语言，列表项用逗号分隔，如 \lstloadlanguages{[ISO]C++, Java}，这些编程语言预定义的格式化样式将同时加载进来。其中 [ISO] 为 C++ 对应的版本，已定义好的编程语言及对应的版本如表 2.31 所示。当然，用户也可以自定义编程语言的排版样式。

表 2.31 预定义的编程语言及对应的版本

语言	版本	语言	版本	语言	版本
ABAP	R/2 4.3 R/2 5.0 R/3 3.1 R/3 4.6C R/3 6.10	TeX	AlLaTeX, common, LaTeX, plain, primitive	C	ANSI, Handel, Objective, Sharp
ACSL	-	Ada	2005, 83, 95	Algol	60, 68
Ant	-	Basic	Visual	Awk	gnu, POSIX
Fortran	03, 08, 77, 90, 95	Assembler	Motorola68k x86masm	ACMscript	-
OCL	decorative, OMG	Caml	light, Objective	Cobol	1974, 1985, ibm
Clean	-	CIL	-	Comal 80	-
command.com	WinXP	Comsol	-	csh	-
Delphi	-	Eiffel	-	Elan	-
elisp	-	erlang	-	Euphoria	-
bash	-	GAP	-	GCL	-
Gnuplot	-	Go	-	hansl	-
Java	AspectJ	Lisp	Auto	IDL	CORBA
inform	-	Haskell	-	JVMIS	-
ksh	-	Lingo	-	HTML	-
LLVM	-	Logo	-	Matlab	-
make	gnu	Mathematica	1.0, 11.0, 3.0, 5.2	Lua	5.0, 5.1, 5.2, 5.3
Mercury	-	MetaPost	-	Miranda	-
Mizar	-	ML	-	Modula-2	-
MuPAD	-	NASTRAN	-	Oberon-2	-
Oz	-	Octave	-	OORexx	-
C++	11, ANSI, GNU, ISO, Visual	Pascal	Borland6, Standard, XSC	Simula	67, CII, DEC, IBM
PHP	-	PL/I	-	Plasm	-
PostScript	-	POV	-	Prolog	-
Promela	-	PSTricks	-	Python	-
R	-	Reduce	-	RSL	-
Rexx	VM/XA	VHDL	AMS	S	PLUS
SAS	-	Scala	-	Scilab	-
sh	-	SHELXL	-	Ruby	-
SPARQL	-	SQL	-	Swift	-
tcl	tk	ACM	-	VBScript	
Verilog	-	Perl	-	VRML	97
XML	-	XSLT	-	-	-

定义编程语言的样式用 \lstset{key = value list} 命令，它有一个参数列表，以键值对的形式表示。如果设置某个键值对，将会覆盖原有的默认形式。

例　打印上述 C 语言程序的 LaTeX 文本如下：

```
\usepackage{listings}
\begin{lstlisting}[language=C]
#include <stdio.h> //包含头文件

//main函数开始
int main (){
  int a = 1, b = 2; //定义两个int类型的变量
  printf("a + b = %d \n", a + b); //输出a + b的和

  return 0;
}//main函数结束
\end{lstlisting}
```

从案例中可知，C 语言程序放在 lstlisting 环境中，就能够按照源码的形式打印。其中 [language = C] 指定了源码属于 C 语言，还可以通过 \lstset 命令统一设置，即在加载 lstlisting 环境之前设置。

```
\usepackage{listings}
\lstset{language=C}
\begin{lstlisting}
//源码
\end{lstlisting}
```

lstlisting 环境可选项的键值对非常多，所以可设置的样式也非常多，下面我们列举一些常见的案例，来了解 lstlisting 环境的特性。

在默认情况下，制表符 (Tabulator) 作为源码的一部分，会同源码一起输出，制表符占据多大的空间呢？其空格多少由 tabsize 控制，如 tabsize=2，即一个制表符占据两个英文字符的宽度，设 tabsize=n，即占据 n 个英文字符的宽度。

例 设置制表符占据两个英文字符的宽度。

```
\usepackage{listings}
\lstset{tabsize = 2}
\begin{lstlisting}
123456789
  一个制表符
    两个制表符
制表符    两个制表符
\end{lstlisting}
```

上述 LaTeX 命令打印效果如下：

```
123456789
  一个制表符
    两个制表符
制表符    两个制表符
```

如果对制表符 (或者空格) 的个数没有什么概念，或者说个数不够直观，则可以将制表符打印出来，可设置参数 showspaces=true 和 showtabs=true。默认情况下，制表符 (或者空格) 以 ␣ 的形式打印。

例 打印制表符或者空格。

```
\usepackage{listings}
\lstset{tabsize=2, showspaces=true, showtabs=true}
\begin{lstlisting}
123456789
  一个制表符
    两个制表符
制表符    两个制表符 一个空格
\end{lstlisting}
```

上述 LaTeX 命令打印效果如下：

```
123456789123456
␣一个制表符
␣␣两个制表符
制表符␣␣两个制表符 一个空格
```

为了方便源码阅读，很多时候会设置行号，通过行号可以很快定位源码位置。listings 宏包也提供了可选参数 numbers 设置源码行号。

例　设置行号。

```
\usepackage{listings}
\lstset{numbers=right, numberstyle=\tiny, stepnumber=2, numbersep
   =5pt}
\begin{lstlisting}
#include <stdio.h>
int main(){
  printf("hello world \n");

  return 0;
}
\end{lstlisting}
```

上述 LaTeX 命令打印效果如下：

```
#include <stdio.h>
int main(){                                                    2
  printf("hello world \n");
                                                               4
  return 0;
}                                                              6
```

在这个案例中，numbers 用于设置行号，出现在源程序的右边，同时设置行号字号为 `\tiny`，行号步长为 2。与行号相关的参数如表 2.32 所示。

表 2.32 lstlisting 中关于行号的控制

参数	值	案例	说明
numbers	none left right	none	行号显示位置
stepnumber	整数	2	行号步长，默认为 1
numberfirstline	boolean	true	因 stepnumber 导致不可见的行号是否仍打印
numberstyle	样式	\tiny	行号的样式
numbersep	数值	10pt	代码与行号的距离
numberblanklines	boolean	true	空白行是否显示行号
firstnumber	auto last number	10	首行开始的行号
name	字符串	name	代码段的名字

例 设置:[language=C,numbers=left,stepnumber=2,firstnumber=3],打印效果如下:

```
   #include <stdio.h> //包含头文件
 4
   //main函数开始
 6 int main (){
     int a = 1, b = 2; //定义两个int类型的变量
 8   printf("a + b = %d \n", a + b); //输出a + b的和

10   return 0;
   }//main函数结束
```

例 用\thelstnumber 命令打印行号,默认为 \arabic{lstnumber},可对 \thelstnumber 命令进行自定义。

```
\renewcommand*\thelstnumber{\oldstylenums{\the\value{lstnumber}}}
```

在 lstlisting 环境中，除预定义的关键字高亮外，用户可以自定义着重标记 (下画线、颜色等)。首先确定哪些字符将要着重显示，用 emph 确定字符，然后用 emphstyle 为这些字符设置样式。

例 为源码中的字符 for、root 添加下画线:

```
\usepackage{listings}
\lstset{emph={square, root}, emphstyle=\underbar}
```

为使程序代码有更好的可读性，难免要写一定的注释内容，在前面的案例中也接触到了注释的样式控制，注释一般用 morccomment 关键字说明，之后设置相应的样式。

例　源码注释部分的样式控制。

```
\usepackage{listings}
\lstset{morecomment=[l][keywordstyle]{//},
morecomment=[s][\color{red}]{/*}{*/}}
```

这里定义了两种注释，一种是行注解，其样式跟随关键字的样式 (keywordstyle)；另一种是多行注解，字符为红色。

与列表环境、定理环境类似，lstlisting 环境装载的代码独立于正文文本，可控制其边框，如表 2.33 所示。可见，lstlisting 环境的边框样式非常丰富。

表 2.33　lstlisting 中关于边框的控制

参数	值	案例	说明
frame	none leftline topline bottomline lines single shadowbox	`none`	代码边框
frame	trblTRBL	`tlrb`	trbl 分别表示顶部、右边、底部、左边的边框， trbl 表示单线边框， TRBL 表示双线边框
frameround	<t|f><t|f> <t|f><t|f>	`ffff`	圆角设置，默认为 ffff。 四个字段分别表示右上角、右下角、左下角、左上角
framesep	数值	`3pt`	文本与边框的距离
rulesep	数值	`3pt`	边框与文本和填充之间的宽度
framerule	数值	`0.4pt`	填充的宽度
framexleftmargin framexrightmargin framextopmargin framexbottommargin	数值	`0pt`	文本与边框的上下左右边距
backgroundcolor rulecolor fillcolor rulesepcolor	颜色	`\color{blue}`	背景 (填充) 颜色

例 有如下设置:[language=C, frame=shadowbox, rulesep=1pt, rulesepcolor=\color{red}], 打印的代码框如下所示。

```
#include <stdio.h> //包含头文件


  //main函数开始
  int main (){
  int a = 1, b = 2; //定义两个int类型的变量
  printf("a + b = %d \n", a + b); //输出a + b的和

  return 0;
}//main函数结束
```

还有一个很有意思的参数 frameshape={top shape}{left shape}{right shape}{bottom shape}: left shape 或 right shape 为 left-to-right，设置为 y 或 n，可以为空，y 表示画标尺 (rule)。top shape 或 bottom shape 为 left-rule-right，其中 left、right 可以设置为 y、n 或者 r，可以省略为空。添加 \lstset{frameshape={RYRYNYYYY}{yny}{yny}{RYRYNYYYY}}，打印的 lstlisting 环境代码边框如图 2.5 所示[6]。

```
\usepackage{listings}
\lstset{frameshape={RYRYNYYYY}{yny}{yny}{RYRYNYYYY}}
```

图 2.5 代码边框

如果是很短的一行代码，可能不需要占据很大的版面空间，或者就是想要将这行代码插入当前句子中，又该如何解决呢? listings 宏包提供了 \lstinline 命令，可以将源代码插入到行中，不会把源码解析为 LaTeX 命令。\lstinline命令的一般形式为:

```
\usepackage{listings}
\lstinline[key=value list]<character> source code <same character
   >
```

其中包含一个可选列表，可设置某些样式; character 与 same character 选项，表示同一 (或匹配) 符号，如 {}、|| 等符号，可将源码包含其中: \lstinline{source code}、

[6]本书在编辑的时候，也是采用这种边框样式排版源码的。

\lstinline|source code|。虽然 \lstinline 命令很方便，但是也有一些局限性，如不支持设置边框和背景颜色等。

另一个很有意思的命令就是 \lstinputlisting 命令，其功能为插入源码文件，该命令有两个参数，第一个参数是可选项列表，第二个参数为文件的路径 (或相对路径)，一般形式为：

```
\usepackage{listings}
\lstinputlisting[key=value list]{file path}
```

例　有 \lstinputlisting[lastline=5]{.../lstinputlistin.txt},将 lstinputlistin.txt 文件中的前 5 行内容打印出来，其中 lastline=5 表示读取到文件的第 5 行位置。需要打印文件内容，其文件所在路径尽量用相对路径。

```
#include <stdio.h>
  int main (){
  int sum = 10 + 20;
  printf("% $sum = s_1 + s_2 $ %: ", sum);
}
```

如果要在 lstlisting 中解析 LaTeX 文本，则可以用参数 escapechar=character，character 之间的内容作为 LaTeX 文本，所以 character 应该成对出现。

例　在 lstlisting 环境中，$sum = s_1 + s_2 $ 置于 % 之间，作为 LaTeX 命令解析，打印出 $sum = s_1 + s_2$。

```
\usepackage{listings}
\begin{lstlisting}[escapechar=\%]
#include <stdio.h>
  int main (){
  int sum = 10 + 20;
  printf("% $sum = s_1 + s_2 $ %: ", sum);
}
\end{lstlisting}
```

上述 LaTeX 命令打印效果如下：

```
#include <stdio.h>
int main (){
  int sum = 10 + 20;
  printf(" $sum = s_1 + s_2$ : ", sum);
}
```

2.4.10 行号

在某些文档中，对每行文本标号是有必要的，可以有针对性地引用行号。lineno 宏包中的 `\linenumbers` 命令和 `\nolinenumbers` 命令分别用于打印行号和停止打印行号。

例 用 lineno 宏包中的 `\linenumbers` 命令和 `\nolinenumbers` 命令打印行号和取消行号。

```
\usepackage{lineno}
\linenumbers
当前文本是单栏文本，前文还没有行号，从这个位置开始设置行号。设置
   行号用 lineno 宏包中的 \lstinline|\linenumbers| 命令，或者 \
   lstinline|\linenumbers[start-number]| 命令，即行号从 start-
   number 开始。
如果要结束行号，就用 \lstinline|\nolinenumbers| 命令。需要注意的
   是，\lstinline|\nolinenumbers| 命令不能与需要行号的段落在一
   起。

这是下一段文本，行号接着上一段文本。

\linenumbers[-100]
下一个段落的行号从 -100 开始。

\nolinenumbers
```

上述 LaTeX 命令打印效果如下：

1 当前文本是单栏文本，前文还没有行号，从这个位置开始设置行号。设置行号用 lineno
2 宏包中的 `\linenumbers` 命令，或者 `\linenumbers[start-number]` 命令，即行号从 start-

3 number 开始。如果要结束行号，就用 \nolinenumbers 命令。需要注意的是，\nolinenumbers
4 命令不能与需要行号的段落在一起。

5 这是下一段文本，行号接着上一段文本。

-100 下一个段落的行号从 -100 开始。

\nolinenumbers 命令与上一个段落之间必须分段 (空行)，即表示与上一段落没有关系，否则上一段落不会有行号。

例 \linenumbers 命令以段落为标准打印行号。

```
\usepackage{lineno}
\linenumbers*
命令打印行号以段落为标准，如果没有分段，将不会有行号。
$$ x \neq  y $$
从这行开始有行号:
\begin{linenomath}
$$ x \neq  y $$
\end{linenomath}
为了让上一行有行号，将 \lstinline|$$ x \neq  y $$| 放在
   linenomath 中。

\nolinenumbers
```

上述 LaTeX 命令打印效果如下：

\linenumbers 命令打印行号以段落为标准，如果没有分段，将不会有行号。

$$x \neq y$$

1 从这行开始有行号：

$$x \neq y$$

2 为了让上一行有行号，将 $$ x \neq y $$ 放在 linenomath 中。

如果要为公式行添加行号，则可以在引用 lineno 宏包的时候，添加 mathlines 选项，有关 lineno 宏包的可选项如表 2.34 所示。

```
\usepackage[mathlines]{lineno}
```

表 2.34 lineno 宏包的可选项

参数	说明
left	行号放在左边 (默认)
right	行号放在右边
switch	行号放在文本框外
switch*	行号放在文本框内
pagewise	每页的行号从 1 开始
running	行号继续上文，即使中间有 \nolinenumbers
modulo	行号为 5 的倍数时打印行号
mathlines	使用 linenomath 环境打印公式时打印行号
displaymath	将标准 LaTeX 中的公式包含到 linenomath 环境中，即打印行号

在图书这样的长文档中，行号也许不需要从头到尾连续。要想在新的段落开始位置重置行号，可以有下面几种方式：

```
\usepackage{lineno}
\linenumbers[number]
\runninglinenumbers[number]
\begin{linenumbers}[number]
\begin{runninglinenumbers}[number]
```

linenumbers 环境与 runninglinenumbers 环境分别代替了 \linenumbers 命令和 \runninglinenumbers 命令，在该环境中，不需要 \linenumbers 和 \nolinenumbers 等命令开启或者关闭行号打印，将行号打印的范围缩小。如果 number=1，则可以用星号 (*) 代替，如 \linenumbers*。

例 在 linenumbers 环境中的段落有行号。

```
\usepackage{lineno}
\begin{linenumbers}[10]
将段落放在 linenumbers 环境中，行号从10开始，linenumbers 环境之外
  的内容不会打印行号。
\end{linenumbers}
```

上述 LaTeX 命令打印效果如下：

10　　将段落放在 linenumbers 环境中，行号从 10 开始，linenumbers 环境之外的内容不会
11 打印行号。

文本中添加行号，一是方便阅读，二是方便引用。lineno 宏包的 \linelabel 命令为行设置标记，\lineref 命令或者 \ref 命令引用对应的行。

例　为行设置引用标记。

```
\usepackage{lineno}
\begin{linenumbers}[1]
这里有一段文本，为文本打印行号，之后引用某一行文本 \lstinline|\
   linelabel| 命令为行设置标记，\lstinline|\lineref| 命令或者 \
   lstinline|\ref| 命令引用对应的行。

在这里设置行标记 \linelabel{linenum}，标记不会被打印。在这里用 \
   lstinline|\lineref{linenum}| 引用，即打印行 \lineref{linenum}
   ，或者 \lstinline|\ref{linenum}| 引用，也打印行 \ref{linenum}
   。
\end{linenumbers}
```

上述 LaTeX 命令打印效果如下：

1　　这里有一段文本，为文本打印行号，之后引用某一行文本：\linelabel 命令为行设置
2 标记，\lineref 命令或者 \ref 命令引用对应的行。
3　　在这里设置行标记 \linelabel{linenum}，标记不会被打印。在这里用 \lineref{
4 linenum} 引用，即打印行 3，或者 \ref{linenum} 引用，也打印行 3。

行号的样式也是可以自定义的，控制行号字体的是 \linenumberfont，文本与行号的左边距为 \linenumbersep，行号本身由 \thelinenumber 定义，\makeLineNumber 表示文本与行号之间的连接。

例　重定义行号样式。

```
\usepackage{lineno}
\begin{linenumbers}[1]
  \renewcommand\thelinenumber{\roman{linenumber}}
  重定义 \lstinline|\thelinenumber| 为罗马字。
```

```
  \setlength\linenumbersep{1cm}
  文本与行号之间的距离 \lstinline|\linenumbersep| 设置为1cm。
  \renewcommand\makeLineNumber{\llap{\LineNumber$\rightarrow$ }}
  在行号与文本之间由 \lstinline|\LineNumber| 添加一个箭头，其中 \
     lstinline|\llap| 表示左端对齐，\lstinline|\rlap| 表示右端对
     齐。
\end{linenumbers}
```

上述 LaTeX 命令打印效果如下：

i→ 　　重定义 \thelinenumber 为罗马字。文本与行号之间的距离 \linenumbersep 设置为
ii→ 1cm。在行号与文本之间由 \LineNumber 添加一个箭头，其中 \llap 表示左端对齐，\rlap
iii→ 表示右端对齐。

2.4.11 分栏

很多学术论文为了节省版面，以双栏的形式排版。默认情况下，LaTeX 文档都是单栏排版的。为了实现双栏排版或者更多栏排版，可以借助 parallel、multicol 等宏包实现。parallel 宏包可实现双栏排版，如果要实现更多栏的排版，则可以使用 multicol 宏包。

先看 parallel 宏包下的双栏排版，其格式如下：

```
\usepackage{parallel}
\begin{Parallel}{left-width}{right-width}
  \ParallelLText{left-text}
  \ParallelPar
  \ParallelRText{right-text}
\end{Parallel}
```

例 在 Parallel 环境中，\ParallelLText 的文本在左边，\ParallelRText 文本在右边。不管左右的文本是否高度相同，都不会相互填充，且脚注跟随在左边分栏的底部。

```
\usepackage{lineno}
\usepackage{parallel}
\begin{Parallel}{}{}
  \renewcommand{\ParallelAtEnd}{\vspace{7pt}\footnoterule}
```

```
  \linenumbers[1]
  \ParallelLText{这段内容排版在页面左边，text 放在 \lstinline|\
     ParallelLText{text}| 里面。

    这里重新开启一个段落。}
  \ParallelRText{这段内容排版在页面右边，text 放在 \lstinline|\
     ParallelRText{text}| 里面。右边的文本长度明显比左边的长，占
     据的高度也会比左边高。}

  \ParallelPar


  \ParallelLText{\lstinline|\ParallelPar| 命令用于分开上一组 \
     lstinline|\ParallelLText| 和 \lstinline|\ParallelRText|，开
     始新的一组分栏。}
  \ParallelRText{即使上一组分栏的左边有空白，下一组分栏也不会填充
     上去。}
  \ParallelPar
  \ParallelLText{lineno 宏包的 \lstinline|\linenumbers| 命令可以
     为这部分文本添加行号，但只有左边栏打印行号，右边不打印行号。
     \footnote{左边栏的脚注。}}
  \ParallelRText{不管在左边栏添加脚注，还是在右边栏添加脚注，脚注
     都排版在左边栏的尾部。\footnote{右边栏的脚注。}}
\end{Parallel}
```

上述 LaTeX 命令打印效果如下：

1　　这段内容排版在页面左边，text 放在 \
2 ParallelLText{text} 里面。
3
4　　这里重新开启一个段落。
5　　\ParallelPar 命令用于分开上一组 \
6 ParallelLText 和 \ParallelRText，开始

这段内容排版在页面右边，text 放在 \ParallelRText{text} 里面。右边的文本长度明显比左边的长，占据的高度也会比左边高。

即使上一组分栏的左边有空白，下一组分栏也不会填充上去。

7 新的一组分栏。

8 lineno 宏包的 \linenumbers 命令可以为这部分文本添加行号，但只有左边栏打印行号，右边不打印行号。[1]

不管在左边栏添加脚注，还是在右边栏添加脚注，脚注都排版在左边栏的尾部。[2]

1 左边栏的脚注。

2 右边栏的脚注。

案例中 Parallel 环境的两个参数都为空，文档将按照均分的方式布局，\ParallelLText 和 \ParallelRText 里面可以用空行划分段落。\ParallelPar 用于划分两组分栏，放在一组 \ParallelLText 和 \ParallelRText 的后面。

需要注意的是：在双栏分布的地方添加行号，只有左边分栏打印行号，右边分栏不打印。不管脚注添加在 \ParallelLText 或 \ParallelRText，都在左边分栏的尾部打印。\ParallelAtEnd 用于定义正文与脚注之间的内容，案例中设置了垂直距离为 7pt，并添加了分隔线 (\footnoterule)。

标准 LaTeX 文档不能在同一个页面中产生部分双栏的文档，要么直接在新的页面产生双栏。multicol 宏包的 multicols 环境就能实现多栏文档的定义，且具有很好的自适应能力，可定义 $2 \sim 10$ 列。

```
\usepackage{multicol}
\begin{multicols}{columns}[preface]
\end{multicols}
```

参数 columns 即分栏数，参数 preface 即添加在分栏文本前面的内容，如在分栏文本前面添加标题。

例 首先看一个简单的案例，不考虑 [preface]，指定列数为 3。

```
\usepackage{multicol}
\begin{multicols}{3}
在 multicols 环境中填入文本内容，不需要像 Parallel 环境中那样，用
   类似于 \lstinline|\ParallelLText| 和 \lstinline|\ParallelRText
   | 的命令分隔各个列，multicols 会自动将内容均分到各列中，只会在
   最后一列出现内容不够而留白的情况。
\end{multicols}
```

上述 LaTeX 命令打印效果如下：

在 multicols 环境中填入文本内容，不需要像 Parallel 环境中那样，用类似于 \ParallelLText 和 \ParallelRText 的命令分隔各个列，multicols 会自动将内容均分到各列中，只会在最后一列出现内容不够而留白的情况。

例　在分列打印之前，还可以为该部分内容添加前言信息，如添加一个标题 (为节约篇幅，命令中的文本有省略)。

```
\usepackage{multicol}
\begin{multicols}{3}[\subsection*{再别康桥}]
徐志摩的《再别康桥》...
\end{multicols}
```

上述 LaTeX 命令打印效果如下：

再别康桥

轻轻的我走了，正如我轻轻的来;我轻轻的招手,作别西天的云彩。

那河畔的金柳，是夕阳中的新娘;波光里的艳影,在我的心头荡漾。

软泥上的青荇，油油的在水底招摇；在康河的柔波里，我甘心做一条水草！

那榆荫下的一潭，不是清泉，是天上虹；揉碎在浮藻间，沉淀着彩虹似的梦。

寻梦？撑一支长篙，向青草更青处漫溯；满载一船星辉，在星辉斑斓里放歌。

但我不能放歌，悄悄是别离的笙箫；夏虫也为我沉默，沉默是今晚的康桥！

悄悄的我走了，正如我悄悄的来;我挥一挥衣袖,不带走一片云彩。

multicols 环境的布局参数如表 2.35 所示。例如每列之间添加竖线由 \columnseprule 控制，增加两列之间的距离用 \columnsep。

表 2.35　multicols 环境的布局参数

参数	默认值	参数	默认值
\premulticols	50.0pt	\postmulticols	20.0pt
\columnsep	10.0pt	\columnseprule	0 pt
\multicolsep	12.0pt		

例 增加列间距，且列间添加竖线 (为节约篇幅，省略了文本)。

```
\usepackage{multicol}
\setlength\columnseprule{0.4pt}
\addtolength\columnsep{2pt}
```

上述 LaTeX 命令打印效果如下：

沁园春

北国风光，千里冰封，万里雪飘。望长城内外，惟余莽莽；大河上下，顿失滔滔。山舞银蛇，原驰蜡象，欲与天公试比高。须晴日，看红装素裹，分外妖娆。江山如此多娇，引无数英雄竞折腰。惜秦皇汉武，略输文采；唐宗宋祖，稍逊风骚。一代天骄，成吉思汗，只识弯弓射大雕。俱往矣，数风流人物，还看今朝。

例 对 multicols 环境中的文本添加行号，每一列都会打印行号。对 multicols 环境中的文本添加脚注，脚注打印在页面的底部 (为节约篇幅，省略了大部分文本)。

```
\usepackage{lineno}
\usepackage{multicol}
\addtolength\columnsep{10pt}
\begin{multicols}{2}[\subsection*{沁园春}]
\linenumbers[1]
毛泽东的《沁园春》...\footnote{本文选自毛泽东的《沁园春·雪》}
\end{multicols}
```

上述 LaTeX 命令打印效果如下：

沁园春

1 北国风光，千里冰封，万里雪飘。望长
2 城内外，惟余莽莽；大河上下，顿失滔滔。
3 山舞银蛇，原驰蜡象，欲与天公试比高。须
4 晴日，看红装素裹，分外妖娆。江山如此多

5 娇，引无数英雄竞折腰。惜秦皇汉武，略输
6 文采；唐宗宋祖，稍逊风骚。一代天骄，成
7 吉思汗，只识弯弓射大雕。俱往矣，数风流
8 人物，还看今朝。[7]

2.4.12　盒子

盒子是 LaTeX 的基本组成单元，一个字符、一个图表都是盒子。这里我们介绍一些常用的盒子命令，如表 2.36 所示。

表 2.36　常用的盒子命令

命令	参数	说明
\mbox{text}	无	不允许断行 (行末效果明显)
makebox [width][pos]{text}	width 宽度 pos 位置： c(中) l(左) r(右) s(分散)	与 \mbox 类似，可指定宽度和对齐
\fbox{text}	无	与 \mbox 类似，带边框
framebox [width][pos]{text}	width 宽度 pos 位置： c(中) l(左) r(右) s(分散)	与 \makebox 类似，带边框
parbox [pos][height][tpos]{ width}{text}	width 宽度 height 高度 pos 位置：c/t/b tpos 位置： c/t/b s(分散)	适用于段落，必须有宽度
\begin{minipage}[pos][height][tpos]{width} text \end{ minipage}	同上	同上，minipage 为环境

例　以 \framebox[width][pos]{text} 为例，打印一个带边框的盒子。

```
\framebox[10cm][s]{I am Chinese.我爱我的祖国。}
```

[7]本文选自毛泽东的《沁园春·雪》。

上述 LaTeX 命令打印效果如下：

I am Chinese. 我 爱 我 的 祖 国。

\framebox 的长度为 10cm，选择的对齐方式为 s，即分散对齐 (两端对齐)。对于 \fbox 和 \framebox，可通过 \fboxsep 控制边框与内容的距离，通过 \fboxrule 控制线条粗细。

```
\setlength{\fboxsep}{2pt}
\setlength{\fboxrule}{2pt}
```

\newsavebox 命令用于自定义盒子，\sbox 与 \savebox 命令以及 lrbox 环境用于设置盒子装载的具体内容，\usebox 命令用于调用定义好的盒子。\newsavebox、\sbox、\savebox、lrbox、\usebox 的语法格式如下：

```
\newsavebox{cmd}
\sbox{cmd}{text}
\savebox{cmd}[width][pos]{text}
\begin{lrbox}{cmd} text \end{lrbox}
\usebox{cmd}
```

cmd 表示自定义的命令，text 表示盒子中装载的内容，width 表示盒子的宽度，pos 表示对齐方式，可选值有：c(中)、l(左)、r(右)、s(分散)。

例 用 \newsavebox 命令自定义盒子。

```
\newsavebox{\smybox}%一般放在导言区
\sbox{\smybox}{text}
\usebox{\smybox}
\newsavebox{\myboxs}
\savebox{\myboxs}[2cm][s]{savebox}
\usebox{\myboxs}
\fbox{\usebox{\myboxs}}
\newsavebox{\mysbox}
\begin{lrbox}{\mysbox}
  \verb",.#@%^&*!"
\end{lrbox}
\usebox{\mysbox}
```

上述 LaTeX 命令打印效果如下：

text　savebox　　savebox　　,.#@%^&*!

例　`\parbox` 命令与 minipage 环境为垂直方向上的盒子，适用于装载段落，必须带有宽度。

```
\fbox{\parbox[t][20pt]{10cm}{床前明月光，疑似地上霜。举头邀明月，
    低头思故乡。}}
```

上述 LaTeX 命令打印效果如下：

床前明月光，疑似地上霜。举头邀明月，低头思故乡。

每个盒子都有宽度、高度和深度，`\settowidth`、`\settoheight`、`\settodepth` 分别用于打印盒子的宽度、高度和深度，它们的语法格式为：

```
\settowidth{length cmd}{text}
\settoheight{length cmd}{text}
\settodepth{length cmd}{text}
```

length cmd 表示长度命令，可用 `\newlength{cmd}` 定义长度命令，该命令有一个参数，即自定义的长度命令，用于存储盒子长度。text 为盒子，包括文本内容及自定义盒子等。

例　`\settowidth`、`\settoheight`、`\settodepth` 用于获取盒子尺寸。

```
\newlength\myleng
\settowidth\myleng{Typography} width=\the\myleng
\settoheight\myleng{\mysbox} height=\the\myleng
\settodepth\myleng{\mysbox} depth=\the\myleng
```

上述 LaTeX 命令打印效果如下：

width=55.96405pt height=7.43025pt depth=0.0pt

2.5　标题

几乎所有文档都有标题，特别是书籍，因为篇幅较大，更需要标题标注章节。本节先介绍文章标题，文章标题几乎在所有类型文档中都有应用，只不过有的类型文档只支持部

分标题。

在很多地方都会用到标题，例如图表标题，但它与文章标题不同。在介绍图表标题之前，先介绍什么是浮动体，其实就是图表。根据不同出版社的要求，图表标题排版方式也会有所不同。

2.5.1 文章标题

在标准 TEX 中，文档被分为很多类，如 book、report、article 等，每一种类型的文档，其章节层次结构存在一定的差异，如表 2.37 所示。例如 article 中 `\part` 的层级为 0，而在 book 或者 report 中层级为 -1。也不是所有类型的文档都有这些层级命令，例如 `\chapter` 命令只有 book 或者 report 类型文档拥有。

表 2.37 TEX 标准文档的章节层次

命令	文档类别	层级	命令	文档类别	层级
part	book or report	-1	part	article	0
chapter	book or report	0	section	all	1
subsection	all	2	subsubsection	all	3
paragraph	all	4	subparagraph	all	5

文档一般由题名 (title)、正文、参考文献等部分组成，其中题名通过 `\title` 命令在导言区设定，在 document 环境中通过 `\maketitle` 命令将其打印，也就是说，如果不在文档中使用 `\maketitle` 命令，那么即使设置了题名，也不会出现在文档中。文档正文层级结构样式非常漂亮，它们都是通过表 2.37 所示命令进行排版的。在排版的时候需要注意，各个命令有层级次序，例如 `\subsection` 应该在 `\section` 的后面。在任意一种类型的文档中，高一级别的命令可以嵌套多个低级别的命令，但不能反过来用低级别的命令嵌套高级别的命令。

对于很长的文档，如 book 类型文档，可将文档分割为前导部分 (front matter)、主体部分 (main matter) 和附录部分 (back matter)，分割命令分别为 `\frontmatter`、`\mainmatter` 和 `\backmatter`。在其他某些类型的文档中，只需要用 `\appendix` 命令对主体部分和附录部分进行分割。

前导部分的标题可以看作带星号的 `\section` 或者 `\chapter`，不对标题编号，如介绍 (Introduction)、索引 (Index)、前言 (Preface) 等固定标题，还有 `\tableofcontents`、`\listoftables`、`\listoffigures` 等命令带有的标题，也不编号。

如果以如下方式使用表 2.37 所示命令，则文档将会对章节标题进行编号。在使用 `\tableofcontents` 等命令生成目录的时候，就能按照层次展示。

```
\command{title name}
```

如果在 command 后面添加星号 *，则打印的标题将不会有编号，但标题拥有所设置的标题样式，一般格式为：

```
\command*{title name}
```

例　设置标题：不带星号和带星号。

```
\section{标题可在目录中打印}
\section*{标题不在目录中打印}
```

不带星号的标题会添加到目录列表中，在目录中打印，且正文中会有编号。带星号的标题不会打印编号，在目录 (如 book 类型文档) 中也不会打印该标题，但在正文中与 `\section` 的样式相同，无编号。

例　如图 2.6 所示，不带星号的标题可以在目录中打印，带有星号的标题不能打印，其命令如下：

```
\begin{document}
  \tableofcontents
  \chapter{章标题}
  \section{一级标题}
  \subsection{二级标题1}
  \subsection*{二级标题2}
  \subsection{二级标题3}
  \section{一级标题}
  \chapter{章标题}
  \section{一级标题}
  \subsection{二级标题}
  \section{一级标题}
\end{document}
```

目录

1 章标题 **2**
1.1 一级标题 2
1.1.1 二级标题 1 2
1.1.2 二级标题 3 2
1.2 一级标题 2

2 章标题 **3**
2.1 一级标题 3
2.1.1 二级标题 3
2.2 一级标题 3

1

第 1 章 章标题

1.1 一级标题

1.1.1 二级标题 1

二级标题 2

1.1.2 二级标题 3

1.2 一级标题

2

第 2 章 章标题

2.1 一级标题

2.1.1 二级标题

2.2 一级标题

3

图 2.6 用 tableofcontents 命令打印目录结构

其中 \subsection*{二级标题2} 在目录中没有打印，而在正文中是有正常打印的，且打印的样式与 \subsection{二级标题} 相同。

你有没有想过，目录和正文中的编号，是如何记录的？在 TEX 文档中，每个章节部分都有一个专门的计数器用于记录各个标题序号和嵌套的层次，并存储该编号于后缀为 .toc 的文件中。对于带有星号不编号的标题，计数器将其层级 (secnumdepth) 设置为-2，也就不会出现在目录中。

为了方便，在 TEX 文档中，各个章节的计数器与章节名称的命令相同，如 \subsection 对应的计数器为 subsection，这个计数器记录了当前 \subsection 的编号和层级。当一个层级指定后，其下一层级也就被确定了，如 report 类型文档中，对层级的定义如下：

```
\newcounter{part} % (-1) parts
\newcounter{chapter} % (0) chapters
\newcounter{section}[chapter] % (1) sections
\newcounter{subsection}[section] % (2) subsections
\newcounter{subsubsection}[subsection]% (3) subsubsections
\newcounter{paragraph}[subsubsection] % (4) paragraphs
\newcounter{subparagraph}[paragraph] % (5) subparagraphs
```

在标准 TEX 文档中，还有一个与计数器相关的命令，带有前缀 \the，后面跟着对应的计数器名称。如计算器 chapter 对应的命令为 \thechapter，这个命令可用于样式排版。

例　标题的层级依赖。

```
\renewcommand\thechapter{\arabic{chapter}}
\renewcommand\thesection{\thechapter.\arabic{section}}
\renewcommand\thesubsection{\thesection.\arabic{subsection}}
```

在上面这个定义中，\thesubsection 生成一个 Arabic 样式的数字编号，并带有 \thesection 所生成的编号前缀和一个点号 (.)，而 \thesection 本身又是 \thechapter、点号 (.) 和 Arabic 样式编号的嵌套。

例　标题编号的层级依赖。

```
\renewcommand\thesection{\Alph{section}}
```

类似地，\thesection 定义为 Alph 字母类型的编号，标题编号为 A, B, C, ..., 后面的子标题默认为 A.1, A.2, A.3, ... 等，因为默认为阿拉伯数字编号。

例 给 \thesubsection 加边框，用 \fbox 命令，即画出边框。

```
\renewcommand\thesubsection{
  \fbox{\thesection.\arabic{subsection}}}
```

例 将上述命令放到 TEX 文档中，其目录结构如图 2.7 所示，目录生成的样式与正文中标题的样式一致，其中正文的核心内容如下：

```
\renewcommand\thesection{\Alph{section}}
\chapter{章标题}
\section{一级标题}
\subsection{二级标题1}
\subsection*{二级标题2}
\subsection{二级标题3}

\renewcommand\thesection{\thechapter.\arabic{section}}
\section{一级标题}
\chapter{章标题}
\section{一级标题}
\subsection{二级标题}
\subsection{二级标题}

\renewcommand\thesubsection{
  \fbox{\thesection.\arabic{subsection}}}
\section{一级标题}
\subsection{二级标题}
\subsection{二级标题}
\section{一级标题}
```

在默认情况下，对同一命令的重复定义，后者会覆盖前者，所以前面定义的 \thesection 被后者覆盖。

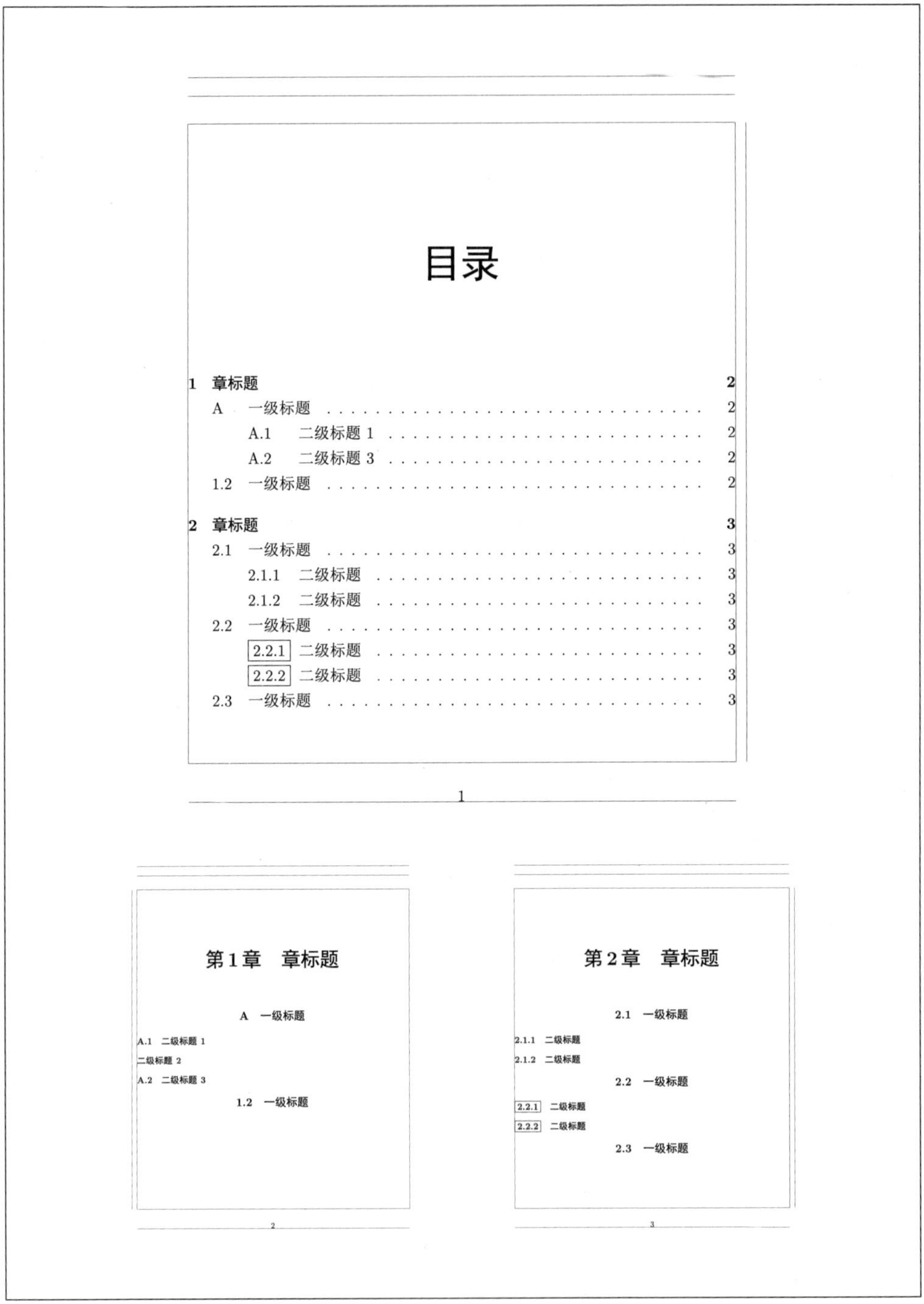

目录

1　章标题　2
A　一级标题 2
A.1　二级标题 1 2
A.2　二级标题 3 2
1.2　一级标题 2

2　章标题　3
2.1　一级标题 3
2.1.1　二级标题 3
2.1.2　二级标题 3
2.2　一级标题 3
2.2.1　二级标题 3
2.2.2　二级标题 3
2.3　一级标题 3

1

第 1 章　章标题

A　一级标题

A.1　二级标题 1

二级标题 2

A.2　二级标题 3

1.2　一级标题

2

第 2 章　章标题

2.1　一级标题

2.1.1　二级标题

2.1.2　二级标题

2.2　一级标题

2.2.1　二级标题

2.2.2　二级标题

2.3　一级标题

3

图 2.7　目录结构

相信读者在一般的读物中，见过非常多的标题样式。LaTeX 提供了一个通用的命令用于定义各式各样的标题样式：startsection 命令，其语法格式如下：

```
\@startsection{name}{level}{indent}{beforeskip}{afterskip}{style}
```

`\@startsection` 命令的参数说明如表 2.38 所示，其中参数 indent、beforeskip、afterskip 与标题的位置关系如图 2.8 所示，从中可看出标题布局。

表 2.38 startsection 命令的参数说明

参数	描述
name	作为标题的计数器，为必填项，如 section, 对应的计数器为 `thesection`
level	指定标题所在的层级
indent	标题的缩进控制
beforeskip	标题前一行的距离
afterskip	标题后一行的距离
style	标题文本的样式

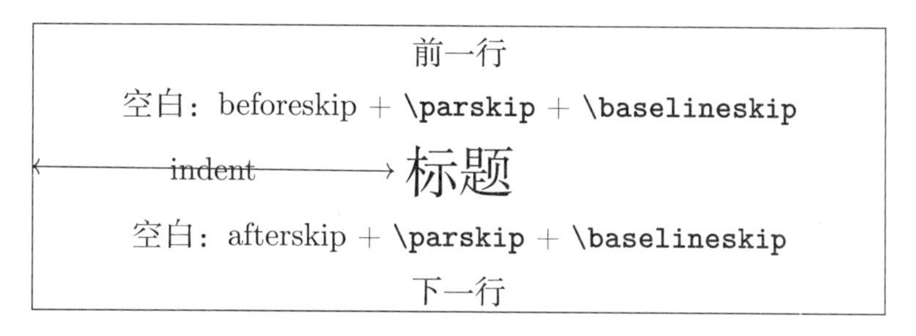

图 2.8 几个参数与标题的位置关系

例 定义 `\subsection` 的标题格式。

```
\makeatletter
\renewcommand\subsection{\@startsection
{subsection}{2}{0mm}% % name, level, indent
{-\baselineskip}% % beforeskip
{0.5\baselineskip}% % afterskip
{\normalfont\normalsize\itshape}}% % style
\makeatother
```

其中 @ 符号需要放在 `\makeatletter` 命令和 `\makeatother` 命令之间。`\@startsection` 定义了 subsection 的样式：名称为 subsection，层级为 2，缩进为 0，段前距离和段后距离以基线 `\baselineskip` 为标准，设置了字体、字号和斜体。

在 LaTeX 的库中，还有很多可供使用的宏包，为标题的美化提供了非常好的支持，例如有 fncychap、quotchap、titlesec 等宏包，读者可以根据需要查阅相关使用手册，定制自己的标题风格。

2.5.2 浮动体

在介绍图/表标题之前，先插入浮动体的概念。标准 LaTeX 文档预定义了 figure 和 table 两个浮动体，分别表示图形和表格。

```
\begin{figure}[pos] ... \end{figure}
\begin{table}[pos] ... \end{table}
```

pos 表示浮动体放置的位置，可选值有 h(here)、t(top)、b(bottom)、p(page)，分别表示浮动体放在当前位置、页面顶部、页面底部、独立成页，默认为 tbp (可组合，LaTeX 按照顺序适配)。LaTeX 尝试以 htbp 的顺序放置浮动体，即以当前位置、页面顶部、页面底部、独立成页 (浮动页) 的顺序适配摆放。

在浮动体 figure 环境里面，常常喜欢用 `\includegraphics` 引入插图。在浮动体 table 里面，常常喜欢嵌套 tabular 环境。

```
\begin{table}[!ht]
  \centering
  \caption{title}
  \begin{tabular}
  ...%单元格
  \end{tabular}
\end{table}
  \begin{figure}[!ht]
  \centering
  \includegraphics{...path}%图片路径
  \caption{title}
\end{figure}
```

这是一个非常简单的浮动体模板，\includegraphics 命令指定插图物理位置 (文件存储的位置)，在 tabular 环境中添加表项打印表格。把 tabular 或者 \includegraphics 嵌套在浮动体环境里面，可以更好地控制浮动体的排版，一般用 **\centering** 命令使得图/表居中排放，并为图/表添加标题。图/表的标题用 **\caption** 命令打印，一般地，插图的标题放在底部，表格的标题放在头部，所以需要注意 **\caption** 放置的位置。! 符号表示本页忽略参数限制，[!ht] 表示图/表可以放置在 here(h) 或者 top(t) 的位置。

我们必须正视浮动体的浮动机制，特别是在多个浮动体连续或紧挨着排列的时候，可能因为浮动体积压而不能正常打印。因此，需要对浮动体的排列做更加详细的设置，可修改参数如表 2.39 所示。表 2.39 中默认值为整数的参数可用 **\setcounter** 命令修改，默认值为小数的参数可用 **\renewcommand** 命令修改，默认值为长度的参数可用 \setlength 命令修改。

表 2.39 浮动体的参数

参数	默认值	描述
topnumber	2	每页允许排放在顶部的浮动体的最大个数
bottomnumber	1	每页允许排放在底部的浮动体的最大个数
totalnumber	3	每页允许排放的浮动体的最大个数
\topfraction	0.7	每页浮动体占据顶部的最大空间比例
\bottomfraction	0.3	每页浮动体占据底部的最大空间比例
\textfraction	0.2	每页浮动体占据的最小空间比例
\floatpagefraction	0.5	浮动页中浮动体的最小空间比例
dbltopnumber	2	与 topnumber 类似，跨双栏
\dbltopfraction	0.7	与 **\dbltopfraction** 类似，跨双栏
\dblfloatpagefraction	0.5	与 **\floatpagefraction** 类似，跨双栏
\floatsep	$12 \pm 2pt$	页面顶部或底部多个浮动体的弹性间距
\textfloatsep	$20(+2/-4)pt$	页面顶部或底部浮动体与正文的弹性间距
\intextsep	$12 \pm 2pt$	页面中间的浮动体与上下文的弹性间距
\dblfloatsep	$12 \pm 2pt$	与 **\floatsep** 类似，跨双栏
\dbltextfloatsep	$8(+2fill)$	与 **\textfloatsep** 类似，跨双栏

例 修改浮动体的某些参数。

```
\setcounter{topnumber}{5}
\setcounter{bottomnumber}{2}
\setcounter{totalnumber}{2}
\renewcommand\topfraction{0.5}
\setlength{\floatsep}{20pt}
```

浮动体默认排版参数为 tbp，会根据位置参数尽可能靠前排放，但不会排放在浮动体的上一页中。相同类型的浮动体依次打印，不会乱序。浮动体高度过大，就会造成页面溢出。

LaTeX 对浮动的处理机制非常复杂，有很多解决方案可供参考，如表 2.40 所示，用户可针对不同的需求选择宏包。

表 2.40　浮动体相关宏包

宏名	类别	描述
placeins	浮动	浮动体遇到章节标题，在前或者在后打印
afterpage	浮动	对下一个自然分页处理，如 `\afterpage{\clearpage}`
endfloat	浮动	图/表置于文章末尾
float	浮动	定义浮动体
caption	浮动	浮动体的标题
rotating	浮动	浮动体旋转
rotfloat	浮动	是 float 和 rotating 的结合
wrapfig	浮动	文本环绕的图/表 (wrapfigure 和 wraptable)
picins	浮动	图文环绕
subfig	浮动	子图，多图排版
subfloat	浮动	为子图/表或者多个图/表打印子编号
sidecap	浮动	图/表标题放在侧边
fltpage	浮动	对长表格或大图片设置标题

2.5.3　图/表标题

关于表格的建立请阅读第 4 章，关于图形的插入和绘制请阅读第 5 章，这里不再赘述。图/表的标题由 `\caption` 命令控制，其语法格式为：

```
\caption{title}
\caption[sub-title]{title}
```

可选参数 sub-title 在正文中不会打印，而在图/表目录中打印，但参数 title 会在正文打印。

例 如表 2.39 所示，其 LaTeX 文本如下：

```
\begin{table}[!ht]
  \centering
  \caption[与浮动体相关的参数]{浮动体的参数}
  \label{key}
  \begin{tabular}{l|l|l}
    \hline
    \hline
    参数 & 默认值 & 描述  \\
    \hline
    topnumber & 2 & 每页允许排放在顶部的浮动体的最大个数  \\
    \hline
    ...
  \end{tabular}
\end{table}
```

`\caption` 中有两个标题，只有后面的标题打印了，前面那个标题没有打印。表格的标题一般放在顶部，所以 `\caption` 放在 tabular 环境的前面。如果要交叉引用图/表，只需要在 `\caption` 的后面添加 `\label` 即可，然后用 `\ref` 命令引用。

caption 宏包为浮动体的标题设置提供了解决方案，可以更加精细地控制标题。caption 宏包提供了一个很重要的命令：`\captionsetup` 命令，它的语法格式为：

```
\usepackage[options]{caption}
or
\usepackage{caption}
\captionsetup{options}
```

options 可以作为 caption 宏包的可选参数，也可以作为 `\captionsetup` 命令的参数，可选的 options 如表 2.41 所示。除表 2.41 列举的控制参数外，还可以用表 2.42 所示参数控制标题的边距。

表 2.41　caption 宏包的可选参数

参数	参数值	说明
format	plain hang	标题的格式，包括标题编号，标题内容
indention	数值	标题很长的时候，从第二行开始缩进
labelformat	original empty simple brace parens	标题标签
labelsep	none colon period space quad newline endash	标题标签与标题内容之间的分隔
textformat	empty simple period	标题内容的格式
justification	justified centering centerlast centerfirst raggedright RaggedRight raggedleft	标题对齐方式
singlelinecheck	false no off 0	单行标题，标准 LaTeX 文档自动居中标题
font(+) labelfont(+) textfont(+)	字号 up/it/sl/sc/md bf/rm/sf/tt singlespacing onehalfspacing doublespacing normalcolor normal	字体设置

表 2.42 标题边距

参数	参数值	说明
margin(*)	数值	边距
width	数值	宽度
oneside twoside	无	如果 margin 只有一个值，则表示左右边距，等价于 twoside
minmargin maxmargin	数值	最大/最小边距
parskip	数值	标题有多个分段，段落间距
hangindent	数值	段落的首行缩进
skip	数值	标题与图/表的间距
position	top above bottom below auto	明确指定 `\caption` 的位置
figureposition tableposition	同上	分别指定图/表的 `\caption` 位置

例 修改表 2.41、表 2.42 所示参数。

```
\usepackage{caption}
format=hang
indention=.5cm
labelformat=parens
labelsep=period
textformat=simple
justification=raggedright
singlelinecheck=false
font=small
font+=it
font={small,it}
margin=10pt
width=.75\textwidth
hangindent=-.5cm
tableposition=top
```

在浮动体 (图/表) 内部，同样是用 \caption 等命令打印标题 (放在 figure 或者 table 环境里面)。与 \caption 相关的命令有：\caption*、\captionof、\captionof*、\captionlistentry，星号表示不打印编号。

在一开始就介绍的 caption 宏包中，浮动体标题格式可用 \captionsetup 命令设置，对于某些特殊的图/表要清除个性化设置，就可以用 \clearcaptionsetup 命令。

如果图/表标题的编号需要延续 (多个图/表序号相同或者同级)，可用 \ContinuedFloat 命令或 \ContinuedFloat* 命令。

```
\usepackage{caption}
\begin{table}
  \caption{title}
  . . .
\end{table}
. . .
\begin{table}\ContinuedFloat
  \caption{another title}
  . . .
\end{table}
```

表 2.40 列举了很多图/表设计的宏包，读者可以通过官方文档进行学习。我们再来介绍一个有意思的案例：将图/表标题放在页面侧边。

sidecap 宏包提供了 SCtable、SCfigure、wide 等环境，其中 wide 环境可以放在 figure 或者 table 环境中。sidecap 宏包提供的环境使用语法如下，其中各个环境的参数如表 2.43 所示。

```
\usepackage[options]{sidecap}
\begin{SCtable}[width][float]...\end{SCtable}
\begin{SCfigure}[rel][float]...\end{SCfigure}
\begin{SCtable*}[rel][float]...\end{SCtable*}
\begin{SCfigure*}[rel][float]...\end{SCfigure*}
\begin{wide} ... \end{wide}
```

例　用 sidecap 宏包设计一个有侧边标题的表格，如表 2.43 所示[8]。

[8]如果是双面打印的，则奇数页标题在右边，偶数页标题在左边。当然，也可以设置参数固定。

```
\begin{SCtable}[2][ht]
\centering
\caption{title}
\begin{tabular}{l|l|l}
  ...
\end{tabular}
\end{SCtable}
```

表 2.43 sidecap 宏包的参数说明，表格标题放在侧边

参数	参数值	说明
options	outercaption	默认，标题在左页面的左边，右页面的右边
	innercaption	与 outercaption 相反
	leftcaption rightcaption	标题在左边或者右边
	wide	浮动体可以延伸到边缘
	raggedright raggedleft ragged	小标题调整
width	数值	标题宽度
float	htbp	图/表位置，默认为 tbp

2.6 版式

经过前面章节的介绍，一个页面的主要内容基本上已经很完整了。本节主要介绍页面的头部和底部：页眉页脚、页码和脚注。

在 LaTeX 文档中，如果是英文文档，则页眉/页脚排版不需要考虑汉化问题，有很多默认样式。但是对于中文文档，就必须对原有的格式进行汉化。页码的计数方式比较简单，只有几种方式，所以不会很复杂。相比之下，脚注就显得复杂些：脚注并不一定放在页面的底部 (默认放在页面底部)，还可能要求跟随文本环境。

2.6.1 页眉/页脚

标准 LaTeX 预定义的页面风格如表 2.44 所示，`\pagestyle` 或者 `\thispagestyle` 命令指定页面风格，如 `\pagestyle{plain}`。其中 `\pagestyle` 命令指定的风格会影响后续

的页面，\thispagestyle 命令指定的风格仅影响当前页面。

表 2.44　标准 LaTeX 的页面风格

风格	描述
empty	没有页眉/页脚
plain	没有页眉，页脚包含页码
headings	没有页脚，页眉包含页码，且包含的内容由文档决定
myheadings	与 headings 类似，但可以自定义页眉包含的内容

标准 LaTeX 提供了 \markboth 命令和 \markright 命令设置页眉，不同类型文档的默认页面风格[9] 如表 2.45 所示。

```
\markboth{main-mark}{sub-mark}
\markright{sub-mark}
```

其中 \markboth 指定章标题于页眉右端，\markright 指定节标题于页眉左端，可用 \markright 修改 \markboth 的 sub-mark。文档中，\leftmark、\rightmark、\firstmark、\botmark、\topmark 等命令可获取当前的页眉。

表 2.45　标准 LaTeX 的不同类型文档的页眉/页脚风格 (默认)

打印类型	命令	book/report	article
双面打印	\markboth	\chapter	\section
	\markright	\section	\subsection
单面打印	\markright	\chapter	\section

如表 2.45 所示，不同类型的文档，如果默认带有页眉，则页眉左边或者右边打印的内容不同。同样用 \markboth 命令打印章标题，在 book 类型文档中，打印的是 \chapter；而在 article 类型文档中，打印的是 \section。

例　标准 LaTeX 规定命名方式为：章节命令加 mark，如 \captermark、\sectionmark 等。

```
\renewcommand\chaptermark[1]{
  \markboth{\chaptername\ \thechapter. #1}{}}
\renewcommand\sectionmark[1]{\markright{\thesection. #1}}
```

[9]页面打印中单双面页眉指定的章节层级。

\chaptername 表示章节名，如“第 2 章”；\thechapter 表示章节序号，如“2”。**\markboth** 设置页眉右边为“章节. 标题”，同时清除左边页眉；**\markright** 设置页眉左边为“节. 节标题”。

extramarks 宏包作为标准 LaTeX 的扩展，定义 \firstleftmark 和 \lastleftmark，分别为 **\leftmark** 和 **\rightmark** 的别名，然后用 \extramarks 命令设置页眉。

毕竟标准 LaTeX 提供的页眉设置存在一定的局限性，只能适应某些特定的文档，fancyhdr 宏包则可以支持用户自定义页眉/页脚。需要注意的是，在使用 fancyhdr 宏包的命令之前，必须先设置 **\pagestyle** (如 **\pagestyle**{fancy})。

```
\usepackage{fancyhdr}
\pagestyle{fancy}
\lhead{左边页眉}
\chead{中间页眉}
\rhead{右边页眉}
\lfoot{左边页脚}
\cfoot{中间页脚}
\rfoot{右边页脚}
```

fancy 类型页面风格将页眉/页脚分别分为左、中、右三个部分，例如 \lhead、\cfoot 分别表示左边页眉和中间页脚。

在某些出版物中，页眉/页脚可能不止一行，可直接用反双斜杠 (\\) 对文本换行。如果换行失败，还可以考虑在 tabular 环境中换行。当页眉/页脚变成多行之后，高度可通过 **\headheight** 和 **\footskip** 调整。

例 页眉/页脚出现多行文本。其中 @{} 用于抑制行末尾的空白，以右顶格的方式对齐。

```
\usepackage{fancyhdr}
\pagestyle{fancy}
\setlength\headheight{23pt}
\lhead{左边页眉 \\ 左边页眉}
\chead{中间页眉}
\rhead{\begin{tabular}[b]{l@{}}
      右边页眉 \\ 右边页眉
  \end{tabular}}
\lfoot{左边页脚}
```

```
\cfoot{中间页脚}
\rfoot{右边页脚}
```

想要灵活设置页眉/页脚，还需要 `\fancyhead` 命令和 `\fancyfoot` 命令。它们有一个可选项和一个参数，可选项由 L、C、R 及 O、E 组合[10]，参数即需要打印的页眉/页脚内容。

例 用 fancyhdr 宏包设置页眉/页脚的基本结构。

```
\usepackage{fancyhdr}
\pagestyle{fancy}
\renewcommand\headrulewidth{4pt}
\setlength\headheight{23pt}
\fancyhead{} % 清空原来的内容
\fancyhead[RO,LE]{\thepage}
\fancyhead[LO,RE]{单页左边页眉，双页右边页眉}
\fancyfoot{} % 清空原来的内容
\fancyfoot[L]{左边页脚}
```

在设置页眉/页脚之前，分别用 `\fancyhead{}` 和 `\fancyfoot{}` 对页眉/页脚的原有内容清空，`\fancyhf{}` 为 `\fancyhead{}` 和 `\fancyfoot{}` 的组合。

例 图书的页眉/页脚设置。

```
\usepackage{fancyhdr}
\pagestyle{fancy}
\renewcommand{\chaptermark}[1]{\markboth{第 \thechapter 章 \,
   #1}{}}
\fancyhead{}
\fancyhead[RO]{\leftmark \enspace\enspace 第 \thepage 页}
\fancyhead[LE]{ \rightmark  }
\fancyfoot{}
\fancyfoot[RO,LE]{李尚乐·著}
\fancyfoot[CE]{\thepage}
```

[10]L、C、R 分别表示 Left、Center、Right，O、E 分别表示 Odd (单页)、Even (双页)，这两组可以单独使用，也可以组合使用，如 L、LO、CE。

\headrule 和 \footrule 分别表示页眉/页脚与正文之间的分隔线，分隔线的宽度分别为 \headrulewidth 和 \footrulewidth，默认同 \linewidth。

例 重定义 \headrule：

```
\usepackage{color, fancyhdr}
\pagestyle{fancy}
\fancyhf{}
\fancyheadoffset[RO,LE]{30pt}
\fancyhead[RO,LE]{单页右边页眉，双页左边页面}
\fancyhead[LO]{\rightmark}
\fancyhead[RE]{\leftmark}
\fancyfoot[C]{\thepage}
\renewcommand\headrule{{\color{blue}%
\hrule height 2pt width \headwidth
\vspace{1pt}%
\hrule height 1pt width \headwidth
\vspace{-4pt}}}
\renewcommand\footrulewidth{0.2pt}
```

如果打印的页眉/页脚内容过长，就会导致溢出。truncate 宏包中的 \truncate 命令可以用某些特定的方式实现缩略超长文本，语法格式为：

```
\usepackage{truncate}
\truncate[marker]{width}{text}
```

可选参数 marker 为结束标志，默认为 \,\dots，即 text 文本超过 width 宽度的部分以省略号代替。

例 缩略超长文本的页眉。

```
\usepackage{fancyhdr}
\usepackage{truncate}
\fancyhead[RO,LE]{\truncate[{\,[\dots]}]{.95\headwidth}{\leftmark
   }}
```

fancyhdr 宏包提供的很多选项，为页眉/页脚的设计提供了很大便利，读者可以查阅官方文档。本节中有关页眉/页脚的宏包说明，如表 2.46 所示。

表 2.46　与页眉/页脚相关的宏包说明

宏名	类别	说明
extramarks	页眉/页脚	标准 LaTeX 页眉/页脚的扩展
fancyhdr	页眉/页脚	支持用户自定义页眉/页脚 (推荐)
truncate	页眉/页脚	处理超长文本，对超长文本缩略
nextpage	页眉/页脚	提供 `\cleartoevenpage` 和 `\cleartooddpage` 命令

2.6.2　页码

LaTeX 中的页码由计数器 page 记录，只要 LaTeX 文档编译完成，页码也就生成了。有时候为了将文档分为多个部分，需要对页码计数器重新初始化，页码的初始值为 1 (也有的初始值为 0)。

例　页码的简单应用。

```
获取页码的命令为 \lstinline|\thepage|，如当前页码为 \thepage。如
    果要引用某页码，则在该页添加标记 \lstinline|\label|，然后用 \
    lstinline|\pageref| 命令引用。如当前页面添加标记 \lstinline|\
    label{pagenumber}|\label{pagenumber}，在第 \pageref{pagenumber
    } 页介绍了页码引用方法，引用方式为 \lstinline|\pageref{
    pagenumber}|。
```

上述 LaTeX 命令打印效果如下：

获取页码的命令为 `\thepage`，如当前页码为 102。如果要引用某页码，则在该页添加标记 `\label`，然后用 `\pageref` 命令引用。如当前页面添加标记 `\label{pagenumber}`，在第 102 页介绍了页码引用方法，引用方式为 `\pageref{pagenumber}`。

为了方便用户设置页码，`\pagenumbering` 命令可重置页码计数器，重新定义 `\thepage`。`\pagenumbering{style}` 命令中的参数 style 包含 Alph、alph、Roman、roman 和 arabic 五种，分别表示大写字母、小写字母、大写罗马字、小写罗马字和阿拉伯数字 (默认样式)。

例　页码以大写字母的形式编排，可设置 `\pagenumbering` 为：

```
\pagenumbering{Alph}
```

标准 LaTeX 文档没办法获取文档的总页数，但可以用 lastpage 宏包实现。在文档的最后一页设置标记 \label，然后在全文都可以用 \pageref 命令引用。

例 用 lastpage 宏包提供的帮助，获取文档总页数。

```
\usepackage{lastpage}
\begin{document}
在文档结束之前(\lstinline|\end{document}| 之前)添加标记 \
   lstinline|\label{LastPage}|，在文档中任何位置都可以用 \
   lstinline|\pageref{LastPage}| 引用该标记，如文档共有 \pageref{
   LastPage} 页。
\end{document}
```

上述 LaTeX 命令打印效果如下：

在文档结束之前 (\end{document} 之前) 添加标记 \label{LastPage}，在文档中任何位置都可以用 \pageref{LastPage} 引用该标记，如文档共有 ?? 页。

使用 lastpage 宏包获取总页数的好处在于，即使文档中有部分页码编排方式发生改变，也不会影响总页数的统计。需要注意的是，统计的总页数是从正文开始的地方开始，到标记结束的位置为止。

某些出版物要求按照章节来编排页码，或者页码带着章节标题，可以对每个 \chapter 进行设置。

例 在每个章节开始的位置重置页码编码方式。

```
\pagenumbering{arabic}
\renewcommand\thepage{\thechapter--\arabic{page}}
```

很显然，这种方式比较麻烦，需要在每个 \chapter 后面添加类似于上面的命令。chappg 宏包扩展了 \pagenumbering 命令，使得 \pagenumbering 命令可以接收参数，并为 \pagenumbering 提供页码样式 bychapter。

例 在 \chapter 后面添加如下命令，页码即可打印 “Preface-页码”。

```
\usepackage{chappg}
\pagenumbering[Preface]{bychapter}
```

例　假设页码编号的最高层级为 **\section**，在导言区定义下面的命令，页码就是以“章节 (section) 编号-页码”的形式打印的。

```
\usepackage{chappg}
\makeatletter \@addtoreset{page}{section} \makeatother
\pagenumbering[\thesection]{bychapter}
```

例　\chappgsep 用于分隔前缀和页码。页码打印形如“3/1”“3/2”“3/3”“3/4”，其中前缀 3 为章节编号。

```
\renewcommand\chappgsep{/}
```

2.6.3　脚注

某些内容与文本主体相关性不大，属于补充说明的内容，常采用脚注的方式对其进行阐述。在标准 LaTeX 文档中，用 **\footnote** 命令生成脚注，如 **\footnote{**脚注文本**}**[11]。

从这个案例中我们可以看到脚注的基本特点：它的语法结构是 **\footnote{text}**，自动生成脚注的上标，页面底部打印脚注内容。同时，脚注的上标可以通过 **\thefootnote** 命令或者 **\thempfootnote** 命令修改。

例　重定义脚注上标。

```
\renewcommand\thefootnote{\fnsymbol{footnote}}
通过重定义 \lstinline|\thefootnote| 命令修改上标样式，打印上标\
    footnote{thefootnote 命令修改上标样式。}如页面尾部所示。同一个
    页面中第二个脚注上标\footnote{第二个脚注上标。}、第三个脚注上
    标\footnote{第三个脚注上标。}自动根据 \lstinline|\fnsymbol| 编
    号，互不相同。
```

[11]这是脚注部分，与文本主体相关性不大，作为补充内容放在页面底部以供参考。

上述 LaTeX 命令打印效果如下：

通过重定义 \thefootnote 命令修改上标样式，打印上标*** 如页面尾部所示。同一个页面中第二个脚注上标†††、第三个脚注上标‡‡‡ 自动根据 \fnsymbol 编号，互不相同。

\footnote 在 minipage 环境中，由 mpfootnote 计数，还可以在 minipage 环境中添加 \footnotemark 命令，作为脚注的标记，然后在 minipage 环境外面用 \footnotetext 命令添加脚注的内容。

例 脚注标记与脚注内容分离。

```
\begin{center}
  \begin{minipage}{.7\linewidth}
    minipage 环境中的脚注上标默认以小写英文字母编号\footnote{
       minipage 环境中的脚注上标。}。在 minipage 环境中添加 \
       lstinline|\footnotemark| 标记，在 minipage 环境外面添加脚
       注内容，打印效果如页面末尾所示。
  \end{minipage}
  \footnotetext{minipage 环境外面添加脚注内容。}
\end{center}
```

上述 LaTeX 命令打印效果如下：

minipage 环境中的脚注上标默认以小写英文字母编号[a]。在 minipage 环境中添加 \footnotemark 标记，在 minipage 环境外面添加脚注内容，打印效果如页面末尾所示。

[a]minipage 环境中的脚注上标。

在案例中，在 minipage 环境里面用 \footnotemark 标记脚注，在 minipage 环境外面用 \footnotetext 添加脚注内容。

例 利用 footmisc 宏包提供的 \mpfootnotemark 命令可以修改上标编号。这是实用的，因为某些位置拥有相同的脚注。

***thefootnote 命令修改上标样式。

†††第二个脚注上标。

‡‡‡第三个脚注上标。

[14]minipage 环境外面添加脚注内容。

```
\usepackage{footmisc}
\begin{center}
  \begin{minipage}{.7\linewidth}
    这是第一个脚注 \footnote{第一个脚注位置。}，这是第二个脚注位
       置 \footnote{第二个脚注位置。}，这是第三个脚注位置 \
       addtocounter{mpfootnote}{-2}\mpfootnotemark{}，它与第一个
       脚注相同，这是第四个脚注位置 \footnote{第四个脚注位置。}。
  \end{minipage}
\end{center}
```

上述 LaTeX 命令打印效果如下：

这是第一个脚注 [a]，这是第二个脚注位置 [b]，这是第三个脚注位置 [a]，它与第一个脚注相同，这是第四个脚注位置 [b]。

[a]第一个脚注位置。
[b]第二个脚注位置。
[b]第四个脚注位置。

设置 footmisc 宏包中的计数器 mpfootnote，如果是获得一个与前文相同的编号，就不需要再为其添加 \footnotetext 文本，只需要添加标记 \mpfootnotemark 即可。当脚注编号减小之后，后面的编号会根据前面的编号递增，所以在脚注编号回退的时候需要小心。

例　LaTeX 不允许为脚注直接添加脚注，但是可以用 \footnotemark 命令与 \footnotetext 命令配合使用，打印脚注的脚注。

```
在脚注里面添加脚注，如脚注1的脚注 \footnote{脚注1的脚注。\
   footnotemark{}}\footnotetext{脚注的脚注。}打印如页面尾部所示。
```

上述 LaTeX 命令打印效果如下：

在脚注里面添加脚注，如脚注 1 的脚注 [15]打印如页面尾部所示。

在脚注 \footnote 里面添加脚注标记 \footnotemark，在外面用 \footnotetext 设置内容。

[15]脚注 1 的脚注。[16]
[16]脚注的脚注。

LaTeX 还可以引用脚注，在 `\footnote` 里面设置标记 `\label`，然后用 `\ref{label}` 命令引用 (文本内容有省略)。

```
这是引用...\footnote{我要引用脚注，先添加 label 标记，\label{key
    }...} ...然后引用这个脚注 \ref{key}。
```

上述 LaTeX 命令打印效果如下：

这是引用脚注 `\footnote` [17] 的案例，先为 `\footnote` 添加 label，然后引用这个脚注 17。

需要注意的是，在引用脚注的时候，`\label` 应该设置在 `\footnote` 里面，否则 label 引用的是章节编号或者其他编号。

用户还可以自定义脚注布局，以及设置脚注的字号等，可选参数如表 2.47 所示，其中 `\footnotesep`、`\skip\footins`、`\footnoterule` 之间的关系如图 2.9 所示。

表 2.47　脚注中的自定义参数

命令	说明
`\footnotesize`	字号，如表 2.13 所示
`\footnotesep`	每个脚注之间的高度
`\skip\footins`	正文主体末尾与第一个脚注之间的距离，用 setlength 命令或者 addtolength 命令添加重置的值
`\footnoterule`	控制主体内容与脚注的分隔线

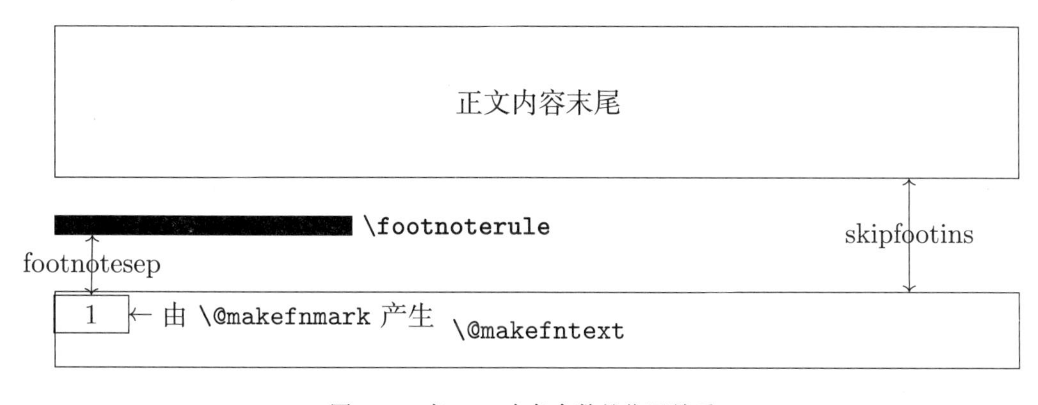

图 2.9　表 2.47 中各参数的位置关系

[17]我要引用脚注，先添加 label 标记，然后用 ref 命令引用。

除标准 LaTeX 提供的脚注命令和环境之外，还有其他作者有针对性的设计了一些脚注样式，如表 2.48 所示。

表 2.48　LaTeX 中支持脚注的部分宏包

宏名	类别	说明
ftnright	脚注	在双栏文档的右边栏打印脚注
footmisc	脚注	个性化脚注集合
ftnright	脚注	每页可重置脚注的计数器及上标样式
manyfoot	脚注	设计多层次脚注，可根据类别设置脚注
endnotes	脚注	尾注

旁注与脚注类似，用 `\marginpar` 命令为文本添加旁批，例如 `\marginpar{text}`，即可添加旁批 text。

2.7　索引

本节我们将会看到 LaTeX 中诸多的索引工具，这些索引工具能够自动生成，并可以被引用，为文档书写提供了极大的便利。

对于书籍这样的长文本来说，通过目录可以很快捷地查询章节，检索文本。在行文过程中，常添加一些索引，引用前后章节的内容，让整个内容联系更加紧凑。在文档最后，一般会添加参考文献，加强理论依据。

2.7.1　目录

在一个完整的长文档中，目录是不可或缺的部分。用 LaTeX 编辑的文档中，如何生成目录? 熟悉 Word 应用的读者知道，Word 中有自动生成目录和手动生成目录两种方式。在 LaTeX 中，生成目录只需要用一个命令即可：`\tableofcontents` 命令。如图 2.10 所示为一个简单的目录结构。

标准 LaTeX 文档可以自动生成目录，包括正文标题目录和图表目录，在 docment 环境中分别用 `\tableofcontents` 命令和 `\listoffigures`、`\listoftables` 命令打印 (需要运行两次才能打印)。需要注意的是，这三种类型目录分别存储在后缀名为 .toc、.lof 和 .lot 的文件中。

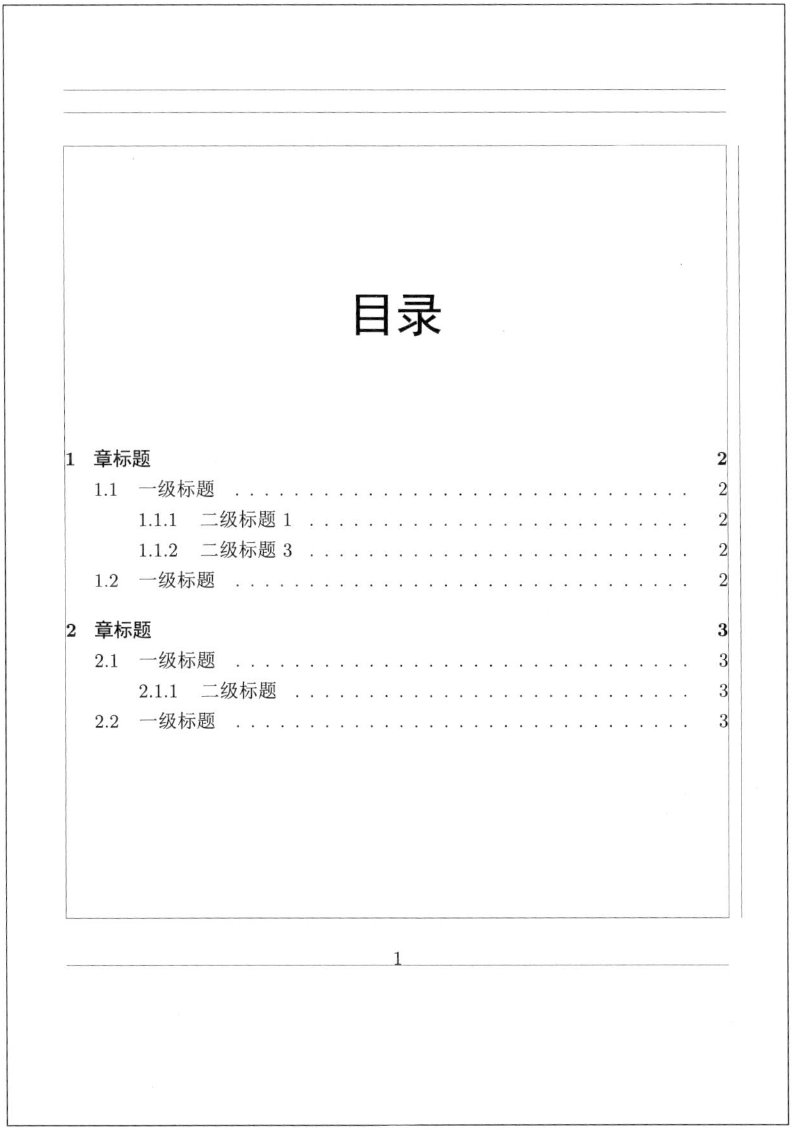

目录

1 章标题 **2**

1.1 一级标题 2

1.1.1 二级标题 1 2

1.1.2 二级标题 3 2

1.2 一级标题 2

2 章标题 **3**

2.1 一级标题 3

2.1.1 二级标题 3

2.2 一级标题 3

1

图 2.10 目录结构

默认情况下，正文中的标题能够自动生成目录。此外，还有 `\addcontentsline` 命令和 `\addtocontents` 命令也可以添加信息到目录中。

先看 `\addcontentsline` 命令，其语法格式为：

```
\addcontentsline{ext}{type}{text}
```

\addcontentsline 命令有三个参数，其中 text 为目录内容，如内容及所在的页面，编号可用 \numberline 设置。需要注意的是，添加 text 的时候，还需要 \protect 命令。type 指定目录类型，如 figure 类型。参数 ext 一般指后缀名为 .toc、.lof 和 .lot 的文件。

例　添加图形索引到目录。

```
\addcontentsline{lof}{figure}{\protect\numberline{\thefigure} 标
    题文本(text)}
```

其中 type 指定为 figure，对应的 ext 指定为 lof，在插图目录的前面添加图片的编号，由 \numberline{\thefigure} 控制，其后为图片的标题。再例如，没有编号的标题，强行添加到目录中。如文章带星号的标题，没有编号，默认情况下，不编排到目录，使用 \addcontentsline 命令就可以编排进目录。

例　目录插入没有编号的标题。

```
\section*{Foreword}
\addcontentsline{toc}{section}{\protect\numberline{}Foreword}
```

type 设置为 section，与标题命令相同，ext 设置为 toc。因为标题没有编号，所以 \numberline{} 不设置内容。还可以去掉 \protect\numberline{}，只是对齐方式稍微发生变化，不会有缩进。

另外，\contentsline 命令可以逐个添加目录项，其语法格式如下，其中参数 page 表示该内容所在第几页。

```
\contentsline{type}{text}{page}
```

例　逐个添加目录项。

```
\contentsline{part}{I\hspace{1em}Part}{2}
\contentsline{chapter}{\numberline{1}A-Head}{2}
\contentsline{section}{\numberline{1.1}B-Head}{3}
```

另一个插入目录条目的命令：\addtocontents 命令，其语法格式为：

```
\addtocontents{ext}{text}
```

\addtocontents 命令没有 type 参数，用于添加与正文目录无关的特殊格式的内容到目录中。

例 在不同章节之间的 .lof 和 .lot 文件中插入额外的空白，即使某些章节中没有包含图表，也不会产生奇怪的分隔。其中 \addvspace{10pt} 即表示在垂直方向上最多产生 10 个像素的空白。

```
\addtocontents{lof}{\protect\addvspace{10pt}}
\addtocontents{lot}{\protect\addvspace{10pt}}
```

除以上介绍的标准 LaTeX 目录形式之外，还有很多其他的目录形式，如图表混合的目录形式。此外，还有很多宏包可以用于设置目录，如 tocbibind、shorttoc、minitoc、titletoc 等，各自用途如表 2.49 所示。

表 2.49　LaTeX 中支持目录的部分宏包

宏名	类别	说明
tocbibind	目录	将参考文献、索引等编排进文档目录中
shorttoc	目录	目录的概要目录
minitoc	目录	章节生成目录
titletoc	目录	另一种自定义目录的形式

2.7.2 引用

在阅读过程中，经常看到对图片、表格、参考文献的引用。在文档写作过程中，如何管理这些被引用的内容？在 LaTeX 文档中，可以非常方便地管理引用：支持交叉引用、文献引用、索引引用。

为了实现交叉引用，需要在 LaTeX 文档中设置唯一标记 key，然后引用该唯一标记 key。key 的命名应该尽量见名知意，符合一般的命名规则。

```
\label{key} \ref{key} \pageref{key}
```

\label 命令在 LaTeX 文档中设置唯一标记 key，为了规范，或可用一些统一前缀，如前缀 fig 表示图片。\ref 命令表示引用 LaTeX 文档中设置的 key，它会打印出对应的编号。\pageref 命令表示引用唯一标记 key 所在的页码。

例　LaTeX 文档中设置 label，然后引用该标记。

```
\section{A Section} \label{sec:this}
...see section~\ref{sec:this} on page~\pageref{sec:this}
```

在这个案例中，将在 `\section` 的后面添加一个标记，`\label{sec:this}` 不会被打印，可以在其他位置引用该标记。`\ref{sec:this}` 将被替换成对应的章节编号，`\pageref{sec:this}` 将被替换成该标记所在的页码。

案例中，key 的命名用冒号 (:) 分隔前缀，它存在一定的潜在问题，LaTeX 中定义了很多特殊含义的符号，如果发生冲突，将导致文档编译错误。为此，babel 宏包和 inputenc 宏包给出了一些的解决方案。为了避免这样的错误，可以全部用英文字母按照驼峰命名的方式设置 key，如 secThis。

在 LaTeX 文档的什么位置可以设置 `\label`？对于章节标题 (sectioning)、公式环境 (sectioning)、图形环境 (figure)、表格环境 (table) 等都可以添加 `\label`，因为它们都可以由 LaTeX 自动生成编号。因此，对没有编号的内容引用是没有意义的。`\label` 命令放在需要被引用的命令或者环境后面，如果放在前面，就会出现引用错误。

例　如图 2.13 所示 (关于图形的绘制，请参阅第 5 章) 案例，其 LaTeX 文档如下：

```
\begin{figure}[ht]
  \begin{center}
    \fbox{\ldots{} figure body \ldots}
  \caption{First caption} \label{fig:in2}
    \bigskip
    \fbox{\ldots{} figure body \ldots}
  \caption{Second caption} \label{fig:in3}
  \end{center}
\caption{\LaTeX 文档中设置 label 的位置}
\label{fig:in1}
\end{figure}
```

`\label` 命令放在 `\caption` 命令后面，因为 `\caption` 命令是可以自动编号的。如果在 figure 环境中没有 `\caption`，`\label` 就可以放在 center 环境的前面，否则引用 `\ref{fig:in1}` 错误。

引用 \ref{fig:in1} 输出图 2.13，引用 \ref{fig:in2} 输出图 2.11，引用 \ref{fig:in3} 输出图 2.12。对于每个 \label{key}，LaTeX 会记录当前的编号和页码。如果在 LaTeX 文档的其他位置交叉引用某个 \label，只需要知道 key 即可，不需要关心每个 key 所对应的具体编号或者页码，即使编号或者页码发生变化，也不会影响引用。

... figure body ...

图 2.11 First caption

... figure body ...

图 2.12 Second caption

图 2.13 LaTeX 文档中设置 label 的位置

在上述内容中，介绍了在 LaTeX 文档中如何实现交叉引用。在扩展宏包中，还有其他更多丰富的引用样式。例如 showkeys、varioref、prettyref、titleref、hyperref 和 xr 等宏包，各自功能如表 2.50 所示，读者可以自行查阅详细的功能介绍。

表 2.50 LaTeX 中支持引用的部分宏包

宏名	类别	说明
showkeys	引用	在引用中添加关键字上标
varioref	引用	将 \ref 命令和 \pageref 命令整合
prettyref	引用	中引用中添加修饰信息
titleref	引用	打印被引用的文本，不打印被引用的编号
hyperref	引用	交叉引用内容可以实现超链接跳转
xr	引用	外部文档引用

2.7.3 参考文献

不管是书籍还是论文，几乎都会有参考文献，本节主要介绍参考文献的排版问题。参考文献排版应该注意：一、涉及大量文献的时候，放在文档尾部有些臃肿；二、全文文献应该统一排版格式；三、文献应该可以重复引用。

标准 LaTeX 提供了 thebibliography 环境，用于陈列参考文献，使用 thebibliography 环境的语法格式为：

```
\begin{thebibliography}{label}
  \bibitem[label1]{key1}  information
  \bibitem[label2]{key2}  information
  ...
\end{thebibliography}
```

label 可以是数值，也可以是字母符号。如果为数值，则表示按照阿拉伯序号排列，且表示可排列的最大值。`\bibitem` 的可选项表示文献前面的标号，key 为 `\cite` 的标识符，即引用文献。

例　thebibliography 环境下插入参考文献，如图 2.14 所示。

```
文献 \cite{0The} 是一本非常适合做 \LaTeX 入门的参数书，文献 \cite
   {1994LATEX} 可作为补充，文献 \cite{2007The} 主要针对画图。

\bibliographystyle{plain}
\begin{thebibliography}{9}
  \bibitem{0The} The LaTeX Graphics Companion, Second Edition ...
  \bibitem{2007The}  Lamport L . LATEX : a document ...
  \bibitem{1994LATEX}  Goossens M ,  F  Mittelbach,  Samarin A
     ....
\end{thebibliography}

文献 \cite{cite-key1} 是一本非常适合做 \LaTeX 入门的参数书，文献
   \cite{cite-key2} 可作为补充，文献 \cite[pp. \, 1-2]{cite-key3}
    主要针对画图。

\bibliographystyle{plain}
\begin{thebibliography}{ABCD}
  \bibitem[0Thes]{cite-key1} information
  \bibitem[2007Thes]{cite-key2}  information
  \bibitem[1994LATEXs]{cite-key3}  information
\end{thebibliography}
```

文献的交叉引用用 `\cite` 命令，它有一个参数，即被引用文献条目的标识符。案例中，该标识由 `\bibitem` 提供，即 key。`\cite` 命令的语法格式如下：

```
\cite[text]{key}
\cite[text]{key1,key2,...}
\nocite{key-list}
```

key 为文献条目的标识符，text 表示插入附加内容，在如图 2.14 所示案例中，`\cite` 命令添加了额外信息。如果文中需要插入未被引用的文献，则需要 `\nocite` 命令。`\nocite` 命令可以指定未被引用文献列表，如果需要将所有未被引用的文献打印出来，则可以用 `\nocite{*}`。

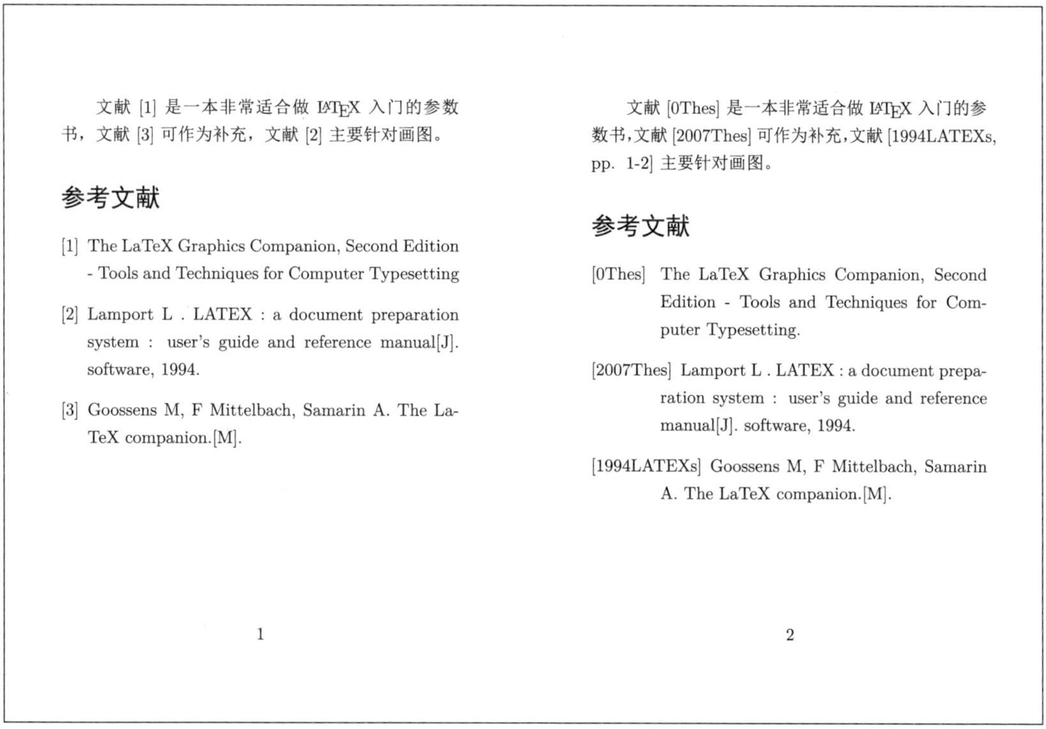

文献 [1] 是一本非常适合做 LaTeX 入门的参数书，文献 [3] 可作为补充，文献 [2] 主要针对画图。

参考文献

[1] The LaTeX Graphics Companion, Second Edition - Tools and Techniques for Computer Typesetting

[2] Lamport L . LATEX : a document preparation system : user's guide and reference manual[J]. software, 1994.

[3] Goossens M, F Mittelbach, Samarin A. The LaTeX companion.[M].

1

文献 [0Thes] 是一本非常适合做 LaTeX 入门的参数书，文献 [2007Thes] 可作为补充，文献 [1994LATEXs, pp. 1-2] 主要针对画图。

参考文献

[0Thes] The LaTeX Graphics Companion, Second Edition - Tools and Techniques for Computer Typesetting.

[2007Thes] Lamport L . LATEX : a document preparation system : user's guide and reference manual[J]. software, 1994.

[1994LATEXs] Goossens M, F Mittelbach, Samarin A. The LaTeX companion.[M].

2

图 2.14 在 thebibliography 环境下插入参考文献

在图 2.14 所示案例中，已经用到了 plain 样式，在 LaTeX 中，用 `\bibliographystyle` 命令设置文献样式。除 plain 样式之外，还有 unsrt 等样式，如表 2.51 所示 (其中 ✔ 表示支持，✗ 表示不支持)。

表 2.51　标准 LaTex 定义的几种格式

样式	字母编号	条目排序	人名缩写	月份全称	期刊全称
plain	✗	✓	✗	✓	✓
unsrt	✗	✗	✗	✓	✓
alpha	✓	✓	✗	✓	✓
abbrv	✗	✓	✓	✗	✗

plain、unsrt 样式一般以数字为文献编号，plain 按照作者、日期、标题顺序排列，unsrt 则不排序。alpha 样式采用三字母缩写方式编号，并按照作者排序。abbrv 与 plain 基本相同，但有一定缩写。

用 thebibliography 环境插入参考文献的方式，并不方便移植 (不能重复利用)。更多地，我们习惯用 BibTeX 参考文献数据库管理文献，它用 `\bibliography` 命令将后缀名为 .bib 的文件插入文档中，其中 .bib 文件就是文献数据，一般包含文献基本要素，如 article 类型文献包含 author、title 等，每种类型文献包含的基本信息如表 2.52 所示。因为 BibTeX 数据库独立于 LaTeX，所以要编译两次 LaTeX 文档。

例　新建 examplebib.bib 文件，文件添加 book 类型文献条目。

```
@book{0The,
  title={The LaTeX companion.},
  author={ Goossens, M.  and F Mittelbach and  Samarin, A. },
  publisher={The LaTeX companion.},
}
```

book 类型文献必选属性有 title、author、publisher 等，如果不填则为空，在编译的时候将给出警告提示。对于每一个属性后面的值，最好用双引号 ("") 或者花括号包裹起来。要插入 examplebib.bib 文件中的参考文献，用 `\bibliography` 命令，即 `\bibliography{examplebib}`，这里不需要添加后缀 .bib (注意相对路径的一致性)。可同时插入多个 .bib 文件，在 `\bibliography` 中用逗号分隔即可。在正文中交叉引用某一文献时，用 `\cite` 命令，如 `\cite{0The}`，其中 0The 即在 .bib 文件中添加的一个文献条目标识符。

表 2.52 列举了几乎所有常见的文献类型，以及对应的选项条目。在建立 .bib 文件的时候，还是需要注意以下一些问题：一、每个选项对应的值，应该用双引号或者花括号包裹起来；二、如果包含特殊符号 (如重音符号)，要用花括号包裹；三、字符串可以用 # 符号连接；四、在 .bib 文件中可以用 `@string` 命令定义一些缩写。

表 2.52 常见的文献类型及对应支持的选项条目

entry	article	book	booklet	inproceedings conference	inbook	incollection	manual	mastersthesis	misc	phdthesis	proceedings	techreport	unpublished
author	✔	✔	✗	✔	✔	✔	✗	✔	✗	✔		✔	✔
title	✔	✔	✔	✔	✔	✔	✔	✔	✗	✔	✔	✔	✔
journal	✔												
year	✔	✔		✔	✔	✔	✗	✔	✗	✔	✔	✔	✗
volume	✗	✗		✗	✗	✗					✗		
number	✗	✗		✗	✗	✗					✗	✗	
pages	✗			✗	✔	✗							
month	✗	✗	✗	✗	✗	✗	✗	✗	✗	✗	✗	✗	✗
note	✗	✗	✗	✗	✗	✗	✗	✗	✗	✗	✗	✗	✔
publisher		✔		✗	✔	✔					✗		
series		✗		✗	✗	✗					✗		
address		✗	✗	✗	✗	✗	✗	✗		✗	✗	✗	
edition		✗			✗	✗	✗						
howpublished			✗						✗				
booktitle				✔		✔							
editor		✔		✗	✔	✗					✗		
organization				✗			✗				✗		
chapter					✔	✗							
type					✗	✗		✗		✗		✗	
school								✔		✔			
institution												✔	

✔ 必选打印项。
✗ 可选打印项。
空 可能不支持。
* article：论文；book：书籍；booklet：未正式出版的印刷品；inproceedings/conference：会议报告中的一篇；inbook：书籍的部分章节；incollection：有独立标题的节选；manual：技术手册；mastersthesis：硕士学位论文；misc：未分类 (未定义) 类型；phdthesis：博士论文；proceedings：会议报告；techreport：学院或研究所出版的报告；unpublished：未出版文档。
* author：作者；title：标题；journal：期刊名称；year：年份；volume：所在卷数；pages：所在页码；month：发表的月份；note：备注；publisher：出版方；series：丛书名称；address：出版社地址；edition：版次；howpublished：特殊出版方式；booktitle：书籍标题；editor：编辑；organization：组织机构；chapter：章节；type：报告类型；school：学院；institution：主办机构。

除标准 LaTeX 预定义的参考文献格式之外，还有很多个性化文献样式，分别由宏包提供，如表 2.53 所示，其中 natbib 和 jurabib 是两个常用的宏包。本文使用的样式为：

```
\usepackage[square,comma,numbers,sort&compress]{natbib}
```

表 2.53　与参考文献引用相关的宏包

宏名	类别	说明
chicago	文献	同一年份相同主要作者的不同文献引起不明引用
natbib	文献	多个作者名字，打印前三个
cite	文献	自动按升序排列引用的序号
notoccite	文献	解决未排序的引用问题
bibentry	文献	首次引用时打印出版方的完整信息
jurabib	文献	可自定义的短标题引用
camel	文献	法律条文等文献
chapterbib	文献	可以在每个章节后面添加参考文献
bibunits	文献	为不同的但由于生成单独参考文献列表
bibtopic	文献	参考文献列表可分多个小标题
multibib	文献	提供单独的引文命令来区分不同书目中的引文

2.8　文档和页面

LaTeX 定义了很多类型文档，常用的文档类型有 article、book、report 等。为什么要定义不同类型文档？

不管是 article 类型文档，还是 book 类型文档，亦或是 report 类型文档，基本属性都差不多，只是在页面布局、页面大小、可用宏 (命令)，以及适用场景上存在一定差异。

文档类型不同，页面尺寸和布局也不同。页面尺寸由 LaTeX 预定义完成，每个页面的布局可由用户自定义。本节将介绍 LaTeX 文档的页面布局和文档类型，一般地，只需要选择一种文档类型行文。如果没有特殊要求，则不会改变该类型文档的默认布局。所以本节可作为了解性内容，读者对文档类型和页面布局有所了解即可。

2.8.1 页面

常见的页面 (纸张) 大小有 A4、B4 等，一个页面分多个部分，用 LaTeX 编辑的文档，应该如何设置页面尺寸以及控制各个部分之间的间距呢?

一个页面包含头部、主体、尾部、左右空白等部分，我们将控制页面的参数用图形的方式表示，如图 2.15 所示，其中各个参数的含义，如表 2.54 所示。

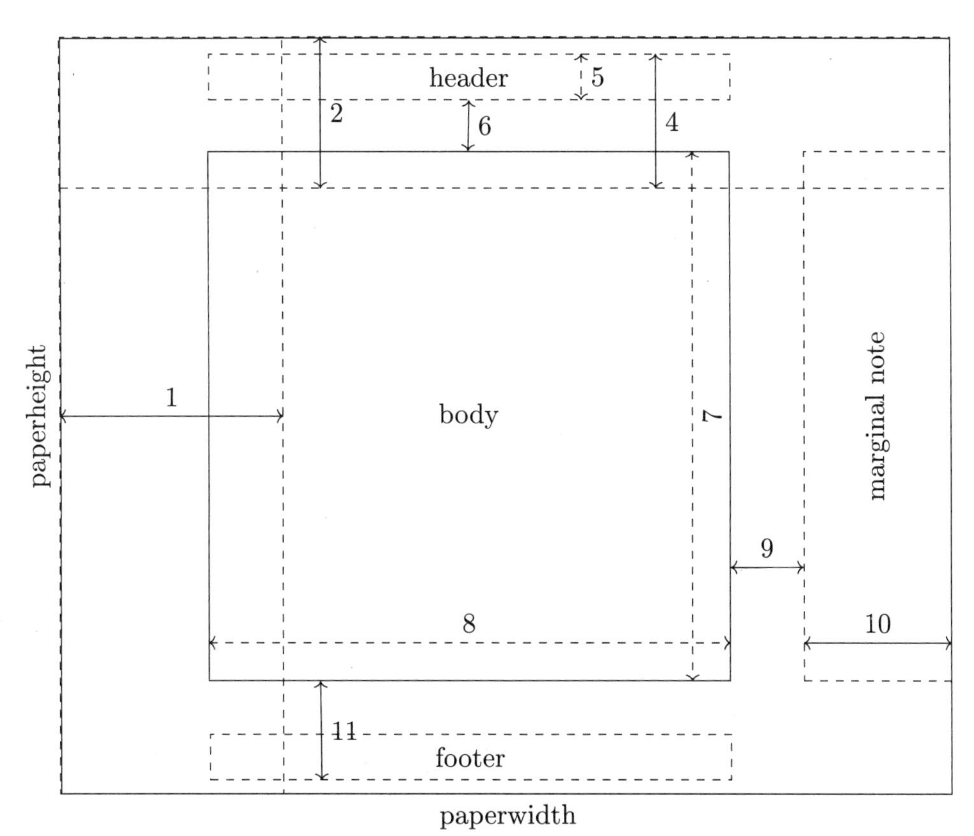

1:**\hoffset**
2:**\voffset**
3:**\oddsidemargin**
4:**\topmargin**
5:**\headheight**
6:**\headsep**
7:**\textheight**
8:**\textwidth**
9:**\marginparsep**
10:**\marginparwidth**
11:**\footskip**
\paperwidth
\paperheight
\hoffset
\voffset
\marginparpush

图 2.15 geometry宏包对页面布局的默认定义

表 2.54　LaTeX 中页面控制参数

\paperheight	页面高度
\paperwidth	页面宽度
\textheight	文本高度
\textwidth	文本宽度
\columnsep	多栏文本中，各栏之间的距离
\columnseprule	多栏文本中，各栏之间的垂直距离
\columnwidth	多栏文本中，各栏的宽度，由 \textwidth 与 \columnsep 计算
\linewidth	当前文本每行的长度
\evensidemargin	双面打印中，偶数页左边额外增加的空白
\oddsidemargin	双面打印中，奇数页左边额外增加的空白
\footskip	主体最后一行基线与尾部基线的距离
\headheight	头部高度
\headsep	头部与主体之间的距离
\topmargin	头部与页面顶部之间的距离
\marginparpush	两个连续批注的垂直距离
\marginparsep	主体与旁注之间的距离
\marginparwidth	旁注宽度

根据标准 LaTeX 设定，纸张大小如表 2.55 所示。在 LaTeX 文本开始的位置，就可以指定纸张大小。

表 2.55　标准 LaTeX 纸张大小

纸张类别	尺寸 (inches)	纸张类别	尺寸 (inches)
letterpaper	8.5×11	legalpaper	8.5×14
executivepaper	7.25×10.5	a4paper	8.25×11.75
a5paper	5.875×8.25	b5paper	7×9.875

例　指定 LaTeX 纸张大小。

```
\documentclass[a4paper]{book}
```

a4paper 即指定纸张为 A4 类型，book 表示文档类型。当指定了纸张大小之后，页面各个部分的布局 (如表 2.54 所示) 也就确定了，如 letterpaper 的页面布局如表 2.56 所示，分别为默认情况下 article、book、report 文档的布局。

表 2.56 letterpaper 的页面布局

参数	双面打印			单面打印		
	10pt	11pt	12pt	10pt	11pt	12pt
\oddsidemargin	44pt	36pt	21pt	63pt	54pt	39pt
\evensidemargin	82pt	74pt	59pt	63pt	54pt	39pt
\marginparwidth	107pt	100pt	85pt	90pt	83pt	68pt
\marginparsep	11pt	10pt	10pt	同上		
\marginparpush	5pt	5pt	7pt	同上		
\topmargin	27pt	27pt	27pt	同上		
\headheight	12pt	12pt	12pt	同上		
\headsep	25pt	25pt	25pt	同上		
\footskip	30pt	30pt	30pt	同上		
\textheight	43pt	38pt	36pt	同上		
\textwidth	345pt	360pt	390pt	同上		
\columnsep	10pt	10pt	10pt	同上		
\columnseprule	0pt	0pt	0pt	同上		

标准 LaTeX 定义的各种类型纸张大小与实际的纸张大小还是有所区别的，实际的纸张大小还会根据各个国家标准不同存在差异，应该根据实际需求来设置 \paperwidth 和 \paperheight，其他参数会自动调整。

选定纸张类型之后，就可以根据需求修改布局，也就是调整各个部分的位置、宽度、高度等。对页面布局的修改，即对表 2.54 中相关参数的重定义，需要用到 \setlength 和 \addtolength 命令。需要注意的是：对页面布局的修改，应该在样式文件 (宏包等) 或导言区完成，不能在 document 环境中修改。

例 在导言区设置页面头部高度。

```
\normalsize
\setlength\headheight{2\baselineskip}
```

\normalsize 取当前文档的字号，\baselineskip 即行间距，\headheight 设置为两倍的行间距。

例 用 layout 宏包的 \layout 命令，可以打印当前文档的页面局部，打印的效果占据一个新页面，如图 2.16 所示。

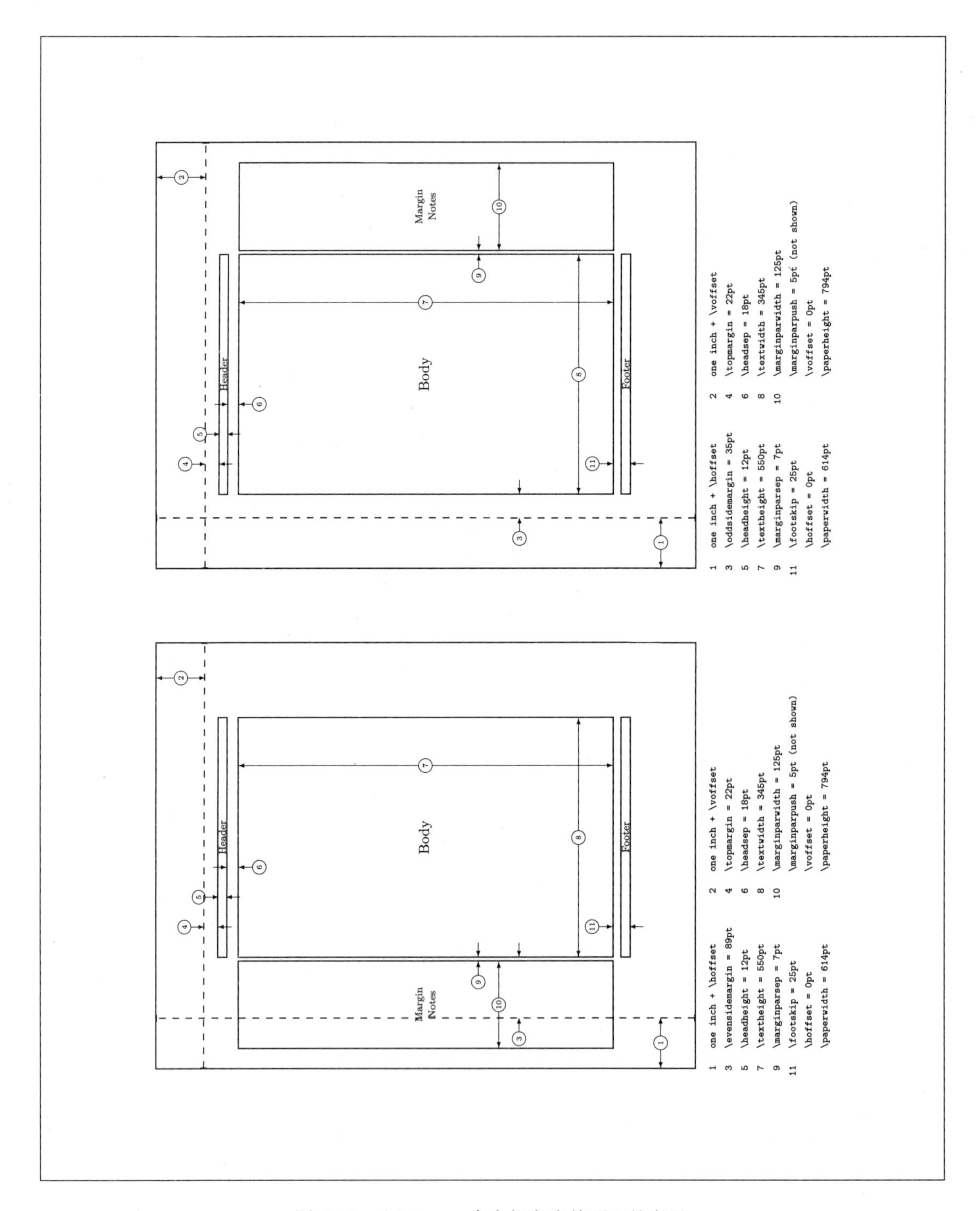

图 2.16　用 layout 命令打印当前页面的布局

```
\documentclass{book}
\usepackage{ctex}
\usepackage{layout}
\begin{document}
\layout
\end{document}
```

因为 book 类型文档默认为双面打印，所以使用 `\layout` 命令能够打印两个布局图。这两个布局图形各自占据一页，本文为了节省版面，将其整合到一个图像中。

例 用 layouts 宏包的 `\pagediagram` 命令，也可以打印当前文档的布局，如图 2.17 所示。

The circle is at 1 inch from the top and left of the page. Dashed lines represent (`\hoffset + 1 inch`) and (`\voffset + 1 inch`) from the top and left of the page.

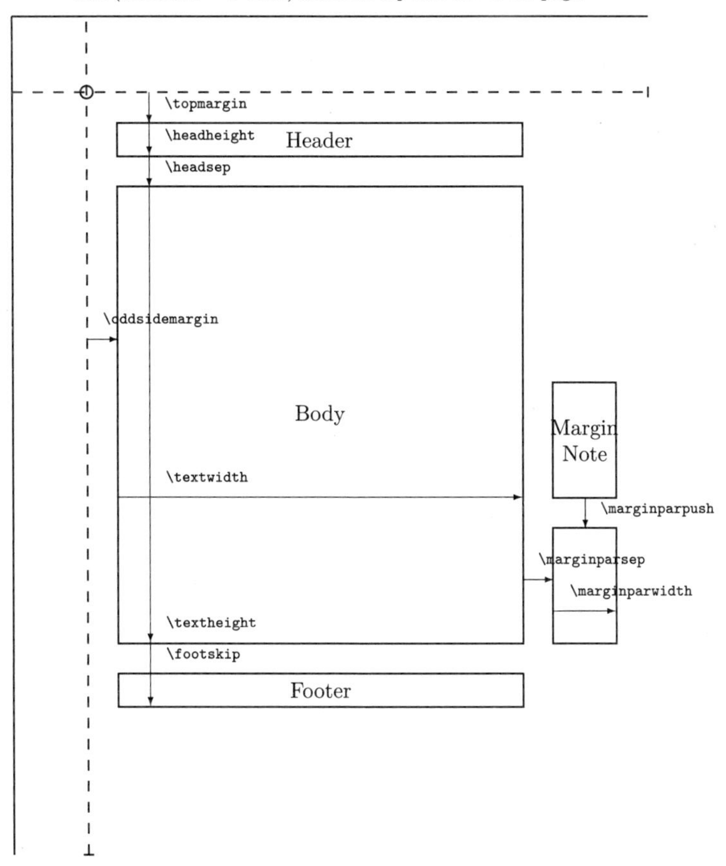

图 2.17　打印当前文档的页面布局

```
\usepackage{layouts}
\begin{document}
\pagediagram
\end{document}
```

与页面布局相关的宏包如表 2.57 所示，在自定义页面布局的时候，常使用 geometry 宏包提供的支持，geometry 宏包定义的页面布局如图 2.18 所示。

表 2.57　与页面布局相关的宏包

宏名	案例	说明
layout	`\layout`	打印当前文档的页面布局
layouts	`\pagediagram`	打印当前文档的页面布局，比 layout 灵活
typearea	-	支持重定义页面布局
geometry	-	与 typearea 类似，为页面布局提供更好的支持
lscape	landscape	横向排版支持
crop	-	裁剪标记

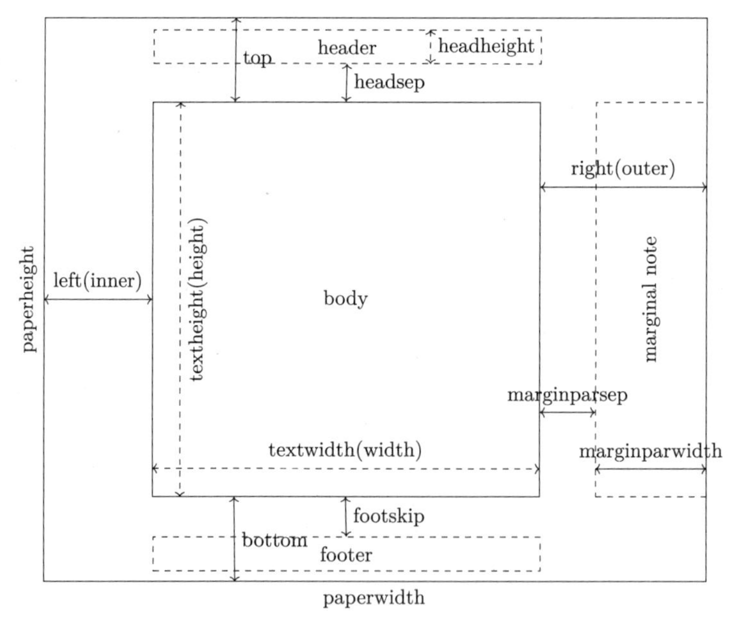

图 2.18　`geometry`宏包对页面布局的默认定义

例　在排版的时候就利用了 geometry 宏包来重新规划布局，利用 `\layout` 命令打印出布局，如图 2.19 所示。

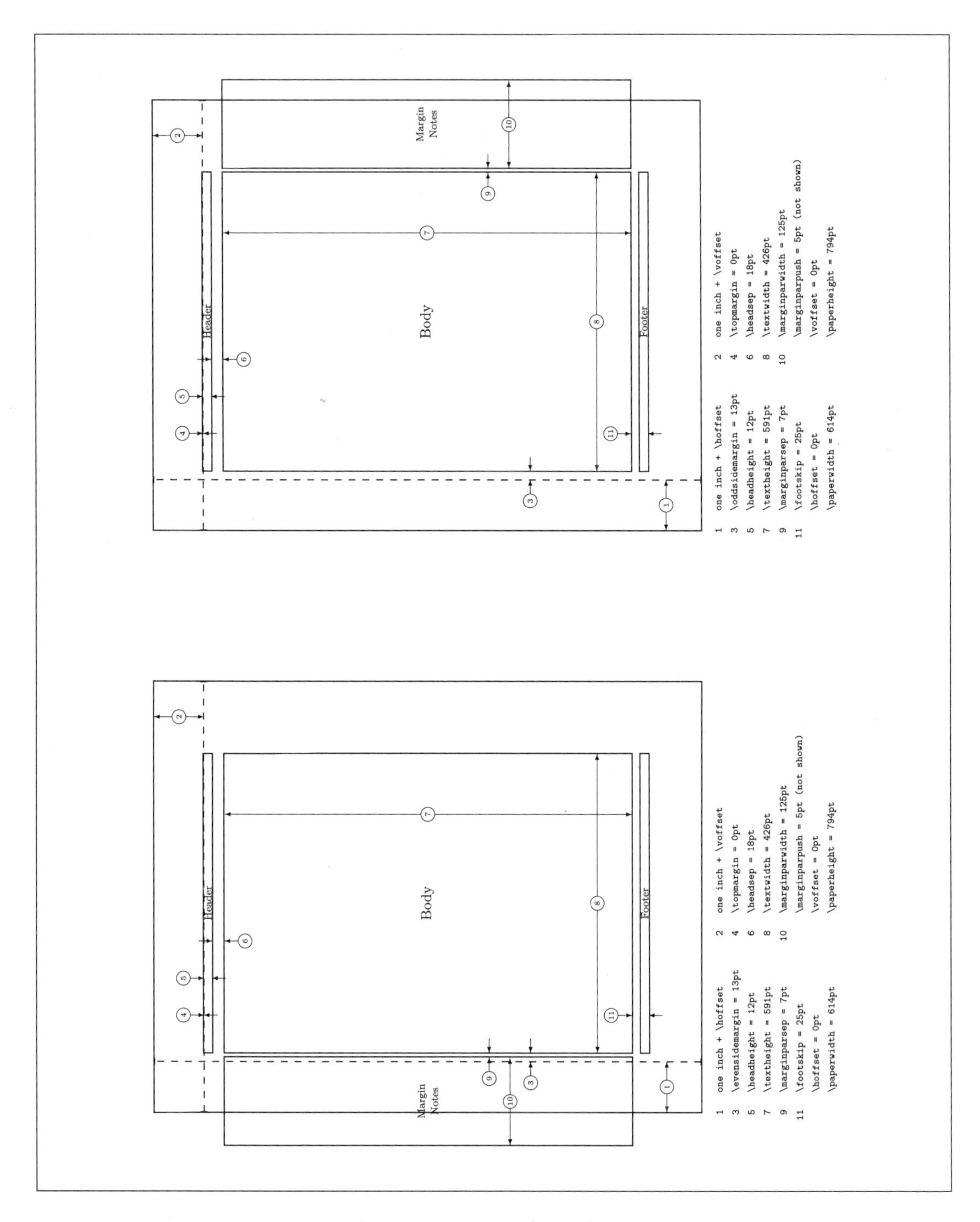

图 2.19 geometry 布局下的页面

```
\documentclass{book}
\usepackage{ctex}
\usepackage{layout}
\usepackage{geometry}
\geometry{
  a4paper,
  left=30mm,
  right=30mm,
}
\begin{document}
\layout
\end{document}
```

2.8.2　文档类型

标准 LaTeX 提供了 5 种类型的文档：article、report、book、slides、letter，本书用的是 book 类型。不同类型的文档，所支持的标题 (sectioning) 命令有所不同。

article、report、book 分别表示短篇文档、中篇文档、长篇文档，它们各自支持的标题命令如表 2.58 所示。slides 表示幻灯片类型文档，第 6 章将会详细幻灯片的使用。letter 表示信件类型文档，一般会包含 `\address`、`\name`、`\signature`、`\location`、`\telephone` 等命令。

表 2.58　各种类型文档所支持的命令 (✔ 表示可用，✗ 表示不可用)

class	article	report	book
\part	✔	✔	✔
\chapter	✗	✔	✔
\section	✔	✔	✔
\subsection	✔	✔	✔
\subsubsection	✔	✔	✔
\paragraph	✔	✔	✔
\subparagraph	✔	✔	✔
\maketitle	✗	✔	✔

文档类型不同，基本格式和包含的命令存在一定的差异，标准文档类定义的可选项如表 2.59 所示。表 2.59 所示选项放在 **\documentclass** 后面，如指定 book 类型文档的纸张大小为 A4：

```
\documentclass[a4paper]{book}
```

表 2.59　标准文档类可选项说明

类型	选项	说明
纸张尺寸	a4paper a5paper b5paper letterpaper leagalpaper executivepaper	21cm × 29.7cm 14.8cm × 21cm 17.6cm × 25cm 8.5in × 11in 8.5in × 14in 7.25in × 10.5in
纸张方向	landscape	横向排版，默认无 (纵向排版)
单双面	oneside twoside	单面排版 book 类型文档可以设置为双面排版
分栏	onecolum twocolum	单栏 双栏
标题	titlepage notitlepage openright openany	标题单独成页 标题不单独成页 book 类型文档中，每章只从奇数页开始 每章可以从任意页开始
公式	leqno fleqn	公式编号放在左边，默认放在右边 公式左对齐，固定缩进

article、report、book、slides、letter 这 5 种标准文档类型只是给出了最简单、最基本的样式，更多精美的排版样式，可基于标准文档类，借助 LaTeX 宏包库来完成。例如，本书基于 book 文档类，并借助 ctex 宏包排版。

第 3 章　数学公式

LaTeX 在书写数学公式方面有着非常大的优势，相较于 Word 等文档编辑器来说，LaTeX 的数学公式书写更加方便，只要掌握简单的语法规则，就能排版漂亮的公式。

要想用 LaTeX 排版数学公式，首先要掌握相关的字符书写形式，很多字符不能直接由键盘输入，只能以命令的形式输入。故而，掌握常用字符命令是有必要的，对于不常用的命令，则可以通过文档查询。

虽然标准 LaTeX 提供了对很多公式打印的支持，但随着公式排版要求的不断复杂化，需要在原来的基础上进行扩充。amsmath 是公式排版中最常使用的宏包，它几乎包含了全部常见的公式排版要求。对于一些更特殊的排版需求，还可以加载个别针对性更强的个性化宏包。

在一些特定的宏包支持下，根据一定的语法规则，将字符有规律地合理摆放，就能正确地打印想要的数学公式了。本章将会讲解很多实用的语法，并介绍一些常见的语法错误，帮助读者快速掌握数学公式的编辑。

本章将从常用的数学符号开始介绍，随即带大家进入不同的公式环境，认识 amsmath 宏包。在数学公式应用中，最常见的一种错误可能就是括号不匹配问题，所以本章将会着重介绍与括号相关的易错点。数学公式的形式千变万化，我们不可能面面俱到，所以本章会列举一些常用的公式模板以供读者查阅。读者在能够熟练编辑数学公式的基础上，简单了解公式的格式化即可。

3.1　数学符号

在前面的章节中，我们已经见过很多符号，这些符号并不是简单的英文字母所能够表示的。在数学表达式中，也经常会遇到各种各样的符号，比如有运算符、箭头、拉丁文符号等。除键盘上能够打印的字符之外，还有很多字符只能通过相应的命令打印。

在数学公式中，字符可以分为普通符号 (Ordinary，Ord)、运算符 (Operator，Op)、二元运算符 (Binary，Bin)、关系符号 (Relation，Rel)、起始符号 (Opening，Open)、结束符号 (Closing，Close) 或标点符号 (Punctuation，Punct)，符号分类可分别由 `\mathord`、

`\mathop`、`\mathbin`、`\mathrel`、`\mathopen`、`\mathclose` 和 `\mathpunct` 指定。

本节就从认识字符开始。这些字符是公式的组成成分，读者在用的时候查询列表即可，不需要记忆每一个命令。

3.1.1 常用字符

在数学公式中，最常见的字符莫过于英文字母 $A \sim Z$、$a \sim z$，数字 $0 \sim 9$，运算符 $+$、$-$、$*$、$\times$、$\cdot$、$\div$、$/$、$()$、$\{\}$ 等。如表 3.1 所示，是数学公式中经常用到的符号。另外，我们补充一些特殊符号，如表 3.2 所示，这些特殊符号的使用频率也非常高，特别是用作上标的^符号和用作下标的_符号。

表 3.1 常用字符

<table>
<tr><th>符号</th><th>命令</th><th>符号</th><th>命令</th></tr>
<tr><td>×</td><td>\times</td><td>÷</td><td>\div</td></tr>
<tr><td>∼</td><td>\sim</td><td>{}</td><td>\left\lbrace \right\rbrace</td></tr>
<tr><td>[]</td><td>\left[\right]</td><td>{}</td><td>\left\lbrace \right\rbrace</td></tr>
<tr><td>)(</td><td>\left)\right(</td><td>⟨⟩</td><td>\left\langle \right\rangle</td></tr>
<tr><td>][</td><td>\left] \right[</td><td>}{</td><td>\left\rbrace \right\lbrace</td></tr>
<tr><td>||</td><td>\left| \right|</td><td>⟩⟨</td><td>\left\rangle \right\langle</td></tr>
<tr><td>·</td><td>\cdot</td><td>‖‖</td><td>\left\| \right\|</td></tr>
</table>

表 3.2 特殊符号

<table>
<tr><th>符号</th><th>命令</th><th>符号</th><th>命令</th><th>符号</th><th>命令</th></tr>
<tr><td>$</td><td>\$</td><td>%</td><td>\%</td><td>{</td><td>\{</td></tr>
<tr><td>_</td><td>_</td><td>}</td><td>\}</td><td>#</td><td>\#</td></tr>
<tr><td>&</td><td>\&</td><td>^</td><td>\^{}</td><td>~</td><td>\~{}</td></tr>
<tr><td>\</td><td>\backslash</td><td></td><td></td><td></td><td></td></tr>
</table>

除键盘能够输入的常用字符外，还有很多字符不能输入，例如希腊字母、图标、箭头等。有的符号作为定界符，需要成对出现；有的符号作为运算符 (还可以作为其他类型符号)，上下标位置和前后字符间距有所不同。

希腊字母 常用的希腊字母如表 3.3 所示，表 3.3 中的字母都属于一般符号类别 (`\mathord`)，其中 `\digamma` 和 `\varkappa` 需要在 amssymb 宏包中加载。大写希腊符号 (命令以大写字母开头) 一般都是直立形式，小写希腊符号一般都是斜体形式。

表 3.3　常用希腊字符

符号	命令	符号	命令	符号	命令
Δ	\Delta	Π	\Pi	Ξ	\Xi
$\digamma$	\digamma	κ	\kappa	ϕ	\phi
τ	\tau	φ	\varphi	ξ	\xi
Γ	\Gamma	Ψ	\Psi	α	\alpha
ϵ	\epsilon	λ	\lambda	π	\pi
θ	\theta	ϖ	\varpi	ζ	\zeta
Λ	\Lambda	Σ	\Sigma	β	\beta
η	\eta	μ	\mu	ψ	\psi
υ	\upsilon	ϱ	\varrho	Ω	\Omega
Θ	\Theta	χ	\chi	γ	\gamma
ν	\nu	ρ	\rho	ε	\varepsilon
ς	\varsigma	Φ	\Phi	Υ	\Upsilon
δ	\delta	ι	\iota	ω	\omega
σ	\sigma	$\varkappa$	\varkappa	ϑ	\vartheta

带形状的字符　有很多带形状的字符如表 3.4 所示，它们都属于一般符号类别 (\mathord)，其中带有角标 1 的命令需要 amssymb 宏包的支持，还有部分符号有两种打印方式。

表 3.4　带形状的字符

符号	命令	符号	命令	符号	命令
$\aleph$	\aleph	\$	\\$(\mathdollar)	$\circledS$	\circledS[1]
$\Finv$	\Finv[1]	§	\mathsection	$\imath$	\imath
∂	\partial	$\beth$	\beth[1]	$\Im$	\Im
$\complement$	\complement[1]	$\Game$	\Game[1]	$\jmath$	\jmath
£	\mathsterling	£	\pounds(\mathsterling)	$\daleth$	\daleth[1]
$\Re$	\Re	§	\S(\mathsection)	$\hbar$	\hbar[1]
\$	\mathdollar	$\mho$	\mho[1]	ℓ	\ell
$\gimel$	\gimel[1]	$\Bbbk$	\Bbbk[1]	$\eth$	\eth[1]
$\wp$	\wp	¶	\P(\mathparagraph)	$\hslash$	\hslash[1]

其他字符　包括标点符号在内的一般字符如表 3.5 所示，它们属于普通字符 (\mathord)。表 3.5 中标记角标 1 的符号需要 amssymb 宏包的支持，标记角标 2 的符号需要 amssymb 宏包的支持，其中还有部分符号有两种实现方式。

表 3.5 其他字符

<table>
<tr><th>符号</th><th>命令</th><th>符号</th><th>命令</th><th>符号</th><th>命令</th></tr>
<tr><td>$!$</td><td>!</td><td>$?$</td><td>?</td><td>$\#$</td><td>\#</td></tr>
<tr><td>$\_$</td><td>_</td><td>$\Arrowvert$</td><td>\Arrowvert</td><td>$\backslash$</td><td>\backslash</td></tr>
<tr><td>$\blacksquare$</td><td>\blacksquare[1]</td><td>$\bot$</td><td>\bot</td><td>$\copyright$</td><td>\copyright</td></tr>
<tr><td>$\diamondsuit$</td><td>\diamondsuit</td><td>$\flat$</td><td>\flat</td><td>∞</td><td>\infty</td></tr>
<tr><td>$\lozenge$</td><td>\lozenge[1]</td><td>$\natural$</td><td>\natural</td><td>$\prime$</td><td>\prime</td></tr>
<tr><td>$\sphericalangle$</td><td>\sphericalangle[1]</td><td>$\top$</td><td>\top</td><td>©</td><td>\varcopyright[2]</td></tr>
<tr><td>$\vert$</td><td>\vert</td><td>$.$</td><td>.</td><td>@</td><td>@</td></tr>
<tr><td>$\%$</td><td>\%</td><td>$\Vert$</td><td>\Vert(\|)</td><td>$\arrowvert$</td><td>\arrowvert</td></tr>
<tr><td>$\bigstar$</td><td>\bigstar[1]</td><td>$\blacktriangle$</td><td>\blacktriangle[1]</td><td>$\bracevert$</td><td>\bracevert</td></tr>
<tr><td>$\diagdown$</td><td>\diagdown[1]</td><td>$\emptyset$</td><td>\emptyset</td><td>$\forall$</td><td>\forall</td></tr>
<tr><td>↯</td><td>\lightning[2]</td><td>$\measuredangle$</td><td>\measuredangle[1]</td><td>$\neg$</td><td>\neg(\lnot)</td></tr>
<tr><td>$\sharp$</td><td>\sharp</td><td>$\square$</td><td>\square[1]</td><td>$\triangle$</td><td>\triangle</td></tr>
<tr><td>$\varnothing$</td><td>\varnothing[1]</td><td>$/$</td><td>/</td><td>$\vert$</td><td>\vert(|)</td></tr>
<tr><td>$\&$</td><td>\&</td><td>$\angle$</td><td>\angle[1]</td><td>$\backprime$</td><td>\backprime[1]</td></tr>
<tr><td>$\blacklozenge$</td><td>\blacklozenge[1]</td><td>$\blacktriangledown$</td><td>\blacktriangledown[1]</td><td>$\clubsuit$</td><td>\clubsuit</td></tr>
<tr><td>$\diagup$</td><td>\diagup[1]</td><td>$\exists$</td><td>\exists</td><td>$\heartsuit$</td><td>\heartsuit</td></tr>
<tr><td>$\lnot$</td><td>\lnot</td><td>∇</td><td>\nabla</td><td>$\nexists$</td><td>\nexists[1]</td></tr>
<tr><td>$\spadesuit$</td><td>\spadesuit</td><td>$\surd$</td><td>\surd</td><td>$\triangledown$</td><td>\triangledown[1]</td></tr>
</table>

需要注意的是，表 3.5 中的符号最好不要直接用作二元运算符或者关系运算符，因为这两种符号的间距与一般运算符间距不同。如果要用表 3.5 中符号作为其他种类符号，那么用 `\DeclareMathSymbol` 命令对其重定义不失为一种方案。

3.1.2 运算符

常用的运算符有普通二元运算符、关系运算符和函数运算符，所谓二元运算符即表示有两个操作数，分别位于运算符两边；关系运算符比较两个关系式的大小；函数运算符是某些特定函数。

普通二元运算符 LaTeX 中常用的二元运算符如表 3.6 所示，带边框的二元运算符如表 3.7 所示，带圆圈的二元运算符如表 3.8 所示，其中角标为 1 的符号需要 amssymb 宏包的支持，角标为 2 的符号需要 stmaryrd 宏包的支持，部分命令有两种实现方式。

关系运算符　一般地，关系运算符有大于号、小于号等，LaTeX 提供的关系运算符如表 3.9 所示。关系运算符的否定形式如表 3.10 所示，除 **\neq** 和 **\ne** 两个符号之外，其他符号都需要 amssymb 宏包的支持。

表 3.6　常用的二元运算符

符号	命令	符号	命令	符号	命令
$*$	*	$+$	+	$-$	-
$\bigtriangleup$	\bigtriangleup	$\amalg$	\amalg	$\barwedge$	\barwedge[1]
$\Cup$	\Cup(\doublecup)[1]	$\curlywedge$	\curlywedge[1]	$\ddagger$	\ddag
$\Cap$	\doublecap(\Cap)[1]	$\div$	\div	$\fatsemi$	\fatsemi[2]
$\intercal$	\intercal[1]	$\lbag$	\lbag[2]	$\lessdot$	\lessdot[1]
$\merge$	\merge[2]	$\mp$	\mp	$\rbag$	\rbag[2]
$\varbigtriangledown$	\varbigtriangledown[2]	$\sqcap$	\sqcap	$\star$	\star
$\triangleleft$	\triangleleft	$\rtimes$	\rtimes[1]	$\veebar$	\veebar[1]
$\varcurlywedge$	\varcurlywedge[2]	$\Ydown$	\Ydown[2]	$\Yup$	\Yup[2]
$\ddagger$	\ddagger(\ddag)	$\bbslash$	\bbslash[2]	$\Cap$	\Cap[1]
$\dagger$	\dag(\dagger)	$\ast$	\ast	$\cup$	\cup
$\divideontimes$	\divideontimes[1]	$\doublecup$	\doublecup[1]	$\fatslash$	\fatslash[2]
$\interleave$	\interleave[2]	$\leftslice$	\leftslice[2]	$\vee$	\lor(\vee)
$\minuso$	\minuso[2]	$\nplus$	\nplus[2]	$\rightslice$	\rightslice[2]
$\varbigtriangleup$	\varbigtriangleup[2]	$\sqcup$	\sqcup	$\talloblong$	\talloblong[2]
$\triangleright$	\triangleright	$\setminus$	\setminus	$\vartimes$	\vartimes[2]
$\wedge$	\wedge	$\Yleft$	\Yleft[2]	$\baro$	\baro[2]
$\bigtriangledown$	\bigtriangledown	$\cap$	\cap	$\curlyvee$	\curlyvee[1]
$\dagger$	\dagger	$\diamond$	\diamond	$\dotplus$	\dotplus[1]
$\fatbslash$	\fatbslash[2]	$\gtrdot$	\gtrdot[1]	$\wedge$	\land(\wedge)
$\leftthreetimes$	\leftthreetimes[1]	$\ltimes$	\ltimes[1]	$\moo$	\moo[2]
$\rightthreetimes$	\rightthreetimes[1]	$\Yright$	\Yright[2]	$\pm$	\pm
$\smallsetminus$	\smallsetminus[1]	$\sslash$	\sslash[2]	$\uplus$	\uplus
$\varcurlyvee$	\varcurlyvee[2]	$\vee$	\vee	$\wr$	\wr

表 3.7　带边框的二元运算符

符号	命令	符号	命令	符号	命令
$\boxast$	\boxast[2]	$\boxcircle$	\boxcircle[2]	$\boxplus$	\boxplus[1]
$\boxbar$	\boxbar[2]	$\boxdot$	\boxdot[1]	$\boxslash$	\boxslash[2]
$\boxbox$	\boxbox[2]	$\boxempty$	\boxempty[2]	$\boxtimes$	\boxtimes[2]
$\boxbslash$	\boxbslash[2]	$\boxminus$	\boxminus[2]	$\oblong$	\oblong[2]

表 3.8 带圆圈的二元运算符

符号	命令	符号	命令	符号	命令
$\bigcirc$	\bigcirc	$\centerdot$	\centerdot[1]	$\circledcirc$	\circledcirc[1]
$\obar$	\obar[2]	$\odot$	\odot	$\ominus$	\ominus
$\otimes$	\otimes	$\varbigcirc$	\varbigcirc[2]	$\varobslash$	\varobslash[2]
$\varogreaterthan$	\varogreaterthan[2]	$\varoplus$	\varoplus[2]	$\varovee$	\varovee[2]
$\bullet$	\bullet	$\circ$	\circ	$\circleddash$	\circleddash[1]
$\obslash$	\obslash[2]	$\ogreaterthan$	\ogreaterthan[2]	$\oplus$	\oplus
$\ovee$	\ovee[2]	$\varoast$	\varoast[2]	$\varocircle$	\varocircle[2]
$\varolessthan$	\varolessthan[2]	$\varoslash$	\varoslash[2]	$\varowedge$	\varowedge[2]
$\cdot$	\cdot	$\circledast$	\circledast[1]	$\varominus$	\varominus[2]
$\varotimes$	\varotimes[2]	$\olessthan$	\olessthan[2]	$\oslash$	\oslash
$\owedge$	\owedge[2]	$\varobar$	\varobar[2]	$\varodot$	\varodot[2]

表 3.9 关系运算符

符号	命令	符号	命令	符号	命令
$<$	<	$=$	=	$>$	>
$\approxeq$	\approxeq[1]	$\Bumpeq$	\Bumpeq[1]	$\curlyeqprec$	\curlyeqprec[1]
$\doteqdot$	\doteqdot[1]	$\eqslantless$	\eqslantless[1]	$\triangleq$	\triangleq[1]
$\ggg$	\ggg[1]	$\leq$	\leq	$\gtreqqless$	\gtreqqless[1]
$\prec$	\prec[1]	$\le$	\le	$\lesseqgtr$	\lesseqgtr[1]
$\precsim$	\precsim[1]	$\succ$	\succ	$\succsim$	\succsim[1]
$\asymp$	\asymp	$\bumpeq$	\bumpeq[1]	$\curlyeqsucc$	\curlyeqsucc[1]
$\eqcirc$	\eqcirc[1]	$\equiv$	\equiv	$\geqq$	\geqq[1]
$\gggtr$	\gggtr[1]	$\gtrless$	\gtrless[1]	$\leqq$	\leqq[1]
$\ll$	\ll	$\precapprox$	\precapprox[1]	$\lesseqqgtr$	\lesseqqgtr[1]
$\backsim$	\backsim[1]	$\circeq$	\circeq[1]	$\risingdotseq$	\risingdotseq[1]
$\Doteq$	\Doteq[1]	$\eqsim$	\eqsim[1]	$\fallingdotseq$	\fallingdotseq[1]
$\geqslant$	\geqslant[1]	$\gtrapprox$	\gtrapprox[1]	$\thickapprox$	\thickapprox[1]
$\gtrsim$	\gtrsim[1]	$\leqslant$	\leqslant[1]	$\succapprox$	\succapprox[1]
$\lessgtr$	\lessgtr[1]	$\lll$	\lll[1]	$\preccurlyeq$	\preccurlyeq[1]
$\sim$	\sim	$\thicksim$	\thicksim[1]	$\succcurlyeq$	\succcurlyeq[1]
$\approx$	\approx	$\cong$	\cong	$\backsimeq$	\backsimeq[1]
$\doteq$	\doteq[1]	$\ge$	\ge	$\eqslantgtr$	\eqslantgtr[1]
$\gg$	\gg	$\gtreqless$	\gtreqless[1]	$\leftrightarroweq$	\leftrightarroweq[2]
$\llless$	\llless[1]	$\lesssim$	\lesssim[1]	$\lessapprox$	\lessapprox[1]
$\preceq$	\preceq	$\simeq$	\simeq	$\succeq$	\succeq
$\geq$	\geq				

表 3.10　关系运算符的否定形式

符号	命令	符号	命令	符号	命令
$\gnapprox$	\gnapprox	$\lnsim$	\lnsim	$\gvertneqq$	\gvertneqq
$\neq$	\neq	$\ngtr$	\ngtr	$\nless$	\nless
$\nsucc$	\nsucc	$\precnsim$	\precnsim	$\gneq$	\gneq
$\lnapprox$	\lnapprox	$\ngeq$	\ngeq	$\lvertneqq$	\lvertneqq
$\nleq$	\nleq	$\nprec$	\nprec	$\nsucceq$	\nsucceq
$\gneqq$	\gneqq	$\lneq$	\lneq	$\succnapprox$	\succnapprox
$\ncong$	\ncong	$\ngeqq$	\ngeqq	$\nleqq$	\nleqq
$\npreceq$	\npreceq	$\succneqq$	\succneqq	$\precnapprox$	\precnapprox
$\gnsim$	\gnsim	$\lneqq$	\lneqq	$\ne$	\ne
$\nsim$	\nsim	$\ngeqslant$	\ngeqslant	$\nleqslant$	\nleqslant
$\precneqq$	\precneqq	$\succnsim$	\succnsim		

具有包含或被包含关系的运算符如表 3.11 所示。部分包含运算符的否定形式如表 3.12 所示，除 **\notin** 之外，其他符号均需要 amssymb 宏包的支持。

表 3.11　具有包含关系的运算符

符号	命令	符号	命令	符号	命令
$\blacktriangleleft$	\blacktriangleleft[1]	$\inplus$	\inplus[2]	$\sqsubset$	\sqsubset[1]
$\ntrianglelefteqslant$	\ntrianglelefteqslant[2]	$\subseteq$	\subseteq	$\sqsupseteq$	\sqsupseteq
$\subsetpluseq$	\subsetpluseq[2]	$\ni$	\ni	$\supseteq$	\supseteq
$\trianglerighteq$	\trianglerighteq[1]	$\Subset$	\Subset[1]	$\subseteqq$	\subseteqq[1]
$\vartriangleleft$	\vartriangleleft[1]	$\Supset$	\Supset[1]	$\supseteqq$	\supseteqq[1]
$\blacktriangleright$	\blacktriangleright[1]	$\in$	\in	$\supsetplus$	\supsetplus[2]
$\ntrianglerighteqslant$	\ntrianglerighteqslant[1]	$\owns$	\owns	$\sqsubseteq$	\sqsubseteq[1]
$\trianglelefteq$	\trianglelefteq[1]	$\subset$	\subset	$\sqsupset$	\sqsupset[1]
$\trianglerighteqslant$	\trianglerighteqslant[2]	$\supset$	\supset	$\subsetplus$	\subsetplus[2]
$\trianglelefteqslant$	\trianglelefteqslant[1]	$\niplus$	\niplus[2]	$\vartriangle$	\vartriangle[1]
$\vartriangleright$	\vartriangleright[1]			$\supsetpluseq$	\supsetpluseq[2]

表 3.12　部分包含运算符的否定形式

符号	命令	符号	命令	符号	命令
$\notin$	\notin	$\nsupseteq$	\nsupseteq	$\ntrianglelefteq$	\ntrianglelefteq
$\subsetneq$	\subsetneq	$\supsetneqq$	\supsetneqq	$\varsupsetneq$	\varsupsetneq
$\nsubseteq$	\nsubseteq	$\nsupseteqq$	\nsupseteqq	$\ntriangleright$	\ntriangleright
$\subsetneqq$	\subsetneqq	$\varsubsetneq$	\varsubsetneq	$\varsupsetneqq$	\varsupsetneqq
$\nsubseteqq$	\nsubseteqq	$\ntriangleleft$	\ntriangleleft	$\ntrianglerighteq$	\ntrianglerighteq
$\supsetneq$	\supsetneq	$\varsubsetneqq$	\varsubsetneqq		

函数运算符 一些特定的函数可作为运算符，如对数函数、取模函数等。LaTeX 或者 amsmath 宏包提供的常用函数运算符如表 3.13 所示，这些操作符可用 amsmath 宏包提供的 \DeclareMathOperator 命令自定义，语法格式如下：

```
\usepackage{amsmath}
\DeclareMathOperator*{cmd}{text}
\operatorname*{text}
```

表 3.13 标准 LaTeX 或 amsmath 宏包提供的常用函数运算符

函数	命令	函数	命令	函数	命令
arccos	\arccos	arg	\arg	cot	\cot
deg	\deg	exp	\exp	inf	\inf
lg	\lg	lim sup	\limsup	max	\max
proj lim	\projlim	sinh	\sinh	tanh	\tanh
$\varlimsup$	\varlimsup	arcsin	\arcsin	cos	\cos
cos	\cos	det	\det	gcd	\gcd
inj lim	\injlim	lim	\lim	ln	\ln
min	\min	sec	\sec	sup	\sup
$\varinjlim$	\varinjlim	$\varprojlim$	\varprojlim	arctan	\arctan
cosh	\cosh	csc	\csc	dim	\dim
hom	\hom	ker	\ker	lim inf	\liminf
log	\log	Pr	\Pr	sin	\sin
tan	\tan	$\varliminf$	\varliminf		

\DeclareMathOperator 命令有两个参数，第一个参数 cmd 为命令名称，第二个参数 text 表示命令的构成，星号表示角标放在上面或者下面。调用定义好的命令：斜线加命令名称，即 \operatorname。

例 用 \DeclareMathOperator 自定义 \meas 命令。

```
\usepackage{amsmath}
\DeclareMathOperator \meas {meas}
```

需要注意的是，\DeclareMathOperator 必须放在导言区，且自定义的命令应该是所处环境中 (包括添加的宏包) 没有出现过的，否则重复定义导致错误。如果出现重复定义

(可能是与引入宏包中定义的命令重复导致)，应该在定义之前移除原有命令，如重复定义 \csc：

```
\usepackage{amsmath}
\let \csc \relax
\DeclareMathOperator\csc{cosec}
```

3.1.3　连字符

在数学公式中，常看到诸如“3-9”这样的公式编号，在这个编号中，有一个连字符 (或者破折号)。如果在文中不希望类似的元素断行 (如果到了行末，需要换行)，可以利用 amsmath 宏包中的 \nobreakdash 命令生成连字符。\nobreakdash 命令后面可以跟随一个或者两个连字符，连字符与命令之间不需要空格。

例　用 \nobreakdash 命令生成连字符，避免连字符断行。

```
\usepackage{amsmath}
\newcommand\p{$p$\nobreakdash}
\newcommand\ppp{p\nobreakdash-}
\newcommand\Ndash{\nobreakdash--}
\newcommand\n[1]{$n$\nobreakdash-\hspace{0pt}}
```

第一个命令 \p-a 打印 p-a，\p 命令中没有添加连字符，LaTeX 文档中需要添加。第二个命令 \ppp a 打印 p-a，\ppp 命令中添加了连字符，LaTeX 文档中不需要重复添加。第三个命令 3\Ndash 9 打印 3–9，\Ndash 命令中添加的是破折号。

3.1.4　箭头

常用箭头符号如表 3.14 所示，其中角标为 1 的符号需要 amssymb 宏包的支持，角标为 2 的符号需要 stmaryrd 宏包的支持。

表 3.14 所示为常用箭头符号，还有一些箭头能作为运算符：\xleftarrow 和 \xleftarrow 为两个水平方向上的关系箭头，我们可在箭头上添加说明文本。

```
$$ A \xleftarrow{\text{text}} B  \xrightarrow{x : y} C $$
```

上述 LaTeX 命令打印效果如下：

$$A \xleftarrow{\text{text}} B \xrightarrow{x:y} C$$

`\xleftarrow{text}` 和 `\xleftarrow{text}` 在箭头上方添加说明文本，`\text` 为文本命令。

表 3.14 常用箭头符号

符号	命令	符号	命令	符号	命令
$\circlearrowleft$	\circlearrowleft[1]	$\curvearrowleft$	\curvearrowleft[1]	$\dashrightarrow$	\dasharrow
$\circlearrowright$	\circlearrowright[1]	$\curvearrowright$	\curvearrowright[1]	$\Downarrow$	\Downarrow
$\curlyveedownarrow$	\curlyveedownarrow[2]	$\dashleftarrow$	\dashleftarrow[1]	$\gets$	\gets
$\curlyveeuparrow$	\curlyveeuparrow[2]	$\dashrightarrow$	\dashrightarrow[1]	$\downarrow$	\downarrow
$\curlywedgedownarrow$	\curlywedgedownarrow[2]	$\downdownarrows$	\downdownarrows[1]	$\multimap$	\multimap[1]
$\curlywedgeuparrow$	\curlywedgeuparrow[2]	$\hookleftarrow$	\hookleftarrow	$\nearrow$	\nearrow
$\downharpoonright$	\downharpoonright[1]	$\leftarrowtail$	\leftarrowtail[1]	$\Leftarrow$	\Leftarrow
$\hookrightarrow$	\hookrightarrow	$\leftharpoonup$	\leftharpoonup	$\nnearrow$	\nnearrow[2]
$\leftarrowtriangle$	\leftarrowtriangle[2]	$\leftleftarrows$	\leftleftarrows[1]	$\nnwarrow$	\nnwarrow[2]
$\leftrightarrowtriangle$	\leftrightarrowtriangle[2]	$\Leftrightarrow$	\Leftrightarrow	$\nwarrow$	\nwarrow
$\leftharpoondown$	\leftharpoondown	$\leftrightarrow$	\leftrightarrow	$\Rightarrow$	\Rightarrow
$\leftrightharpoons$	\leftrightharpoons[1]	$\leftrightarrows$	\leftrightarrows[1]	$\rightarrow$	\rightarrow
$\leftrightsquigarrow$	\leftrightsquigarrow[1]	$\Longleftarrow$	\Longleftarrow	$\Lleftarrow$	\Lleftarrow[1]
$\Longleftrightarrow$	\Longleftrightarrow	$\longleftarrow$	\longleftarrow	$\Longmapsto$	\Longmapsto[2]
$\longleftrightarrow$	\longleftrightarrow	$\Longmapsfrom$	\Longmapsfrom[2]	$\longmapsto$	\longmapsto
$\rightarrowtail$	\rightarrowtail[1]	$\longmapsfrom$	\longmapsfrom[2]	$\Lsh$	\Lsh[1]
$\rightarrowtriangle$	\rightarrowtriangle[2]	$\mapsfrom$	\mapsfrom[2]	$\Mapsto$	\Mapsto[2]
$\rightharpoondown$	\rightharpoondown	$\upharpoonleft$	\upharpoonleft[1]	$\Mapsfrom$	\Mapsfrom[2]
$\rightharpoonup$	\rightharpoonup	$\Longrightarrow$	\Longrightarrow	$\mapsto$	\mapsto
$\rightleftarrows$	\rightleftarrows[1]	$\longrightarrow$	\longrightarrow	$\ssearrow$	\ssearrow
$\rightleftharpoons$	\rightleftharpoons[1]	$\looparrowleft$	\looparrowleft[1]	$\sswarrow$	\sswarrow
$\rightrightarrows$	\rightrightarrows[1]	$\looparrowright$	\looparrowright[1]	$\searrow$	\searrow[2]
$\rightsquigarrow$	\rightsquigarrow[1]	$\restriction$	\restriction[1]	$\Rsh$	\Rsh[1]
$\shortdownarrow$	\shortdownarrow[2]	$\updownarrow$	\updownarrow	$\swarrow$	\swarrow[2]
$\shortleftarrow$	\shortleftarrow[2]	$\Updownarrow$	\Updownarrow	$\to$	\to
$\shortrightarrow$	\shortrightarrow[2]	$\Rrightarrow$	\Rrightarrow[1]	$\Uparrow$	\Uparrow
$\twoheadleftarrow$	\twoheadleftarrow[1]	$\shortuparrow$	\shortuparrow[2]	$\uparrow$	\uparrow
$\twoheadrightarrow$	\twoheadrightarrow[1]	$\upharpoonright$	\upharpoonright[1]	$\upuparrows$	\upuparrows[1]
$\nLeftrightarrow$	\nLeftrightarrow[1]	$\nLeftarrow$	\nLeftarrow[1]	$\nleftarrow$	\nleftarrow[1]
$\nleftrightarrow$	\nleftrightarrow[1]	$\nRightarrow$	\nRightarrow[1]	$\nRightarrow$	\nRightarrow[1]

3.1.5　带帽字符

所谓带帽字符，就是在字符的顶上添加一些符号，在 LaTeX 中设计了很多普通字符 (\mathord) 都是带帽的，如表 3.15 所示，其中 \ddddot 和 \dddot 需要 amsmath 宏包的支持。

表 3.15　常用带帽字符

符号	命令	符号	命令	符号	命令
$\acute{a}$	\acute{a}	$\ddddot{a}$	\ddddot{a}	$\grave{a}$	\grave{a}
$\vec{a}$	\vec{a}	$\bar{a}$	\bar{a}	$\dddot{a}$	\dddot{a}
$\hat{a}$	\hat{a}	$\widehat{aaa}$	\widehat{aaa}	$\breve{a}$	\breve{a}
$\ddot{a}$	\ddot{a}	$\mathring{a}$	\mathring{a}	$\widetilde{aaa}$	\widetilde{aaa}
$\check{a}$	\check{a}	$\dot{a}$	\dot{a}	$\tilde{a}$	\tilde{a}

例　点 \dot、\ddot、\dddot 和 \ddddot 可为字符添加音调。

```
$$ \dot{S} \quad \ddot{P} \quad \dddot{Q} \quad \ddddot{R} $$
```

上述 LaTeX 命令打印效果如下：

$$\dot{S} \quad \ddot{P} \quad \dddot{Q} \quad \ddddot{R}$$

如果要自定义音调，可用 accents 宏包提供的帮助，该宏包的 \accentset 命令定义的音调置于字母上方，\underaccent 和 \undertilde 命令定义的音调置于字母下方。

例　用 accents 宏包提供的 \accentset、\underaccent 和 \undertilde 命令自定义音调。

```
\usepackage{accents}
$$ \accentset{\ast}{X} \quad
\hat{\accentset{\star}{\hat h}} \quad
\underaccent{\diamond}{\mathcal{M}} \quad
\undertilde{C}\quad\undertilde{M}\quad\undertilde{ABC} $$
```

例　amsxtra 宏包设计的音调放在字符右边。

```
\usepackage{amsxtra}
$$ (xyz)\spdddot \quad (xyz)\spddot \quad (xyz)\spdot \quad (xyz)
   \spbreve \quad (xyz)\spcheck \quad (xyz)\sphat \quad (xyz)\
   sptilde $$
```

上述 LaTeX 命令打印效果如下：

$$(xyz)^{\cdots} \quad (xyz)^{\cdot\cdot} \quad (xyz)^{\cdot} \quad (xyz)^{\breve{}} \quad (xyz)^{\vee} \quad (xyz)^{\wedge} \quad (xyz)^{\sim}$$

例 关于打印小点的命令还有 **\dots**、**\ldots**、**\cdots**、\dotsc、\dotsb、\dotsi、\dotso、\dotsm 等。

```
$$ H_1, H_2, \dots, H_n, H_1, H_2, \dotsc\, H_1 + H_2 + \dotsb\,
   H_1 \times H_2 \times \dotsm\, \int_{H_1} \int_{H_2} \dotsi \;
{-f(x)}\, d\Theta $$
```

上述 LaTeX 命令打印效果如下：

$$H_1, H_2, \dots, H_n, H_1, H_2, \dotsc\, H_1 + H_2 + \dotsb\, H_1 \times H_2 \times \dotsm\, \int_{H_1} \int_{H_2} \dotsi \; {-f(x)}\, d\Theta$$

这些省略号的区别在于，应用在不同位置 (结束位置、句中位置、前后符号)，其宽度有所不同。

其他 字符的水平方向可添加脚标，**\widehat**、**\widetilde** 等命令可作为字符的上标。

```
\begin{align*}
\widehat{\psi(t) A} &= \widetilde{\psi(t) B} &\quad
\overline{\psi(t) A} &= \underline{\psi(t) B} &\quad
\overbrace{\psi(t) A} &= \underbrace{\psi(t) B} \\
\overrightarrow{\psi(t) A} &= \overleftarrow{\psi(t) B} &\quad
\underrightarrow{\psi(t) A} &= \underleftarrow{\psi(t) B} &\quad
\overleftrightarrow{\psi(t) A} &= \underleftrightarrow{\psi(t) B}
\end{align*}
```

上述 LaTeX 命令打印效果如下：

$$\widehat{\psi(t)A} = \widetilde{\psi(t)B} \qquad \overline{\psi(t)A} = \underline{\psi(t)B} \qquad \overbrace{\psi(t)A} = \underbrace{\psi(t)B}$$

$$\overrightarrow{\psi(t)A} = \overleftarrow{\psi(t)B} \qquad \underrightarrow{\psi(t)A} = \underleftarrow{\psi(t)B} \qquad \overleftrightarrow{\psi(t)A} = \underleftrightarrow{\psi(t)B}$$

3.2　公式环境

上一节介绍了很多字符，这些字符作为公式的组成成分，还需要进行有序的排列，才能表达有意义的数学公式。在此之前，需要知道什么是数学模式及其与文本模式的区别。

本节从简单的数学环境开始，学习编辑数学公式。先认识什么是数学公式，然后着重介绍 amsmath 宏包的应用。在数学公式编辑过程中，几乎离不开 amsmath 宏包的支持。当你掌握公式语法之后，相较于 Word 等文档编辑器，编辑数学公式的时候，会有一种解脱的感觉。

3.2.1　初识公式

我们说数学模式是在数学环境下的模式，它与文本模式的区别在于，数学模式需要有特定的数学环境，而不是像文本模式一样，将数学公式直接放在 document 环境中。

如果是简单的数学环境，则可以将数学公式放在两个 `$` 符号之间，如 `$ (x-1)^2=0 $`，即 $(x-1)^2=0$。这个数学公式是嵌套在行内的，并没有断行，我们称其为行内公式。如果是放在两个 `$$` 符号之间的，则公式独占一行，如 `$$ (x-1)^2=0 $$`，即

$$(x-1)^2=0$$

这种方式打印的公式能够自动居中，且不带有公式编号。需要注意的是，两个 `$` 符号之间不能有空格，否则编译报错。

以上两种方式打印的公式比较简单，公式中不能断行。对于复杂的数学公式，可以用 math 环境打印，如 `\begin{math} (x-1)^2=0 \end{math}`，即 $(x-1)^2=0$ 。它也是行内公式，不会断行，但公式中可以断行，如 `\begin{math} (x-1)^2=0 \\ (x+1)^2=0 \end{math}`，即：

$(x-1)^2=0$
$(x+1)^2=0$

这里用 \\ 符号断行。当然，math 环境可以嵌套其他类型的数学环境，可独立作为一行打印。如果不需要打印公式编号，则可用 displaymath 环境代替 math 环境，使用方式与 math 环境相同。

在打印 $(x-1)^2=0$ 的时候，我们知道，公式上标的表示方式是用符号 ^，如果上标只有一个字符，则可以省略花括号 {}，否则不能省略花括号。如果要表示公式下标，就需要下画线符号 _，同样，如果下标不止一个字符，则不能省略花括号。

例 在 math 环境中添加 aligned 环境，然后设置公式内的对齐，公式内的对齐用 & 符号，各行都会在设置有 & 符号的地方对齐，该符号不会被打印。

```
\begin{math}
  \begin{aligned}
    H_c&=\frac{1}{2n} \sum^n_{l=0}(-1)^{l}(n-{l})^{p-2}
    \sum_{l _1+\dots+ l _p=l}\prod^p_{i=1} \binom{n_i}{l _i} \\
    &\cdot [(n-l )  -(n_i-l _i)]^{n_i-l _i}\cdot
    \Bigl[(n-l )^2-\sum^p_{j=1}(n_i-l _i)^2\Bigr].
  \end{aligned}
\end{math}
```

上述 LaTeX 命令打印效果如下：

$$\begin{aligned}H_c&=\frac{1}{2n} \sum^n_{l=0}(-1)^{l}(n-{l})^{p-2}\sum_{l_1+\dots+l_p=l}\prod^p_{i=1} \binom{n_i}{l_i} \\&\cdot [(n-l)-(n_i-l_i)]^{n_i-l_i}\cdot\Bigl[(n-l)^2-\sum^p_{j=1}(n_i-l_i)^2\Bigr].\end{aligned}$$

现在我们已经掌握了数学公式上下标的书写规则，以及公式内对齐的方式，这是数学公式语法的核心部分，后续章节都会基于这样的规则丰富公式样式。

在大家对数学公式有了简单认识之后，我们将集中介绍 amsmath 宏包为数学公式提供的支持，介绍一些常用的数学环境和应用技巧。

3.2.2 amsmath 宏包

amsmath 宏包定义了多种类型的公式环境，有单行公式、多行公式等，各种环境如表 3.16 所示。在包含 amsmath 宏包的时候，有三个可选项：leqno、reqno、fleqn，它们分别表示公式编号打印在页面左边、公式编号打印在页面右边、公式左边有固定的缩进。例如包含 amsmath 宏包，`\usepackage[leqno]{amsmath}`，即指定带有编号的公式将编号打印在页面左边。

表 3.16　amsmath 宏包提供的公式环境

环境	说明
equation equation*	单行公式，公式内不能用 \\ 断行
multline multline*	多行公式，首尾两行分别左对齐和右对齐，中间行居中对齐
gather gather*	不能设置对齐标识的多行公式 (只能居中对齐)
align align*	可设置对齐标识的多行公式，整体居中对齐
flalign flalign*	与 align 类似，可设置对齐标识的多行公式，整体两端对齐
split	将当行公式拆分为多行公式，需放在 equation 或 gather 等环境中
gathered	多行公式，不可设置对齐方式，一个公式编号
aligned	多行公式可设置对齐标志，一个公式编号

下面就表 3.16 中列举的公式环境，逐个举例说明各个环境的使用方式，以及各自的差异。

例　公式 equation 环境的应用。

```
\usepackage{amsmath}
\begin{equation}
  (a + b)^2 = a^2 + 2ab + b^2
\end{equation}
```

上述 LaTeX 命令打印效果如下：

$$(a+b)^2 = a^2 + 2ab + b^2 \tag{3.1}$$

equation 环境打印的公式带有编号，默认情况下，公式编号放在文档右边，公式本身居中对齐。如果为 amsmath 宏包添加可选项 leqno，那么公式编号将会在左边打印。同样是单行公式环境，equation* 就不会打印编号，但公式本身同样居中对齐 (表 3.16 中其他环境类似，带有星号 * 的公式环境不打印公式编号)。

align 和 eqnarray 是多行公式环境，在该环境中可以排列多行公式，以 \\ 断行。eqnarray 和 eqnarray* 是标准 LaTeX 提供的多行公式环境，它与 amsmath 宏包定义的多行公式环境在对齐方式上存在一定差异。

例 以 align 和 eqnarray 环境为例，打印多行公式如下：

```
\usepackage{amsmath}

\begin{align}
  (a + b)^2 = a^2 + 2ab + b^2 \\
  (a - b)^2 = a^2 - 2ab + b^2
\end{align}
```

上述 LaTeX 命令打印效果如下：

$$(a+b)^2 = a^2 + 2ab + b^2 \tag{3.2}$$

$$(a-b)^2 = a^2 - 2ab + b^2 \tag{3.3}$$

```
\begin{eqnarray}
  (a + b)^2 = a^2 + 2ab + b^2 \\
  (a - b)^2 = a^2 - 2ab + b^2
\end{eqnarray}
```

上述 LaTeX 命令打印效果如下：

$$(a+b)^2 = a^2 + 2ab + b^2 \tag{3.4}$$

$$(a-b)^2 = a^2 - 2ab + b^2 \tag{3.5}$$

以 align 环境打印的多行公式居中对齐，而以 eqnarray 环境打印的公式偏左，这是由于 eqnarray 环境根据 array 的参数额外设置了一个空白间隔。这两个环境的共同点是，每一行公式都有独立的编号。

multline 环境是 eqnarray 环境的变体，用于设置多行公式，以 \\ 强制断行。在 multline 环境中，第一行左对齐 (带有一个缩进 [1])，最后一行右对齐 (带有同样大小的缩进)，其余各行居中对齐，但可通过 \shoveleft 命令或者 \shoveright 命令强制左对齐或者右对齐。

[1]缩进的大小为 \multlinegap，可用 \setlength 命令或者 \addtolength 命令修改。

例　下面看 multline 环境的应用，以说明 multline 环境的对齐方式。

```
\usepackage{amsmath}
\begin{multline}
  \text{第一行左对齐} \\
  \text{第二行居中对齐} \\
  \shoveright{\text{...强制右对齐}} \\
  \text{除第一行和最后一行，默认居中对齐} \\
  \text{除第一行和最后一行，默认居中对齐} \\
  \shoveleft{\text{...强制左对齐}} \\
  \text{最后一行右对齐}
\end{multline}
```

上述 LaTeX 命令打印效果如下：

第一行左对齐

第二行居中对齐

用 shoveright 命令强制右对齐

除第一行和最后一行，默认居中对齐

除第一行和最后一行，默认居中对齐

用 shoveleft 命令强制左对齐

最后一行右对齐　(3.6)

从打印效果中可以看到，multline 环境与 equation 环境类似，会为公式编号，对应的 multline* 环境则不会编号。其实，它的编号可由 `\tag{text}` 命令控制，即使在 multline 环境中，也可以用 `\notag` 命令取消编号。

例　控制公式编号。

```
\usepackage{amsmath}
\begin{multline} \tag{2}
  (a + b)^2 = a^2 + 2ab + b^2 \\
  (a - b)^2 = a^2 - 2ab + b^2 \\
```

```
  (a - b)^2 = a^2 - 2ab + b^2
\end{multline}
```

上述 LaTeX 命令打印效果如下：

$$(a+b)^2 = a^2 + 2ab + b^2$$

$$(a-b)^2 = a^2 - 2ab + b^2$$

$$(a-b)^2 = a^2 - 2ab + b^2 \quad (2)$$

正如上文所述，在 multline 环境中，第一行和最后一行分别左对齐和右对齐，中间部分居中对齐，用 \tag 命令可修改默认编号。

例 当公式很长的时候，放在一行就会超出文本范围，在 split 环境中，可将单行公式切分成多行公式。

```
\usepackage{amsmath}
\begin{equation}
  \begin{split}
    (a + b)^4
    &= (a + b)^2 (a + b)^2 \\
    &= (a^2 + 2ab + b^2)(a^2 + 2ab + b^2) \\
    &= a^4 + 4a^3b + 6a^2b^2 + 4ab^3 + b^4
  \end{split}
\end{equation}
```

上述 LaTeX 命令打印效果如下：

$$\begin{split}(a+b)^4 &= (a+b)^2(a+b)^2 \\ &= (a^2+2ab+b^2)(a^2+2ab+b^2) \\ &= a^4+4a^3b+6a^2b^2+4ab^3+b^4\end{split} \quad (3.7)$$

split 环境并不能自己独立存在，所以不具备编号的能力，它放在 equation 环境中，由 equation 为公式编号。案例中，用 & 符号设置文本对齐，这个符号不会被打印，每一行都以该符号位置为对齐标准。

需要注意的是：split 环境并不能独立存在，必须放在例如 equation 或 gather 等环境中，不能放在行内数学模式 `$...$` 或单行数学模式 `$$...$$` 中。另外，在 split 环境中，不要出现多余的空行，否则会出现编译错误。

gather 环境可单独使用，用于打印多行公式。每一行都被当作一个独立的公式，所以每一行都会打印编号，如果要取消编号，则可添加星号 *，或在断行之前添加 `\notag` 命令。

例 应用 gather 环境打印数学公式。

```
\usepackage{amsmath}
\begin{gather}
  (a + b)^2 = a^2 + 2ab + b^2 \\
  (a + b)^4
  = (a + b)^2 (a + b)^2 \notag \\
  = (a^2 + 2ab + b^2)(a^2 + 2ab + b^2) \\
  = a^4 + 4a^3b + 6a^2b^2 + 4ab^3 + b^4
\end{gather}
```

上述 LaTeX 命令打印效果如下：

$$(a+b)^2 = a^2 + 2ab + b^2 \tag{3.8}$$

$$(a+b)^4 = (a+b)^2(a+b)^2$$

$$= (a^2 + 2ab + b^2)(a^2 + 2ab + b^2) \tag{3.9}$$

$$= a^4 + 4a^3b + 6a^2b^2 + 4ab^3 + b^4 \tag{3.10}$$

gather 环境中的每一行公式都是居中排列的，每一行都被当作一个独立的公式，第二行公式在断行之前用 `\notag` 命令取消其编号。

gather 环境中的所有公式居中排列，不能按照某些特定点设置对齐。align 也是多行公式环境，且可以用 & 符号设置对齐位置。

例 比较应用 gather 环境和 align 环境打印的公式。

```
\usepackage{amsmath}
\begin{align}
  (a + b)^4
    &= (a + b)^2 (a + b)^2 \notag \\
```

```
    &= (a^2 + 2ab + b^2)(a^2 + 2ab + b^2) \\
    &= a^4 + 4a^3b + 6a^2b^2 + 4ab^3 + b^4
\end{align}
```

上述 LaTeX 命令打印效果如下：

$$
\begin{aligned}
(a+b)^4 &= (a+b)^2(a+b)^2 \\
&= (a^2+2ab+b^2)(a^2+2ab+b^2) \qquad (3.11) \\
&= a^4+4a^3b+6a^2b^2+4ab^3+b^4 \qquad (3.12)
\end{aligned}
$$

align 环境与 gather 环境类似，每行公式都会打印编号，也可以用 \notag 命令去掉编号。案例中在等号 (=) 前面添加&符号，使得每一行都以等号 (=) 位置对齐，且整个公式居中。

例 align 环境还有一个优势在于，可以设置多个对齐位。

```
\usepackage{amsmath}
\begin{align}
  x^2 + y^2 &= 1 & x^3 + y^3 &= 1 \\
  x &= \sqrt {1-y^2} & x &= \sqrt[3]{1-y^3}
\end{align}
```

上述 LaTeX 命令打印效果如下：

$$
\begin{aligned}
x^2+y^2 &= 1 & x^3+y^3 &= 1 \qquad (3.13) \\
x &= \sqrt{1-y^2} & x &= \sqrt[3]{1-y^3} \qquad (3.14)
\end{aligned}
$$

在 align 环境中上下两行公式都关于等号对齐。同时需要注意的是，两组公式中间空白位置，也需要一对对齐标识&，否则上下两行公式只是关于等号右边对齐，第二组等号左边不能对齐。因为数学模式中的空格是不打印的，导致第二组等号左边的内容贴上了第一组右边的内容。

flalign 环境是 align 环境的变体，区别在于公式整体的对齐方式。在 align 环境中公式整体居中对齐，在 flalign 环境中公式整体两端对齐。

例 应用 flalign 环境打印数学公式。

```
\usepackage{amsmath}
\begin{flalign}
  x^2 + y^2 &= 1 & x^3 + y^3 &= 1 \\
  x &= \sqrt {1-y^2} & x &= \sqrt[3]{1-y^3}
\end{flalign}
```

上述 LaTeX 命令打印效果如下：

$$x^2 + y^2 = 1 \qquad x^3 + y^3 = 1 \tag{3.15}$$

$$x = \sqrt{1-y^2} \qquad x = \sqrt[3]{1-y^3} \tag{3.16}$$

有时候可能需要在公式中插入一些文本，这时候就可以用 \intertext 命令实现。在 align、flalign、gather、split 等环境中，可以插入 \intertext 命令，添加补充文本。

例 在公式中插入文本。

```
\usepackage{amsmath}
\begin{align}
  (a + b)^4
  &= (a + b)^2 (a + b)^2 \notag \\
  &= (a^2 + 2ab + b^2)(a^2 + 2ab + b^2) \\
  \intertext{因 此(such that.)}
  &= a^4 + 4a^3b + 6a^2b^2 + 4ab^3 + b^4
\end{align}
```

上述 LaTeX 命令打印效果如下：

$$(a+b)^4 = (a+b)^2(a+b)^2$$

$$= (a^2+2ab+b^2)(a^2+2ab+b^2) \tag{3.17}$$

因此 (such that.)

$$= a^4 + 4a^3b + 6a^2b^2 + 4ab^3 + b^4 \tag{3.18}$$

需要注意的是，\intertext 命令需要放在 \\ (换行) 符号的后面，在 align 环境中不要有多余的空行。

aligned 环境和 gathered 环境都可以包装多行公式，但都只能放在 equation 或 gather 等环境中，不能单独作为数学环境。aligned 环境和 gathered 环境中的多行公式只有一个编号，且两种环境可以配合使用。aligned 环境和 gathered 环境的区别在于，aligned 可以设置对齐标识 `&`，而 gathered 不可以。

例 应用 aligned 环境打印多行公式的，多个 aligned 环境可以并列，不要求独占一行。

```
\usepackage{amsmath}
\begin{equation}
  \begin{aligned}
    x^2 + y^2 &= 1 \\
    x &= \sqrt{1-y^2} \\
    y &= \sqrt{1-x^2}
  \end{aligned}
  \qquad\qquad
  \begin{aligned}
    (a + b)^2 = a^2 + 2ab + b^2 \\
    (a + b) \cdot (a - b) = a^2 - b^2
  \end{aligned}
\end{equation}
```

上述 LaTeX 命令打印效果如下：

$$
\begin{aligned}
x^2 + y^2 &= 1 \\
x &= \sqrt{1-y^2} \\
y &= \sqrt{1-x^2}
\end{aligned}
\qquad\qquad
\begin{aligned}
(a + b)^2 = a^2 + 2ab + b^2 \\
(a + b) \cdot (a - b) = a^2 - b^2
\end{aligned}
\tag{3.19}
$$

两个 aligned 并列打印，中间用空格 (`\qquad`) 分隔，公式中的空格 (␣) 会被忽略，要打印空格，需要用 `\qquad` 等命令。

例 gathered 环境不能设置对齐标识，可与 aligned 配合使用。

```
\usepackage{amsmath}
\begin{equation}
  \begin{gathered}
```

```
    x^2 + y^2 = 1 \\
    x = \sqrt{1-y^2} \\
    y = \sqrt{1-x^2}
  \end{gathered}
  \qquad\qquad
  \begin{aligned}
    (a + b)^2 &= a^2 + 2ab + b^2 \\
    (a + b) \cdot (a - b) &= a^2 - b^2
  \end{aligned}
\end{equation}
```

上述 LaTeX 命令打印效果如下：

$$\begin{gathered} x^2 + y^2 = 1 \\ x = \sqrt{1-y^2} \\ y = \sqrt{1-x^2} \end{gathered} \qquad\qquad \begin{aligned} (a + b)^2 &= a^2 + 2ab + b^2 \\ (a + b) \cdot (a - b) &= a^2 - b^2 \end{aligned} \tag{3.20}$$

3.3　括号

括号的形式有很多，并不局限于圆括号和方括号，例如在方程组中常用到括号，在矩阵中也会用到括号。在数学公式中，还要特别注意括号的匹配问题，最容易被忽略的就是括号被拆分后不能匹配，导致编译报错。

本节介绍一些常用的定界符，这些定界符包含了很多类型的括号，或者成对出现的符号。借着括号的名义，列举两个常用的公式形式：方程组和矩阵。之所以在这里介绍方程组和矩阵，也是为了强调括号的匹配问题。

3.3.1　定界符

所谓定界符，就是用于分隔表达式的符号，例如括号等，常用的定界符如表 3.17 所示。在使用成对出现的定界符时，需要格外小心：当定界符被拆分成两部分时，需要给一个不显示的符号 (\.) 与之配对，否则会出现编译错误。

表 3.17 常用定界符

符号	命令	符号	命令	符号	命令
$()$	`()`	$\{\}$	`\{ \}`	$\Vert\Vert$	`\lVert \rVert`
$\langle\rangle$	`\langle \rangle`	$\{\}$	`\lbrace \rbrace`	$\vert\vert$	`\lvert \rvert`
$\lgroup\rgroup$	`\lgroup \rgroup`	$[]$	`[]`	$\vert$	`|`
$\lmoustache\rmoustache$	`\lmoustache \rmoustache`	$[]$	`\lbrack \rbrack`	$\vert$	`\vert`
$\Downarrow$	`\Downarrow`	$\lceil\rceil$	`\lceil \rceil`	$\vert$	`\arrowvert`
$\Uparrow$	`\Uparrow`	$\lfloor\rfloor$	`\lfloor \rfloor`	$\bracevert$	`\bracevert`
$\Updownarrow$	`\Updownarrow`	$\updownarrow$	`\updownarrow`	$\Vert$	`\Arrowvert`
$\downarrow$	`\downarrow`	$/$	`/`	$\Vert$	`\\|`
$\uparrow$	`\uparrow`	$\uparrow$	`\uparrow`	$\Vert$	`\Vert`

例 将括号拆分成两部分，拆分位置前后都需要添加\.符号，以达到定界符前后的一致性。

```
\usepackage{amsmath}
\begin{equation}
  \begin{split}
    H_c&=\frac{1}{2n} \sum^n_{l=0}(-1)^{l}(n-{l})^{p-2}
    \sum_{l _1+\dots+ l _p=l}\prod^p_{i=1} \binom{n_i}{l _i}\cdot
        [(n-l ) \. \\
    & \. -(n_i-l _i)]^{n_i-l _i}\cdot
    \Bigl[(n-l )^2-\sum^p_{j=1}(n_i-l _i)^2\Bigr].
  \end{split}
\end{equation}
```

上述 LaTeX 命令打印效果如下：

$$\begin{split} H_c&=\frac{1}{2n} \sum^n_{l=0}(-1)^{l}(n-{l})^{p-2} \sum_{l_1+\dots+ l_p=l}\prod^p_{i=1} \binom{n_i}{l_i}\cdot [(n-l) \\ & -(n_i-l_i)]^{n_i-l_i}\cdot \Bigl[(n-l)^2-\sum^p_{j=1}(n_i-l_i)^2\Bigr]. \end{split} \tag{3.21}$$

公式 (3.21) 中 $[(n-l)-(n_i-l_i)]$ 被拆分为两部分，放在不同的行内，已经破坏了方括号原有的匹配，所以在换行符\\ 前后分别添加 \.，以达到括号的完整性。

不显示的 `\.` 符号放在定界符的后面，但需要灵活应用，例如 `\left( \right)` 的拆分形式为 `\left.` 和 `\right.`。也就是去掉原有的符号，用小点代替。

如果你细心比较就会发现，对于表 3.1 和表 3.17 所示的括号，直接从键盘输入的并不能自动改变大小。

例　以命令形式输入的括号可以自动改变大小，直接输入的括号不能改变大小。

```
f\left( \left[ \frac{ 1+\left\{x,y\right\}
}{ \left( \frac{x}{y}+\frac{y}{x} \right) \left( u+1 \right)
}+a \right]^{3/2} \right),
f( [ { 1+\{x,y\}
}{ ( \frac{x}{y}+\frac{y}{x} ) ( u+1 )
}+a ]^{3/2} )
```

上述 LaTeX 命令打印效果如下：

$$f\left(\left[\frac{ 1+\left\{x,y\right\}}{ \left(\frac{x}{y}+\frac{y}{x} \right) \left(u+1 \right)}+a \right]^{3/2} \right), f([{ 1+\{x,y\}}{ (\frac{x}{y}+\frac{y}{x}) (u+1)}+a]^{3/2})$$

例　对括号的层次控制，还可以更加复杂。

```
\Bigg( \bigg( \Big( \big((x) \big) \Big) \bigg) \Bigg) , \Bigg\{
   \bigg\{ \Big\{ \big\{\{x\} \big\} \Big\} \bigg\} \Bigg\}
```

上述 LaTeX 命令打印效果如下：

$$\Bigg(\bigg(\Big(\big((x) \big) \Big) \bigg) \Bigg) , \Bigg\{ \bigg\{ \Big\{ \big\{\{x\} \big\} \Big\} \bigg\} \Bigg\}$$

3.3.2　方程组

前面介绍过括号的匹配问题，在方程组中，明显只有单边花括号，不需要完整的花括号，所以必须用 `\left.` 或 `\right.` 实现。

例　在 equation 环境中嵌套 aligned 环境可以断行，然后排列多个表达式。

```
\usepackage{amsmath}
\begin{equation}
  \left.
    \begin{aligned}
      x+y &> 5 \\
      y-y &> 11
    \end{aligned}
  \right\}\Rightarrow x^2 - y^2 > 55
\end{equation}
```

上述 LaTeX 命令打印效果如下：

$$\left.\begin{aligned} x+y &> 5 \\ y-y &> 11 \end{aligned}\right\}\Rightarrow x^2 - y^2 > 55 \tag{3.22}$$

例 还可以在 array 环境中排列多行表达式。

```
\usepackage{amsmath}
\left\{
  \begin{array}{c}
    a_1x+b_1y+c_1z=d_1 \\
    a_2x+b_2y+c_2z=d_2 \\
    a_3x+b_3y+c_3z=d_3
  \end{array}
\right.
```

上述 LaTeX 命令打印效果如下：

$$\left\{\begin{array}{c} a_1x+b_1y+c_1z=d_1 \\ a_2x+b_2y+c_2z=d_2 \\ a_3x+b_3y+c_3z=d_3 \end{array}\right.$$

amsmath 宏包提供的 cases 环境表示存在多种情况，它可用于列举条件，在不同条件下满足不同的等式，不需要额外添加 `\left.` 或 `\right.` 实现括号的匹配。

例　用 cases 环境打印条件方程。

```
\usepackage{amsmath}
\begin{equation}
  f(x) =
    \begin{cases}
      x + 1 & \text{$ x > 0 $} \\
      -x + 2  & \text{$ x \le 0 $}
    \end{cases}
\end{equation}
```

上述 LaTeX 命令打印效果如下：

$$f(x) = \begin{cases} x+1 & x>0 \\ -x+2 & x \leqslant 0 \end{cases} \tag{3.23}$$

cases 环境不能单独存在，需在数学模式下应用。在 cases 环境中可用 `\\` 断行，用 `&` 符号作为对齐标志。条件部分用 `\text` 插入，`\text` 中的公式需是数学模式。

3.3.3　矩阵

amsmath 宏包提供了很多打印类似于矩阵的环境，例如有 matrix、pmatrix 等环境。

amsmath 宏包提供的矩阵环境有 matrix、pmatrix、bmatrix、Bmatrix、vmatrix、Vmatrix，它们的区别在于括号样式，如表 3.18 所示，都需要依赖数学模式。

表 3.18　amsmath 宏包的矩阵类型

类型	实例	类型	实例	类型	实例
matrix	$\begin{matrix} 1 & 2 \\ 1 & 2 \end{matrix}$	smallmatrix	$\begin{smallmatrix} 1 & 2 \\ 1 & 2 \end{smallmatrix}$	bmatrix	$\begin{bmatrix} 1 & 2 \\ 1 & 2 \end{bmatrix}$
Vmatrix	$\begin{Vmatrix} 1 & 2 \\ 1 & 2 \end{Vmatrix}$	Bmatrix	$\begin{Bmatrix} 1 & 2 \\ 1 & 2 \end{Bmatrix}$	vmatrix	$\begin{vmatrix} 1 & 2 \\ 1 & 2 \end{vmatrix}$
pmatrix	$\begin{pmatrix} 1 & 2 \\ 1 & 2 \end{pmatrix}$				

例 矩阵样式。

```
\usepackage{amsmath}
\begin{equation}
  \begin{matrix} 0 & 1 \\ 1 & 0 \end{matrix} \quad
  \begin{pmatrix} 0 & -i \\ i & 0 \end{pmatrix} \quad
  \begin{bmatrix} 0 & -1 \\ 1 & 0 \end{bmatrix} \quad
  \begin{Bmatrix} 1 & 0 \\ 0 & -1 \end{Bmatrix} \quad
  \begin{vmatrix} a & b \\ c & d \end{vmatrix} \quad
  \begin{Vmatrix} i & 0 \\ 0 & -i \end{Vmatrix}
\end{equation}
```

上述 LaTeX 命令打印效果如下：

$$\begin{matrix} 0 & 1 \\ 1 & 0 \end{matrix} \quad \begin{pmatrix} 0 & -i \\ i & 0 \end{pmatrix} \quad \begin{bmatrix} 0 & -1 \\ 1 & 0 \end{bmatrix} \quad \begin{Bmatrix} 1 & 0 \\ 0 & -1 \end{Bmatrix} \quad \begin{vmatrix} a & b \\ c & d \end{vmatrix} \quad \begin{Vmatrix} i & 0 \\ 0 & -i \end{Vmatrix} \tag{3.24}$$

在矩阵环境中，矩阵中各行元素用 `&` 分隔，`\\` 为断行符。equation 为单行公式，`\quad` 打印空格增加两边的间距。

也许你会问矩阵可以承载多少列元素，其实矩阵的最大列数为 MaxMatrixCols，可用 `\setcounter` 命令修改。

例 可修改矩阵最大列数。

```
\usepackage{amsmath}
\setcounter{MaxMatrixCols}{20}

\begin{equation}
  \begin{Vmatrix}
    a&b&c&d&e&f&g&h&i&j &\cdots \\
    &a&b&c&d&e&f&g&h&i &\cdots \\
    & &a&b&c&d&e&f&g&h &\cdots \\
    & & &a&b&c&d&e&f&g &\cdots \\
    & & & &\ddots&\ddots&\hdotsfor[2]{5}
  \end{Vmatrix}
\end{equation}
```

上述 LaTeX 命令打印效果如下：

$$\begin{Vmatrix}
a & b & c & d & e & f & g & h & i & j & \cdots \\
 & a & b & c & d & e & f & g & h & i & \cdots \\
 & & a & b & c & d & e & f & g & h & \cdots \\
 & & & a & b & c & d & e & f & g & \cdots \\
 & & & & \ddots & \ddots & & \hdotsfor[2]{4}
\end{Vmatrix} \tag{3.25}$$

将 MaxMatrixCols 改为 20，所以矩阵最多可排列 20 列。\cdots 为 $\cdots$，\ddots 为 $\ddots$，\hdotsfor 需指定跨越的列数，可选项默认为 3，指定小数点之间的距离。

上述矩阵都会有独立行，如果想要在同一行内插入矩阵，就需要 smallmatrix 环境。应用 smallmatrix 环境的时候需要注意，它需要有数学模式，且本身不带括号，只能用其他括号代替。

例　有 $\left(\begin{smallmatrix}1 & 0 \\ 0 & -1\end{smallmatrix}\right)$，它的 LaTeX 文本如下，行内矩阵的括号用 () 等命令打印。

```
\usepackage{amsmath}
$ \left( \begin{smallmatrix}
1 & 0 \\ 0 & -1
\end{smallmatrix} \right) $
```

delarray 宏包对矩阵排列做了一个扩展，它与 amsmath 宏包独立，可设置多个并排矩阵的对齐方式。

例　delarray 宏包自动加载 array，在 array 环境中可设置各个并列矩阵的对齐方式。

```
\usepackage{amsmath}
\usepackage{delarray}
\begin{equation}
  {\bm Q} =
  \begin{array}[t] ( {cc} ) X & Y \end{array}
  \begin{array}[t] [ {cc} ] A & B \\ C & D \end{array}
  \begin{array}[b] \lgroup{c}\rgroup L \\ M \end{array}
\end{equation}
```

上述 LaTeX 命令打印效果如下：

$$\boldsymbol{Q} = \begin{pmatrix} X \; Y \end{pmatrix} \begin{bmatrix} A \; B \\ C \; D \end{bmatrix} \begin{pmatrix} L \\ M \end{pmatrix} \tag{3.26}$$

例 在 array 环境中打印矩阵。

```
\usepackage{amsmath}
\left(\begin{array}{ccc|c}
  a11 & a12 & a13  & b1 \\
  a21 & a22  & a23 & b2  \\
  a31 & a32  & a33 & b3  \\
\end{array}\right)
```

上述 LaTeX 命令打印效果如下：

$$\left(\begin{array}{ccc|c}
  a11 & a12 & a13 & b1 \\
  a21 & a22 & a23 & b2 \\
  a31 & a32 & a33 & b3 \\
\end{array}\right)$$

3.4 常用形式

数学公式的形式各式各样，我们不可能穷举。本节介绍一些常用的公式形式，其中包含根号、积分号、上下标等，在公式编辑中常常会用到。为了更便捷地查阅，我们把它归纳到一个常用公式表中，作为参考模板。

3.4.1 根号

LaTeX 中的根号用 `\sqrt` 命令实现，例如 `\sqrt{3}`，即 $\sqrt{3}$。`\sqrt` 命令需要在数学模式中使用，且带有一个参数，即根号里面的表达式。

例 `\sqrtsign` 是一种可以扩展的根号，在 `\sqrtsign` 的里面还可以嵌套根号。`\sqrtsign` 里面放了多个 `\sqrtsign`，还可以放 `\sqrt`。

```
\usepackage{amsmath}
$$ \sqrtsign{1 + \sqrtsign{1 + \sqrtsign{1 + \sqrtsign{1 + \
   sqrtsign{1 + \sqrtsign{1 + \sqrt x}}}}}}  $$
```

上述 LaTeX 命令打印效果如下：

$$\sqrt{1+\sqrt{1+\sqrt{1+\sqrt{1+\sqrt{1+\sqrt{1+\sqrt{x}}}}}}}$$

标准 LaTeX 的 `\leftroot` 和 `\uproot` 命令可调整根号的上角标位置，它们带有一个参数：如果是正数，表示向左上方移动；如果是负数，则表示向右下方移动。

例　调整根号的上角标位置。

```
\usepackage{amsmath}
$$ \sqrt[\beta]{k} \qquad \sqrt[\leftroot{2}\uproot{4} \beta]{k}
   \qquad \sqrt[\leftroot{-2}\uproot{4} \beta]{k} $$
```

上述 LaTeX 命令打印效果如下：

$$\sqrt[\beta]{k} \qquad \sqrt[\leftroot{2}\uproot{4} \beta]{k} \qquad \sqrt[\leftroot{-2}\uproot{4} \beta]{k}$$

例　根号内部的字符位置与根号本身的位置可通过 `\mathstrut`、`\smash` 等命令调整，其中 `\smash` 命令带有一个可选项 `[t/b]`。

```
$$ \sqrt{y} + \sqrt{\mathstrut y} + \sqrt{\smash y} + \sqrt{\
   smash[t]{y}} + \sqrt{\smash[b]{y}} $$
```

上述 LaTeX 命令打印效果如下：

$$\sqrt{y} + \sqrt{\mathstrut y} + \sqrt{\smash y} + \sqrt{\smash[t]{y}} + \sqrt{\smash[b]{y}}$$

`\smash` 命令不仅可以用于 `\sqrt` 中，还可以用于其他公式，如 `\frac`。

3.4.2 常用公式形式

积分 常见的积分有 5 种形式：\int、\iint、\iiint、\iiiint、\idotsint。

例 积分形式。

```
\usepackage{amsmath}
\begin{gather*}
  \int_V \mu(v,w)\,du \,dv \\
  \iint_V \mu(v,w)\,du \,dv \\
  \iiint_V \mu(u,v,w)\,du \,dv \,dw \\
  \iiiint_V \mu(t,u,v,w)\,dt \,du \,dv \,dw \\
  \idotsint_V \mu(z_1, \dots , z_k)\,\mathbf{dz}
\end{gather*}
```

上述 LaTeX 命令打印效果如下：

$$\int_V \mu(v,w)\,du\,dv$$

$$\iint_V \mu(v,w)\,du\,dv$$

$$\iiint_V \mu(u,v,w)\,du\,dv\,dw$$

$$\iiiint_V \mu(t,u,v,w)\,dt\,du\,dv\,dw$$

$$\idotsint_V \mu(z_1,\dots,z_k)\,\mathbf{dz}$$

案例中积分符号的上下角标都放在右边，可用 \limits、\nolimits 等命令控制角标位置 (放在积分符号上面或者右边)。

取模 amsmath 宏包为取模运算提供很多命令：\mod、\bmod、\pmod、\pod，它们在表现形式上存在一定的差异。

例 取模运算。

```
\usepackage{amsmath}
\begin{align*}
```

```
  u & \equiv v + 1 \mod{n^2} \\
  u & \equiv v + 1 \bmod{n^2} \\
  u & \equiv v + 1 \pmod{n^2} \\
  u & \equiv v + 1 \pod{n^2}
\end{align*}
```

上述 LaTeX 命令打印效果如下：

$$u \equiv v + 1 \mod{n^2}$$
$$u \equiv v + 1 \bmod{n^2}$$
$$u \equiv v + 1 \pmod{n^2}$$
$$u \equiv v + 1 \pod{n^2}$$

二项式　amsmath 宏包中的二项式可由 \binom、\dbinom、\tbinom 等命令打印。

例　在独立公式中打印二项式。

```
\usepackage{amsmath}
\begin{equation}
  \binom{k - 1}{2}   + \dbinom{k - 1}{2} + \tbinom{k - 1}{2}
\end{equation}
```

上述 LaTeX 命令打印效果如下：

$$\binom{k-1}{2} + \dbinom{k-1}{2} + \tbinom{k-1}{2} \tag{3.27}$$

\tbinom 的字号与行间公式的字号相同。将上式放在行间公式中，例如 $\binom{k-1}{2}+\dbinom{k-1}{2}+\tbinom{k-1}{2}$，\binom 的字号也变为行间公式字号，只有 \dbinom 的字号始终不变。

3.4.3　极限角标

在数学模式中，为某些公式添加上下角标是非常常见的，LaTeX 之所以得到很广泛的应用，其中一个重要原因就在于对公式的排版优势。相较于 Word 等编辑器，在公式上下角标的书写上，绝对具有不可替代的优势。

常见的取极限有 $\sum$、$\prod$、$\int$、lim 等形式，这些极限常常伴有角标。LaTeX 中常见的角标形式有：下标 `_{text}`，上标 `^{text}`，其角标位置相对固定。

例 常见的极限形式。

```
$$ \sum_{i=0}^{n=100} \quad \prod_{i=0}^{n=100} \quad \int_{i
   =0}^{n=100} \quad \lim_{i \to 0} $$
```

上述 LaTeX 命令打印效果如下：

$$ \sum_{i=0}^{n=100} \quad \prod_{i=0}^{n=100} \quad \int_{i=0}^{n=100} \quad \lim_{i \to 0} $$

可用 amsmath 宏包提供的 `\limits`、`\nolimits`、`\displaylimits` 命令有针对性地控制极限上标和下标位置。

例 控制极限上标和下标位置。

```
\usepackage{amsmath}
\begin{align*}
  \sum\limits_{i=1}^n \qquad \sum\nolimits_{i=1}^n \qquad \sum\
     displaylimits_{i=1}^n  \\
  \prod\limits_{i=1}^n \qquad \prod\nolimits_{i=1}^n \qquad \prod
     \displaylimits_{i=1}^n  \\
  \int\limits_{i=1}^n \qquad \int\nolimits_{i=1}^n \qquad \int\
     displaylimits_{i=1}^n  \\
  \lim\limits_{i=1} \qquad \lim\nolimits_{i=1} \qquad \lim\
     displaylimits_{i=1}
\end{align*}
```

上述 LaTeX 命令打印效果如下：

$$\begin{aligned} \sum\limits_{i=1}^n \qquad \sum\nolimits_{i=1}^n \qquad \sum_{i=1}^n \\ \prod\limits_{i=1}^n \qquad \prod\nolimits_{i=1}^n \qquad \prod_{i=1}^n \end{aligned}$$

$$\int\limits_{i=1}^{n} \qquad \int\nolimits_{i=1}^{n} \qquad \int\displaylimits_{i=1}^{n}$$

$$\lim\limits_{i=1} \qquad \lim\nolimits_{i=1} \qquad \lim\displaylimits_{i=1}$$

\limits、\nolimits、\displaylimits 等命令放在极限名称后面，\displaylimits 相当于 LaTeX 默认形式。

不可否认，某些上下标过长影响整个公式打印的美感，例如

$$\sum_{0\leqslant i\leqslant m,0<j<n} P(i,j) \tag{3.28}$$

很显然，这个下标很长，使得整个公式不协调。想要分两行书写，却不允许断行。

例　\substack 命令可作为上下标的断行命令。\substack 命令中允许有断行 \\，将很长的角标切分成了多行。

```
\usepackage{amsmath}
\begin{equation}
  \sum_{\substack{0 \le i \le m \\ 0 < j < n}} P(i, j)
\end{equation}
```

上述 LaTeX 命令打印效果如下：

$$\sum_{\substack{0\leqslant i\leqslant m \\ 0<j<n}} P(i,j) \tag{3.29}$$

例　如果你觉得 \substack 的控制还不够精确，还可以用 subarray 环境控制上下标，它可以设置对齐方式。

```
\usepackage{amsmath}
\begin{equation}
  \sum_{\begin{subarray}{c}
    i \in \Lambda \\
    0 \le i \le m \\
    0 < j < n
  \end{subarray}} P(i, j)
\end{equation}
```

上述 LaTeX 命令打印效果如下：

$$\sum_{\substack{i\in\Lambda\\0\leqslant i\leqslant m\\0<j<n}} P(i,j) \tag{3.30}$$

上面的极限角标要么放在右边，要么放在上下方，amsmath 宏包的 \overset 和 \underset 命令可使得角标置于极限符号上下左右四个方向。

```
\usepackage{amsmath}
$$ \overset{*}{X} > \underset{*}{X} \iff \sideset{_{i = 1}^n}{_{j
    = 2}^m} \sum_{a,b \in \mathbf{R^*}} \overset{a}{\underset{b}{
   X}} = X $$
```

上述 LaTeX 命令打印效果如下：

$$\overset{*}{X} > \underset{*}{X} \iff \sideset{_{i = 1}^n}{_{j = 2}^m} \sum_{a,b \in \mathbf{R^*}} \overset{a}{\underset{b}{X}} = X$$

\overset 和 \underset 有两个参数，分别在字符上下添加角注；\iff 为双向箭头 $\iff$ ；\sideset 也有两个参数，第一个参数表示左边的角注，第二个参数表示右边的参数。

3.4.4 交互图

amscd 宏包为交互图的绘制提供了方便，但也有其缺陷：只能绘制水平或者垂直线。在 amscd 宏包的 CD 环境中，用 @>>>、@<<<、@VVV、@AAA 分别控制向右、向左、向下、向上的箭头。

例 在 amscd 宏包的 CD 环境中控制交互图的箭头。

```
\usepackage{amscd}
$$ \begin{CD}
  cov (L) @>>> non (K) @>>> cf (K) \\
  @VVV @AAA @AAA \\
  add (L) @>>> add (K) @>>> cov (K) \\
\end{CD} $$
```

上述 LaTeX 命令打印效果如下：

$$\begin{CD}
cov(L) @>>> non(K) @>>> cf(K) \\
@VVV @AAA @AAA \\
add(L) @>>> add(K) @>>> cov(K)
\end{CD}$$

例　CD 环境需要放在数学模式中应用，还可以用 \DeclareMathOperator 命令定义一些操作命令，在各种箭头上添加标注说明。

```
\usepackage{amsmath}
\usepackage{amscd}
\DeclareMathOperator\non{non}
$$ \begin{CD}
cov (L) @>{above}>> \non (K) @>>{down}> cf (K) \\
@V{left}VV @AA{right}A @| \\
add (L) @= add (K) @>>> cov (K) \\
\end{CD} $$
```

上述 LaTeX 命令打印效果如下：

$$\begin{CD}
\operatorname{cov}(L) @>{\text{above}}>> \operatorname{non}(K) @>>{\text{down}}> \operatorname{cf}(K) \\
@V{\text{left}}VV @AA{\text{right}}A @| \\
\operatorname{add}(L) @= \operatorname{add}(K) @>>> \operatorname{cov}(K)
\end{CD}$$

在 @XXX 的第一个字符和第二个字符之间，或者在第二个字符或者第三个字符之间添加文本，可做辅助说明，它们的区别在于说明文本的打印位置不同。@| 表示竖直方向的双实线，@= 表示水平方向的双实线。在导言区定义 \DeclareMathOperator\non{non}，这里用 \non 打印 non。

3.4.5　分式

一般地，分式用 \frac 命令即可打印，\frac{a}{b} 命令有两个参数，分别表示分子和分母。

例　\frac 命令打印分式。

```
\frac{a + b}{x * y}
```

上述 LaTeX 命令打印效果如下：

$$\frac{a+b}{x*y}$$

amsmath 宏包还提供了 \dfrac 和 \tfrac 两种分式，分别代表 \displaystyle\frac (字号与公式相互独立) 和 \textstyle\frac (字号为行间公式字号大小)。

例 比较 \frac、\dfrac 与 tfrac 的区别。

```
\usepackage{amsmath}
\begin{equation}
  \frac{1}{k} \log_2 c(f)  \quad \dfrac{1}{k} \log_2 c(f)  \quad
     \tfrac{1}{k} \log_2 c(f)
\end{equation}
```

上述 LaTeX 命令打印效果如下：

$$\frac{1}{k}\log_2 c(f) \quad \dfrac{1}{k}\log_2 c(f) \quad \tfrac{1}{k}\log_2 c(f) \tag{3.31}$$

在独立公式行中，\tfrac 的分子分母字号为行间公式字号的大小，而 \dfrac 的字号与公式独立。如果放在行内，例如 $\frac{1}{k}\log_2 c(f) \quad \dfrac{1}{k}\log_2 c(f) \quad \tfrac{1}{k}\log_2 c(f)$，则 \frac 的字号变为行间公式字号大小。

\cfrac 命令用于打印复杂的分数结构，在 \cfrac 结构中还可以嵌套 \cfrac 和 \frac。\cfrac[pos]{a}{b} 有两个参数，分别表示分子和分母，可选项可取值为 l/c/r，表示对齐方式。

例 有复杂分式，其中 \dotsb 命令打印 $\cdots$。

```
\usepackage{amsmath}
\begin{equation*}
  \cfrac {1}{2 +
  \cfrac {1}{3 +
  \cfrac {1}{4 +
  \cfrac[r] {1}{5 +
  \cfrac[l] {1}{6 + \frac{1}{2} + \dotsb }
```

```
  }}}}
\end{equation*}
```

上述 LaTeX 命令打印效果如下：

$$\cfrac{1}{2+\cfrac{1}{3+\cfrac{1}{4+\cfrac[r]{1}{5+\cfrac[l]{1}{6+\frac{1}{2}+\dotsb}}}}}$$

例 顺便说一下，可以用 \boxed [2] 命令为公式添加边框。

```
\usepackage{amsmath}
\begin{equation}
  \cfrac {1}{2 +
  \cfrac {1}{3 +
  \cfrac {1}{4 +
  \cfrac[r] {1}{5 +
  \cfrac[l] {1}{6 + \boxed{\frac{1}{2}} + \dotsb }
  }}}}
\end{equation}
```

上述 LaTeX 命令打印效果如下：

$$\cfrac{1}{2+\cfrac{1}{3+\cfrac{1}{4+\cfrac[r]{1}{5+\cfrac[l]{1}{6+\boxed{\frac{1}{2}}+\dotsb}}}}} \tag{3.32}$$

[2] \boxed 与 \fbox 类似，\boxed 更适用于数学模式。

3.4.6 案例集合

前面介绍了很多案例，在使用方式上大同小异，只是每种公式原子的命令不同。为了方便查阅不同的公式结构，我们归纳了很多常用的数学公式，如表 3.19 所示。掌握数学公式的使用语法，参考表 3.19 中列举的公式原子，可以解决很多公式编辑问题。

表 3.19 常用的数学公式

命令	实例	说明
`a^{b}`	a^{b}	上标 (单字符，可以省略 {})
`a_{b}`	a_{b}	下标 (单字符，可以省略 {})
`a_{_b}`	$a_{_b}$	下标 (多字符，不可省略 {})
`\sqrt{ab}`	$\sqrt{ab}$	开平方
`\sqrt[5]{ab}`	$\sqrt[5]{ab}$	开 5 次方
`\sqrtsign{1 + \sqrtsign{1 + x}}`	$\sqrt{1+\sqrt{1+x}}$	多次开方，`\sqrtsign` 可嵌套
`\sideset{^1_2}{^3_4}\bigotimes`	$\sideset{^1_2}{^3_4}\bigotimes$	左右都有上下标
`{}^{12}_{\phantom{1}6}\textrm{C}`	${}^{12}_{6}\textrm{C}$	上下标在左边
`\frac{a}{b}`	$\frac{a}{b}$	一般分式
`1+\frac{a}{\frac{b}{c}+1}`	$1+\frac{a}{\frac{b}{c}+1}$	分式，字号会逐级变小
`1+\cfrac{a}{\cfrac{b}{c}+1}`	$1+\cfrac{a}{\cfrac{b}{c}+1}$	分式，字号不会变小
`1+\frac{a}{\dfrac{b}{c}+1}`	$1+\frac{a}{\dfrac{b}{c}+1}$	分式，字号为独立公式的大小
`1+\frac{a}{\tfrac{b}{c}+1}`	$1+\frac{a}{\tfrac{b}{c}+1}$	分式，字号为行间公式的大小
`\binom{a}{b^2}`	$\binom{a}{b^2}$	二项式
`\dbinom{a}{b^2}`	$\dbinom{a}{b^2}$	二项式
`\tbinom{a}{b^2}`	$\tbinom{a}{b^2}$	二项式
`\stackrel{a}{b}`	$\stackrel{a}{b}$	下面字符大，上面字符小

下页继续

续表

命令	实例	说明
`{ a \atop b+c}`	${ a \atop b+c}$	上下字符等大
`{ a \choose b+c}`	${ a \choose b+c}$	上下字符等大
`\sum_{i=a}^{b} c_i`	$\sum_{i=a}^{b} c_i$	求和公式
`\sum\nolimits_{i=a}^{b} c_i`	$\sum\nolimits_{i=a}^{b} c_i$	limits 和 nolimits 是否压缩
`\prod_{i=a}^{b} c_i`	$\prod_{i=a}^{b} c_i$	求积公式
`\prod\nolimits_{i=a}^{b} c_i`	$\prod\nolimits_{i=a}^{b} c_i$	limits 和 nolimits 是否压缩
`\lim_{i=a}^{b} c_i`	$\lim\nolimits_{i=a}^{b} c_i$	求极限
`\lim\nolimits_{i=a}^{b} c_i`	$\lim\nolimits_{i=a}^{b} c_i$	limits 和 nolimits 是否压缩
`\int_{i=a}^{b} c_i`	$\int_{i=a}^{b} c_i$	求积分
`\int\nolimits_{i=a}^{b} c_i`	$\int\nolimits_{i=a}^{b} c_i$	limits 和 nolimits 是否压缩
`\int`	$\int$	积分形式
`\iint`	$\iint$	积分形式
`\iiint`	$\iiint$	积分形式
`\iiiint`	$\iiiint$	积分形式
`\idotsint`	$\idotsint$	积分形式
`\xleftarrow[x+y]{x}`	$\xleftarrow[x+y]{x}$	可自行调整
`\xrightarrow[x+y]{x}`	$\xrightarrow[x+y]{x}$	可自行调整
`\overset{x+y}{\rightarrow}`	$\overset{x+y}{\rightarrow}$	长度固定，适用于单字符
`\overrightarrow{x+y}`	$\overrightarrow{x+y}$	长度不固定，适用于多字符
`\underrightarrow{x+y}`	$\underrightarrow{x+y}$	长度不固定，适用于多字符
`\underset{x+y}{\rightarrow}`	$\underset{x+y}{\rightarrow}$	长度固定，适用于单字符
`\overleftarrow{x+y}`	$\overleftarrow{x+y}$	长度不固定，适用于多字符
`\bar{a}`	$\bar{a}$	单个字母上面加横线
`\overline{a+b}`	$\overline{a+b}$	多个字母上面加横线

下页继续

续表

命令	实例	说明
`\overbrace{a\dots a}^{n}`	$\overbrace{a\dots a}^{n}$	括号在上面
`\underbrace{a\dots a}_{n}`	$\underbrace{a\dots a}_{n}$	括号在下面
`\vec{x}`	$\vec{x}$	向量，单个字母
`\overrightarrow{AB}`	$\overrightarrow{AB}$	向量，多个字母
`\overleftarrow{ABC}`	$\overleftarrow{ABC}$	向量，多个字母
`\tilde{x}`	$\tilde{x}$	波浪线，单个字母
`\widetilde{xyz}`	$\widetilde{xyz}$	波浪线，多个字母
`\dot{x}`	$\dot{x}$	点
`\hat{x}`	$\hat{x}$	尖冒
`\widehat{xyz}`	$\widehat{xyz}$	尖冒

`grave {x}`
`mathring {x}`
`ddot {x}`
`check {x}`
`breve {x}`
`dddot {x}`
	$\grave{x}$
	$\mathring{x}$
	$\ddot{x}$
	$\check{x}$
	$\breve{x}$
	$\dddot{x}$
		声调

`(a^b)`	(a^b)	括号
`\left( a^b \right)`	$\left(a^b\right)$	括号，可变大小
`\{a^b\}`	$\{a^b\}$	括号
`\left\lbrace a^b \right\rbrace`	$\left\lbrace a^b \right\rbrace$	括号，可变大小
`[a^b]`	$[a^b]$	括号
`\left[ a^b \right]`	$\left[a^b\right]$	括号，可变大小
`\lfloor a^b \rfloor`	$\lfloor a^b \rfloor$	括号
`\lceil a^b \rceil`	$\lceil a^b \rceil$	括号

表格结束

下面就一些需要注意的问题做简短的说明：`a_{b}` 和 `a_{_b}` 打印 a_b 和 $a_{_b}$，这两个表达式比较，后者的下标更小，下标位置更偏下。开方命令 `\sqrt` 加可选参数，可打印开

n 次方。$\sideset{_2^1}{_4^3}\bigotimes$ 四个方向都有角标，${}_{6}^{12}\mathrm{C}$ 角标放在左边。$\overbrace{a\ldots a}^{n}$ 和 $\underbrace{a\ldots a}_{n}$ 的括号值得注意，其他诸如极限符号、箭头、矩阵等有章节做了详细介绍，这里不再赘述。

3.5　格式调整

公式字体与文本字体存在一定差异，例如公式中的字母一般默认为斜体。公式中能够设置的字体族也是有限的，并不能像文本字体一样丰富。除了字体问题，还有加粗、字号尺寸、字符空间等问题，都在本节进行简单说明。

3.5.1　字体

对于绝大多数公式而言，默认字体为 glyph，且不允许改变。这对多种语言文字的支持显然是不够的，例如公式中常出现拉丁字母。为了使得公式排版更加符合用户需求，很多好用的宏包也随即开发出来，在本节我们将看到很多针对公式字体设计的宏包，通过它们所提供的命令，实现公式字形的调整。

例　amsfonts 宏包 (或者 amssymb 宏包) 提供的 `\mathfrak` 命令和 `\mathbb` 命令可打印拉丁字体及对字体加粗。

```
\usepackage{amsfonts}
$$ \forall n \in \mathbb{N} : \mathfrak{M} \leq \mathfrak{N}  $$
```

上述 LaTeX 命令打印效果如下：

$$\forall n \in \mathbb{N} : \mathfrak{M} \leqslant \mathfrak{N}$$

LaTeX 也提供了一些与 `\mathfrak` 和 `\mathbb` 类似的命令，如表 3.20 所示。

表 3.20　LaTeX 中预定义的字母标识

命令	案例	效果	命令	案例	效果
`\mathcal`	`\mathcal{A}`	$\mathcal{A}$	`\mathrm`	`\mathrm{A}`	A
`\mathbf`	`\mathbf{A}`	$\mathbf{A}$	`\mathsf`	`\mathsf{A}`	A
`\mathtt`	`\mathtt{A}`	$\mathtt{A}$	`\mathnormal`	`\mathnormal{A}`	$\mathnormal{A}$
`\mathit`	`\mathit{A}`	A			

不管是 LaTeX 中提供的表 3.20 中的命令，还是 amsfonts 宏包中提供的 \mathfrak 等命令，都是用 \DeclareMathAlphabet 命令定义的。

例 **\mathbf** 的定义如下：

```
\DeclareMathAlphabet{\mathbf}{OT1}{cmr}{bx}{n}
```

选择字体集，设置字体样式，就能自定义字体命令。

例 定义 \mathscr 命令，用 \mathscr 命令打印 $\mathscr{A}$，它选用的字体集为 hlcw。

```
\DeclareMathAlphabet\mathscr{T1}{hlcw}{m}{it}
```

在对字符加粗的处理中，LaTeX 提供了 **\mathbf** 命令，amsmath 宏包提供了 \boldsymbol 和 \pmb，它们打印的效果还是存在差异的。当你为选择哪个命令而纠结的时候，可以直接用 bm 宏包提供的 \bm 命令统一解决。

例 用上述几个为字符加粗的命令打印字符 A。

```
\usepackage{amsmath}
\usepackage{bm}
$$ \mathbf{A} \neq \boldsymbol{A} \neq \pmb{A} \neq  \bm{A} $$
```

上述 LaTeX 命令打印效果如下：

$$\mathbf{A} \neq \boldsymbol{A} \neq \boldsymbol{A} \neq \boldsymbol{A}$$

例 标准 LaTeX 提供的 **\newcommand** 命令可以定义很多命令，当然也可以定义加粗字符，bm 宏包的 \bmdefine 命令也可以定义加粗字符。

```
\usepackage{amsmath}
\usepackage{amssymb}
\usepackage{bm}
\newcommand\bfB{\mathbf{xy\pi}}
\newcommand\bfx{\mathbf{\infty}}
\bmdefine\bpi{xy\pi}
\bmdefine\binfty{\infty}
$$ \bfB_\bfx \neq  \bpi_\binfty $$
```

上述 LaTeX 命令打印效果如下：

$$\mathbf{xy\pi_\infty} \neq \boldsymbol{xy\pi_\infty}$$

虽然两者都是对字符的加粗，但是打印效果并不相同，bm 打印的效果更美观，特别是在处理 ∞、$\prod$ 等字符的时候效果明显。

bm 宏包对字符加粗的效果，还依赖于文档所设置的字体，例如同是上述命令，如果在 txfonts 宏包下打印，又会有不同的效果。

```
\usepackage{amsmath}
\usepackage{amssymb}
\usepackage{txfonts}
\usepackage{bm}
\newcommand\bfB{\mathbf{xy\pi}}
\newcommand\bfx{\mathbf{\infty}}
\bmdefine\bpi{xy\pi}
\bmdefine\binfty{\infty}
$$ \bfB_\bfx \neq  \bpi_\binfty $$
```

与 bm 宏包相关的字体除 txfonts 宏包外，还有 pxfonts、ccfonts 等宏包。根据字体的不同，加粗的效果也各不相同，例如本节所选用的字体是 amsfonts。

3.5.2　字符尺寸

字符　通常，公式中的字符在分式、角标中会自动变小，字符间距也会变小。在公式环境中，主要有三种排版方式：`\displaystyle`、`\scriptstyle` 和 `\scriptscriptstyle`。

在介绍 `\frac` 的相关命令时，谈到 `\dfrac` 和 `\tfrac` 两种分式分别代表 `\displaystyle \frac` 和 `\textstyle\frac`，也就是公式中的字符在不同环境中排版的字号问题，类似的还有 `\limits` 等系列命令。

例　公式中有复杂的层级和括号嵌套。

```
$$ a+\frac{(k + p)_{j' } \pm \frac{(f + q)^{(pk)^y_{j' }}}{(h + y
   )}}{(l + q)^{(pk)}} $$
```

上述 LaTeX 命令打印效果如下：

$$a+\frac{(k+p)_{j} \pm \frac{(f+q)^{(pk)^y_{j}}}{(h+y)}}{(l+q)^{(pk)}}$$

该案例中，$\frac{(f+q)^{(pk)^y_{j}}}{(h+y)}$ 部分字号越来越小，将其改为 \displaystyle：

```
$$ a+\frac{(k + p)_{j' } \pm \displaystyle\frac{(f + q)^{(pk)^y_{
   j' }}}{(h + y)}}{(l + q)^{(pk)}} $$
```

上述 LaTeX 命令打印效果如下：

$$a+\frac{(k+p)_{j} \pm \displaystyle\frac{(f+q)^{(pk)^y_{j}}}{(h+y)}}{(l+q)^{(pk)}}$$

如此，我们也就明白了 \displaystyle、\scriptstyle 和 \scriptscriptstyle 控制的字号从大到小。

分隔符 在 amsmath 宏包的作用下，括号等分隔符随着公式自动变换大小。LaTeX 为括号这类分隔符提供了控制命令，用于自动改变其大小：\big、\Big、\bigg、\Bigg，另外一些变体如表 3.21 所示。

例 表 3.21 中的所有命令都带有一个参数，这个参数就是存在于 LaTeX 中的分隔符 (如圆括号、花括号等)。各个命令的 l/r/m 分别表示 \left、\right、\middle。

```
\usepackage{amsmath}
$$ \biggl( A_{y} \int_0^{t} L_{x, y} \varphi(x)\, ds \biggr) \neq
    \Bigg( A_{y} \int_0^{t} L_{x, y} \varphi(x)\, ds \Bigg) $$
```

上述 LaTeX 命令打印效果如下：

$$\biggl(A_{y} \int_0^{t} L_{x, y} \varphi(x)\, ds \biggr) \neq \Bigg(A_{y} \int_0^{t} L_{x, y} \varphi(x)\, ds \Bigg)$$

\Bigg 和 \bigg 的参数都是圆括号，\Bigg 的字号比 \bigg 大，它们都需要一个分隔符作为参数 (如圆括号)。

表 3.21　控制括号等分隔符大小的命令

\big	\Big	\bigg	\Bigg
\bigl	\Bigl	\biggl	\Biggl
\bigr	\Bigr	\biggr	\Biggr
\bigm	\Bigm	\biggm	\Biggm

3.5.3　公式空间

在数学公式中，字符可以分为普通符号、运算符、二元运算符、关系符号、起始符号、结束符号或标点符号，这些符号分类可以通过 \mathord、\mathop、\mathbin、\mathrel、\mathopen、\mathclose 和 \mathpunct 等命令改变。

例　改变运算符的分类，前后的间距发生改变。

```
$$ a \# \top _x^\alpha x^\alpha_b  \qquad a \mathrel{\#} \top _x
   ^\alpha x^\alpha_b $$
```

上述 LaTeX 命令打印效果如下：

$$ a \# \top _x^\alpha x^\alpha_b \qquad a \mathrel{\#} \top _x^\alpha x^\alpha_b $$

同样是打印 #，因为所属的符号类型不同，导致前后的留白存在差异。字符所属类型不同，占据的空间就有差异，各种类型字符占据留白空间如表 3.22 所示。表 3.22 中陈列

表 3.22　数学公式中不同类型字符留白空间

右边 / 左边	Ord	Op	Bin	Rel	Open	Close	Punct	Innner
Ord	0	1	(2)	(3)	0	0	0	(1)
Op	1	1	*	(3)	0	0	0	(1)
Bin	(2)	(2)	*	*	(2)	*	*	(2)
Rel	(3)	(3)	*	0	(3)	0	0	(3)
Open	0	0	*	0	0	0	0	0
Close	0	1	(2)	(3)	0	0	0	(1)
Punct	(1)	(1)	*	(1)	(1)	(1)	(1)	(1)
Innner	(1)	1	(2)	(3)	(1)	0	(1)	(1)

[0] 表示没有留白　[1] 表示留白为 \thinmuskip　[2] 表示留白为 \medmuskip
[3] 表示留白为 \thickmuskip　[*] 表示可能有留白　[()] 表示作为角标的时候不增加留白

了符号前后的留白空间。

例 表 3.22 中所示的距离参数可以调整。

```
\thinmuskip=10mu \medmuskip=17mu \thickmuskip=30mu
```

在 LaTeX 中常采用 `\\[dimension]` [3]的方式增加两行之间的距离，这在公式环境中同样适用。

例 在 align 环境中，增加某两行的间距。

```
\usepackage{amsmath}
\begin{align}
  (a + b)^4
  &= (a + b)^2 (a + b)^2 \notag \\
  &= (a^2 + 2ab + b^2)(a^2 + 2ab + b^2) \\[2mm]
  &= a^4 + 4a^3b + 6a^2b^2 + 4ab^3 + b^4
\end{align}
```

上述 LaTeX 命令打印效果如下：

$$
\begin{aligned}
(a+b)^4 &= (a+b)^2(a+b)^2 \\
&= (a^2+2ab+b^2)(a^2+2ab+b^2) \qquad (3.33) \\[2mm]
&= a^4+4a^3b+6a^2b^2+4ab^3+b^4 \qquad (3.34)
\end{aligned}
$$

在第二行与第三行之间添加了 `\\[2mm]`，使得两行之间的间距增大 2mm。需要注意的是，`\\[dimension]` 之间不能用空格分开。

如果公式环境前面有空行，即表示有断行，公式将在新的一行打印，这也就意味着公式与上一行有较大空白。如果公式环境后面有空行，即表示下面的文本开启了新的段落。

```
% 此处添加空行

\begin{align}
(a + b)^4
```

[3]默认为 normalsize (10pt)，由 `\abovedisplayskip` (2pt)、`\belowdisplayskip` (5pt)、`\abovedisplayshortskip` (3pt)、`\belowdisplayshortskip` (3pt) 等参数控制。

```
&= (a + b)^2 (a + b)^2 \notag \\
&= (a^2 + 2ab + b^2)(a^2 + 2ab + b^2) \\[2mm]
&= a^4 + 4a^3b + 6a^2b^2 + 4ab^3 + b^4
\end{align}
```

还是上一个案例中的公式，与之不同的是，在 \begin{align}...\end{align} 的前后，都有空行，既不与上一段内容同属一行，也不与下一行内容同属一行，所以与上一行的距离增大，下一段内容有了缩进。

公式中各个字符之间的间距可调整，能够控制字符间距的命令如表 3.23 所示，例如 $ \Rightarrow \medspace \Leftarrow $ 打印 $\Rightarrow\medspace\Leftarrow$，$ \Rightarrow \quad \Leftarrow $ 打印 $\Rightarrow\quad\Leftarrow$。很明显，\quad 打印的宽度比 \medspace 大。表 3.23 中部分命令有简写形式，例如 \thinspace 的简写形式为 \,。

表 3.23　字符间距控制

命令	简写形式	效果	命令	简写形式	效果
\thinspace	\,	$\Rightarrow\,\Leftarrow$	\medspace	\:	$\Rightarrow\:\Leftarrow$
\thickspace	\;	$\Rightarrow\;\Leftarrow$	\enskip		$\Rightarrow\enskip\Leftarrow$
\quad		$\Rightarrow\quad\Leftarrow$	\qquad		$\Rightarrow\qquad\Leftarrow$
\negthinspace	\!	$\Rightarrow\!\Leftarrow$	\negmedspace		$\Rightarrow\negmedspace\Leftarrow$
\negthickspace		$\Rightarrow\negthickspace\Leftarrow$			

3.5.4 序号

在 LaTeX 中，公式的编号是自动生成的，且按照预定的方式打印在左边或者右边。编号能够自动打印，需要三个必要因素：编号计数器、编号 tag、打印位置。前面两个因素是相互关联的，只有自动打印的编号，编号才会自动增加，如果中间插入其他的编号，或者不对公式编号，也不会影响原来的编号顺序。

例　下面看一个简单的案例，来窥探公式编号的秘密。

```
\usepackage{amsmath}
\begin{align}
  x^2+y^2 &= z^2 \label{eq:A} \\
```

```
  x^3+y^3 &= z^3 \notag \\
  x^4+y^4 &= r^4 \tag{$*$} \\
  x^5+y^5 &= r^5 \tag*{$*$} \\
  x^6+y^6 &= r^6 \tag{\ref{eq:A}} \\
  x^6+y^7 &= r^7 \\
  x^6+y^8 &= r^8  \tag*{ALSO (\theequation)} \\
  x^6+y^9 &= r^9
\end{align}
```

上述 LaTeX 命令打印效果如下：

$$x^2+y^2=z^2 \tag{3.35}$$

$$x^3+y^3=z^3$$

$$x^4+y^4=r^4 \tag{$*$}$$

$$x^5+y^5=r^5 \tag*{$*$}$$

$$x^6+y^6=r^6 \tag{3.35}$$

$$x^6+y^7=r^7 \tag{3.36}$$

$$x^6+y^8=r^8 \tag*{ALSO (3.36)}$$

$$x^6+y^9=r^9 \tag{3.37}$$

第一个公式没有做任何的编号设置，只是为其添加了一个 `\label`，其公式编号延续上一个公式。第二个公式在断行 `\\` 之前设置 `\notag`，即表示该行公式不需要编号。第三个公式用 `\tag` 命令将编号设置成了星号 *，即不会自动编号。第四个公式用 `\tag*` 命令，也即不会自动编号，但设置编号为星号 *。第五个公式用 `\ref` 命令直接引用第一个公式的编号，但 `\ref{}` 在 `\tag` 里面。第六个公式没有做任何设置，它的编号延续第一个公式，即证明自动编号不会被其他编号方式破坏。自动不会被破坏的原因就在于有公式编号计数器 `\theequation`，它会按次序依次增加。到第七个公式为止，`\theequation` 为上一行公式的编号。

公式计数器可用 `\numberwithin` 重置，例如公式编号中要包含 `\section` 序号，则可定义 `\numberwithin{equation}{section}`，其中 equation 为公式编号计数器名称。

amsmath 宏包中提供了 subequations 环境，其特点是公式可以设置子序号，例如在原来序号的基础上，加上其他的序号，组成一个新的分组。

例　对公式编号分组。

```
\usepackage{amsmath}
\begin{subequations}
  \begin{align}
    x^2+y^2 &= z^2  \\
    x^3+y^3 &= z^3  \\
    x^4+y^4 &= r^4
  \end{align}
\end{subequations}
```

上述 LaTeX 命令打印效果如下：

$$x^2 + y^2 = z^2 \quad (3.38a)$$

$$x^3 + y^3 = z^3 \quad (3.38b)$$

$$x^4 + y^4 = r^4 \quad (3.38c)$$

默认情况下，子序号以小写英文字母排序，公式编号的前缀相同。subequations 环境下的子序号可自定义，例如以罗马字作为序号，它需要重定义编号 `\theequation`，而前缀就是上一个序号 `\theparentequation`。

例　自定义公式子序号。

```
\usepackage{amsmath}
\begin{subequations}
  \renewcommand\theequation{\theparentequation\roman{equation}}
  \begin{align}
    x^2+y^2 &= z^2  \\
    x^3+y^3 &= z^3  \\
    x^4+y^4 &= r^4
  \end{align}
\end{subequations}
```

上述 LaTeX 命令打印效果如下：

$$x^2 + y^2 = z^2 \tag{3.39i}$$

$$x^3 + y^3 = z^3 \tag{3.39ii}$$

$$x^4 + y^4 = r^4 \tag{3.39iii}$$

重定义 \theequation，新的编号 tag 为前缀 \theparentequation 与罗马序号 \roman 的组合。

例 当公式很长的时候，公式编号可能会被挤压到下面，而不能与公式并列。

```
\begin{align}
(a + b)^4
= (a + b)^2 (a + b)^2 = (a^2 + 2ab + b^2)(a^2 + 2ab + b^2) = a^4
   + 4a^3b + 6a^2b^2 + 4ab^3 + b^4
\end{align}
```

上述 LaTeX 命令打印效果如下：

$$(a+b)^4 = (a+b)^2(a+b)^2 = (a^2+2ab+b^2)(a^2+2ab+b^2) = a^4+4a^3b+6a^2b^2+4ab^3+b^4 \tag{3.40}$$

当然，为了防止因公式太长导致编号超出打印范围，出现编号上移或下移，可以将长公式切分成短公式，也可以用 \notag 去掉编号。

例 默认情况下，公式过长会导致编号下移，可以用 \raisetag 命令将超过文本范围的编号上移打印。

```
\begin{align}\raisetag{40pt}
(a + b)^4
= (a + b)^2 (a + b)^2 = (a^2 + 2ab + b^2)(a^2 + 2ab + b^2) = a^4
   + 4a^3b + 6a^2b^2 + 4ab^3 + b^4
\end{align}
```

上述 LaTeX 命令打印效果如下：

$$(a+b)^4 = (a+b)^2(a+b)^2 = (a^2+2ab+b^2)(a^2+2ab+b^2) = a^4+4a^3b+6a^2b^2+4ab^3+b^4 \tag{3.41}$$

例　\raisetag 命令只会在编号打印超过文本范围的时候起作用，如果公式编号没有超出文本范围，则不会上移。

```
\begin{align}\raisetag{40pt}
(a + b)^4 = a^4 + 4a^3b + 6a^2b^2 + 4ab^3 + b^4
\end{align}
```

上述 LaTeX 命令打印效果如下：

$$(a+b)^4 = a^4 + 4a^3b + 6a^2b^2 + 4ab^3 + b^4 \tag{3.42}$$

第 4 章　表格

不论是书籍文档还是论文版面，随处都可以看到表格的身影，本书也配了大量的表格以作辅助说明。为了更方便用户使用表格，解除 LaTeX 命令的束缚，在 LaTeX 仓库中有很多专门为表格定制的宏包，如表 4.1 所示，利用这些宏包，用户可以很方便地绘制表格。

表 4.1　表格相关的宏包

宏名	类别	说明
LaTeX	表格	标准 LaTeX 中的表格，在 tabbing 中定义表格
tabbing	表格	在 Tabbing 中定义表格
LaTeX	表格	在 tabular、array 中定义表格
array	表格	扩展的 tabular
calc	表格	重置标准 LaTeX 某些命令，以实现控制表格宽度
tabularx	表格	自动调整列宽，在 tabularx 环境建立表格
tabulary	表格	自动调整列宽，适用于超长文本，在 tabulary 环境中建立表格
supertabular	表格	表格跨页
longtable	表格	表格跨页，不支持多栏文本
xtab	表格	表格跨页
colortbl	表格	表格色彩
hhline	表格	用 `\hhline` 命令控制表格边框，与 `\hline` 类似
arydshln	表格	表格添加虚线边框
tabls	表格	细粒度控制单元格布局
booktabs	表格	三线表
multirow	表格	单元格跨行
dcolumn	表格	十进制数制对齐
threeparttable	表格	为表格添加脚注说明
diagbox	表格	表格斜线 (对角线)

本章首先介绍基本的表格环境，然后介绍表格跨行跨页和美化表格的方式方法，最后在规整表格的基础上，扩展到复杂表格。读者需要掌握基本表格环境，能够熟练应用，针

对个性化的需求，可以利用相应宏包来实现。

4.1　表格环境

与前面介绍的代码环境、公式环境、图片环境等类似，表格也有特定的环境。LaTeX 有两类表格环境：一类是 material 环境，一类是 tabular 和 array 环境。

在 tabbing 环境中，重音符号 \'、\`、\= 等原有含义发生改变，要打印这些符号，需要用 \'、\`、\= 等符号重定义之后的符号：\a'、\a`、\a=，两个单引号都是在英文状态下输入的。\` 原本的含义表示 Tab 到右边的距离，默认为 \labelsep。制表符 Tab 用 \= 表示，\> 表示下一个 Tab 结束。

例　结合上述介绍，举例说明各个符号的作用。

```
\begin{tabbing}
  First Tab  \= Second \= Third \=  \kill
  one \> two \> three \> four \\
  one \> two \\[3mm]
  one \= two \> \a`{e}\a'{e}  \` labelsep \\
  one \= two \> \a`{e}\a'{e} \> four  \` labelsep \\
  one \= two \> \a`{e}\a'{e}\a={e} \> four \' labelsep \\
  one \= two \> \a`{e}\a'{e}\a={e} \' labelsep \\
  one \> two \> three \> four
\end{tabbing}
```

上述 LaTeX 命令打印效果如下：

one　　two　　three　four

one　　two

one two　　èé　　　　　　labelsep

one two　　èé　four　　　labelsep

one two　　èéēfour labelsep

one two　èéē labelsep

one two　　three　four

第一行的 \kill 命令为制表符控制，如果没有该命令，则第一行将会被打印。\=、\> 相当于制表符，案例中设置的表格为 4 列，以 \\ 断行，后面加 [3mm] 表示下一行的距离。每行元素不能超过既定列数，但可以少于既定列数。

第三行中 \` 产生的空白是从前一个 Tab 位置开始到文档右边；第五行中 \' 相当于 Tab，最后一列从前一个 Tab 开始，所以导致覆盖。

除了用标准 LaTeX 中的 tabbing 环境，还可以用 tabbing 宏包中的 Tabbing 环境，它没有重定义 \'、\`、\= 等符号，而直接命名为 \TAB'、\TAB`、\TAB=。

例 tabbing 宏包的 Tabbing 环境打印制表符。

```
\usepackage{tabbing}
\begin{Tabbing}
  one \TAB= two\\
  one \TAB> two \\
  one \TAB> two \\
  one \TAB> two
\end{Tabbing}
```

上述 LaTeX 命令打印效果如下：

one two
one two
one two
one two

从上面的案例中不难发现，Tabbing 环境并不方便表格设计，也不符合常见的表格样式，所以 Tabbing 环境并不常用。通常，在 tabular、array 环境中建立表格，且单元格用 & 分隔，断行用 \\ 符号。

```
\begin{array}[pos]{cols} rows \end{array}
\zihao{-5}{\begin{tabular}[pos]{cols} rows \end{tabular}
\begin{tabular*}{width}[pos]{cols} rows \end{tabular*}
```

array 环境与 tabular 环境的数学模式等效，tabular* 环境比 array、tabular 环境多一个 width 参数，用于指定表格整体宽度。参数 cols 即表格的列数，可用的参数值如表 4.2 所示。

表 4.2　标准 LaTeX 的 array、tabular 环境中参数 cols 的值

参数值	说明	参数值	说明
l(left)	单元格内容左对齐	c(center)	单元格内容居中对齐
r(right)	单元格内容右对齐	`p{width}`	与 `\parbox[t]{width}` 等价
|	两列之间的竖线	`@{decl}`	取消列表间距，增加内容
`*{num}{opts}`	列格式说明重复 num 次		

例　如表 4.3 所示，左右两个表格分别是在 array、tabular 环境中建立的表格，其核心命令如下：

```
\begin{tabular}{l|l|l|l|l}
  \hline
  \hline
  one & two & three & four & five \\
  \hline
  one & two & three & four & five \\
  \hline
  one & two & three & four & five \\
  \hline
  one & two & three & four & five \\
  \hline
  one & two & three & four & five \\
  \hline
\end{tabular}

$ \begin{array}{l|l|l|l|l}
  \hline
  \hline
  one & two & three & four & five \\
  \hline
  one & two & three & four & five \\
  \hline
  one & two & three & four & five \\
```

```
  \hline
  one & two & three & four & five \\
  \hline
  one & two & three & four & five \\
  \hline
\end{array} $
```

从案例可知，array 环境必须放在数学模式下应用，tabular 环境不在数学模式下也可应用，其中 `$ ... $` 即为数学模式的一种表示。

表 4.3　标准 LaTeX 的 array、tabular 环境建立表格

one	two	three	four	five
one	two	three	four	five
one	two	three	four	five
one	two	three	four	five
one	two	three	four	five

one	*two*	*three*	*four*	*five*
one	*two*	*three*	*four*	*five*
one	*two*	*three*	*four*	*five*
one	*two*	*three*	*four*	*five*
one	*two*	*three*	*four*	*five*

array、tabular 环境的表格样式控制参数如表 4.4 所示，这些参数可以通过 `\setlength` 或者 `\addtolength` 命令修改。

表 4.4　标准 LaTeX 的 array、tabular 环境的表格样式控制

参数值	适用环境	说明
`\arraycolsep`	array	两列之间水平距离的一半，默认为 5pt
`\tabcolsep`	tabular	两列之间水平距离的一半，默认为 6pt
`\arrayrulewidth`	array/tabular	分隔线 `\hline`、`\cline`、`\vline` 及 | 的宽度
`\doublerulesep`	array/tabular	分隔线 || 或两个 `\hline` 之间的距离
`\doublerulesep`	array/tabular	行间距，默认为 1

在第 2.5.2 节我们介绍过浮动体，而且我们提到一般会将表格放在 table 环境中，这是为了方便控制表格布局。一般地，tabular、array 等环境嵌套在 table 环境中，由 table 控制整个表格在文档中的位置。

```
\begin{table}[!ht]
\centering
```

```
\caption{title}
\label{key}
\begin{tabular}
  ...%单元格
\end{tabular}
\end{table}
```

在本章中，大部分表格都嵌套在 table 环境中，由 table 决定表格的排版位置。在本章后续内容中，tabular、array 等环境也会嵌套在 table 环境中，后续章节不再赘述。但是需要注意，部分表格环境是不能放在 table 环境中的，例如 supertabular 环境[1] 和 longtable 环境[2]。这是可以理解的，supertabular 环境和 longtable 环境用于打印跨页表格，嵌套在 table 环境中作为浮动体处理，如果表格过长而超出页面范围，将导致超出页面部分的数据不能被正常打印，因为超出页面的浮动体不会被打印。

4.1.1　array 宏包

array 宏包扩展了标准 LaTeX 的 tabular 环境，沿用了表 4.2 的 cols 值，并对 cols 值选项进行扩充，扩充部分如表 4.5 所示。

表 4.5　array 宏包下 tabular 环境中参数 cols 的值 (扩充)

参数值	说明
m{width}	定义单元格宽度
b{width}	与 \parbox[b]{width} 等价
>{decl}	在 l/r/c/p/m/b 前面插入内容，可能是控制该列的命令
<{decl}	在 l/r/c/p/m/b 后面追加内容
!{decl}	将 decl 作为分隔线，前后均有间距
w{align}{width}	类似于 \makebox[width][align]{cell}，对齐方式为 l/c/r
W{align}{width}	与 w 类似，当内容超出单元格时，出现警告提示

例　根据表 4.3 提供的可选参数，在 array 宏包的 tabular 环境中设计表格如表 4.6 所示，LaTeX 文本如下：

[1]supertabular 环境由 supertabular 宏包提供。

[2]longtable 环境由 longtable 宏包提供。

```
\usepackage{array}
\setlength\extrarowheight{4pt}

\begin{tabular}{|>{\Large}c|>{\large\bfseries}l<{$\cdots$}|>{\
    itshape}c|}
  \hline
  第一个单元 & 第二个单元 & 第三个单元 \\
  \hline
  加大、居中 & 加粗、左对齐 & 斜体、居中 \\
  \hline
\end{tabular}
```

表 4.6 array 宏包下 tabular 环境设计表格 (1)

第一个单元	**第二个单元⋯**	第三个单元
加大、居中	**加粗、左对齐⋯**	斜体、居中

在案例中，`\extrarowheight` 增加了默认行高。tabular 环境可选项中，第一个符号 | 表示分隔线；`>{\Large}c` 表示居中且加大字号，`>{}` 放在 c 的前面，`\Large` 作用于该列，相当于为该列内容设置字号；第二个符号 | 也表示分隔线 (后同)；`<{}` 放在 l 的后面，表示该列追加的内容。

array 宏包将每个单元格看作一个装载段落的盒子，tabular 环境的可选参数 p/m/b 分别表示段落顶端对齐、中间对齐和底端对齐。

例 以参数 p 为例，如表 4.7 所示，LaTeX 文本如下：

```
\usepackage{array}
\begin{tabular}{|p{2cm}|p{2cm}|p{2cm}|>{\setlength\parindent{5mm
    }}p{2cm}|>{$}l<{$}|}
  \hline
  第一个单元 & 第二个单元 & 第三个单元 & 第四个单元 & \mbox{第五
     个单元} \\
  \hline
  单元格的内容以段落的形式存在，会自动换行 & 第二列 & 第三列 & 段
```

```
    首缩进2cm & 10^{20} \\
  \hline
\end{tabular}
```

表 4.7　array 宏包下 tabular 环境设计表格 (2)

第一个单元	第二个单元	第三个单元	第四个单元	第五个单元
单元格的内容以段落的形式存在，会自动换行	第二列	第三列	段首缩进2cm	10^{20}

案例中，可选参数为 p，即单元格内容顶端对齐，且设置每个单元格宽度为 2cm。设置段落的缩进 \parindent，默认为 0pt。在对齐方式前后添加数学环境 >{$}l<{$}，单元格中的内容就被包含在 $ 之间，所以需要 \mbox 命令包裹汉字 (数学环境下，不支持打印汉字)。

TEX 对超出单元格范围的字符，如果支持添加连字符，在字符串的前面添加 \hspace {0pt}，即可实现自动换行。

例　如图 4.1 所示，其 LATEX 文本如下：

```
\fbox{\parbox{11mm}{Characteristics}}%
\hspace{3cm}
\fbox{\parbox{11mm}{\hspace{0pt}Characteristics}}
```

Characteristics　　　Char-
acter-
istics

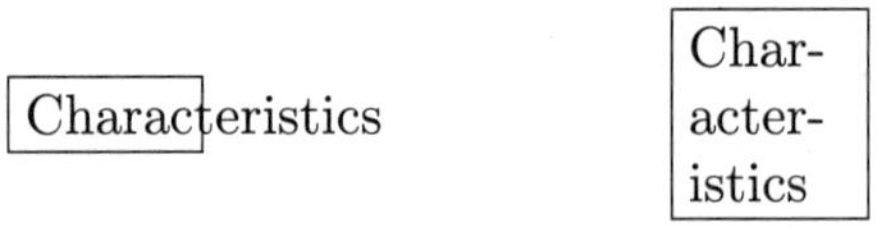

图 4.1　TEX 对超出单元格范围的字符处理

当用了 \hspace{0pt} 处理长字符自动换行之后，断行要用 \tabularnewline 命令实现，原来的 \\ 不能实现换行。

例　如表 4.8 所示，其 LATEX 文本如下：

```
\usepackage{array}
\zihao{-5}{\begin{tabular}{|>{\raggedleft\hspace{0pt}}p{14mm}
  |>{\centering\hspace{0pt}}p{30mm}
  |>{\raggedright\hspace{0pt}}p{30mm}|}
  \hline
  Superconsciousness 是一个很长的单词 & 反斜杠 \arraybackslash 用
     ... & 换行... \tabularnewline
  \hline
  右对齐 & 居中对齐 &  左对齐 \tabularnewline
  \hline
\end{tabular}
```

表 4.8　array 宏包下 tabular 环境对换行的处理

Supercon-sciousness 是一个很长的单词	反斜杠 用 \arraybackslash	换行用 \tabularnewline
右对齐	居中对齐	左对齐

在 tabular 环境中，**\raggedleft**、**\centering**、**\raggedright** 分别指定了文本的水平对齐方式 [3] 为右对齐、居中对齐、左对齐。

例　两列之间的分隔符可用 !{} 指定，如表 4.9 所示，其 LaTeX 文本如下：

```
\usepackage{array}
\begin{tabular}{|c@{}c!{}c@{-}c!{-}c|}
  \hline
  one & two & three & four & five \\
  \hline
  one & two & three & four & five \\
  \hline
\end{tabular}
```

[3] 本质是对文本左右的填充。

表 4.9　array 宏包下 tabular 环境的列分隔符

onetwo	three-four	- five
onetwo	three-four	- five

在案例中，`@{}` 在第一列和第二列之间添加空内容，随机消除两列之间的间距，但如果两列之间添加分隔符线 |，又会产生间距。在第三列的后面添加 `@{-}`，即第三列的末尾添加连字符。`!{}` 即在第二列和第三列之间添加空内容作为两列的分隔符，所以两列之间有很大的间隔。第四列和第五列之间添加 `!{-}`，即以连字符作为分隔符。

4.1.2　表格宽度

默认情况下，表格的宽度由单元格内容决定，如果单元格过长，表格将超过页面范围，不能正常打印，所以控制表格宽度是有必要的。本节将介绍几种宏包：calc、tabularx、tabulary 等宏包，定制表格宽度。

calc 宏包　calc 宏包重定义了标准 LaTeX 的 **`\setcounter`**、**`\addtocounter`**、`\setlength` 和 **`\addtolength`** 命令，以实现参数接收。此外，断行用 **`\tabularnewline`** 命令。

```
\usepackage{array}
\usepackage{calc}
\newlength\mylen
\newenvironment{tabularc}[1]
{\setlength\mylen{\linewidth/(#1)-\tabcolsep*2-\arrayrulewidth
   *(#1+1)/(#1)}
  \par\noindent
  \begin{tabular*}{\linewidth}
    {*{#1}{|>{\centering\hspace{0pt}} p {\the\mylen}}|}}
{\end{tabular*}\par}

\begin{tabularc}{3}
  \hline
  one & two & three
  \tabularnewline \hline
  第一列 & 第二列 & 第三列
```

```
  \tabularnewline \hline
\end{tabularc}
```

表 4.10 calc 宏包对列表宽度重定义

one	two	three
第一列	第二列	第三列

案例中定义了新的表格环境 tabularc，设置每个单元格的宽度[4]为 `\mylen`，水平对齐方式为 `\centering`，且超长的单词可以转行 (`\hspace{0pt}`)，所以用 `\tabularnewline` 命令断行。

以 calc 宏包设计的案例可知，对表格宽度的设置样式比较单一，每个单元格的宽度自动计算，且均分 `\linewidth`。如果某些列需要更大的宽度，或者根据文本自动调整宽度，这种方式就显得不合时宜。

tabularx 宏包 tabularx 宏包继承了 tabular 环境对列宽的计算方式，并定义了新的环境 tabularx，其格式为：

```
\begin{tabularx}{width}[pos]{cols} rows \end{tabularx}
```

tabularx 的参数与 tabular*[5] 环境的参数基本相同，但不是通过增加列之间的间距以达到所需宽度的，而是通过调整某些列的宽度实现的。此外，为了能自动计算列宽，设置了列格式说明符 X (大写字母 X)。

例 如表 4.11 所示，tabularx 宏包的 tabularx 环境添加参数 X，实现自动调整列宽，LaTeX 文本如下：

```
\usepackage{tabularx}
\begin{tabularx}{400pt}{|c|X|c|X|}
  \hline
  第一行 & 第一行 & 第一行 & tabularx 宏包\\
  \hline
  居中对齐 & 自动调整宽度，默认为左对齐 & 居中对齐 & tabularx 环
     境 \\
```

[4]表格布局由多个参数控制，如 `\tabcolsep`、`\arrayrulewidth` 等。

[5]tabular* 环境建立等宽的表格。

```
  \hline
\end{tabularx}
```

表 4.11　tabularx 宏包自动调整列宽 (参数 X)

第一行	第一行	第一行	tabularx 宏包
居中对齐	自动调整宽度，默认为左对齐	居中对齐	tabularx 环境

在案例中，第二列和第四列能够自动伸缩，参数 X 默认左对齐，还可以通过 \raggedright 等命令调整对齐方式。

重定义单元格排版样式，如水平方向有 \raggedright、\centering、\raggedleft。\centering 等命令影响换行符 \\ 定义，所以使用 \centering 等命令的时候，末尾加 \arraybackslash。

例　参数 X 只是让列宽能够自动调整，配合其他参数，可对表格做更细致的控制。如定义样式 Y，应用于 tabularx 环境如表 4.12 所示，LaTeX 文本如下：

```
\usepackage{tabularx}
\newcolumntype{Y}{>{\large\raggedright\arraybackslash}X}
\begin{tabularx}{100mm}{|Y|Y|Y|Y|}
  \hline
  第一行 & 第一行 & 第一行 & tabularx 宏包 \\
  \hline
  居中对齐 & 自动调整宽度，默认为左对齐 & 居中对齐 & tabularx 环
     境 \\
  \hline
\end{tabularx}
```

表 4.12　tabularx 宏包自定义参数 X

第一行	第一行	第一行	tabularx 宏包
居中对齐	自动调整宽度，默认为左对齐	居中对齐	tabularx 环境

在案例中用 `\newcolumntype` 命令定义了样式 Y，在 X 的前面添加了 **`\raggedright`** 命令，又因为 **`\raggedright`** 命令重定义了 `\\`，所以在后面需要加上 `\arraybackslash` 命令，否则 tabularx 环境中断行不能用 `\\` 符号。

tabulary 宏包 tabulary 宏包也用于自动调整列宽，特别是针对表格内容自动调整。tabulary 宏包提供 tabulary 环境建立表格，其格式为：

```
\begin{tabulary}{width}[pos]{cols} rows \end{tabulary}
```

tabulary 环境继承表 4.2 和表 4.5 中的参数属性，并增加 JLRC 属性，分别表示两端对齐、左对齐、右对齐和居中对齐。

tabulary 宏包有两个设置列宽的参数：`\tymin` 和 `\tymax`，分别表示最小宽度和最大宽度。最小宽度保证每列不至于太过狭窄，最大宽度保证每列不至于太长。

例 tabulary 宏包在 tabulary 环境下建立表格，如表 4.13 所示，其 LaTeX 文本如下：

```
\usepackage{tabulary}
\setlength\tymin{30pt}
\setlength\tymax{200pt}
\begin{tabulary}{300pt}{|C|C|C|C|}
  \hline
  a & b b b b b b b b b b b b b b b b b b & c c c c cc cc c c c c
      c c c c c c c c cc c c c c c c  c c c c cc c c  c c c & d
      d d d d d d dd d d d d d d d d dd d d d d d d d d d d d dd
     d  d d d d  dd d d d d d d d d d d d d d d \\
  \hline
\end{tabulary}
```

表 4.13 tabularx 宏包自定义参数 X

a	b b b	c c c c cc cc c c c c c c c c c c c cc c c c c c c c c c c c c cc c c c c c c	d d d d d d d dd d d d d d d d d dd d d d d d d d d d d d dd d d d d d dd d d d d d d d d d d d d d d

案例中设置最小列宽为 30pt，所以第一列不至于太过狭窄；设置最大列宽为 200pt，所以第三列和第四列不至于太宽 (能够自动换行)。在 tabulary 环境中，断行用 `\\` 符号。

4.2　跨行跨页

LaTeX 并不像 Excel 表格编辑器一样，能够可视化合并单元格，自动延伸表格行数。但是在表格应用中，又不得不解决表格的跨行跨列问题，以及超长表格的跨页问题。本节将通过介绍一些实用的宏包，来解决表格的跨行跨页问题。

4.2.1　行列合并

multirow 宏包是专门为解决单元格跨行问题设计的，使用 \multirow 命令就可以实现，其语法格式如下，各个参数说明如表 4.14 所示。

```
\multirow[vpos]{nrow}[njot]{width}[vmove]{text}
```

表 4.14　multirow 命令的参数说明

参数值	说明
vpos	单元格垂直方向的位置，默认居中，可选值有 c/t/b
nrow	单元格跨的行数，此列中其他 nrow-1 行应为空
njot	使用 bigstrut 宏包时有效，用 \bigstrut 命令，可选值有 t/b/tb
width	单元格宽度
vmove	垂直方向上微调单元格内容位置
text	单元格内容

可选项 vpos 控制表格垂直方向位置，可选值有 c/t/b，分别表示垂直方向居中、顶端对齐、底部对齐。参数 nrow 即单元格跨的行数，与该单元格同列的下方 nrow-1 行，都不能填充内容。可选项 njot 在 bigstrut 宏包中使用，可增加单元格垂直方向空间，t/b/tb 分别表示顶部、底部、顶部和底部增加空间。width 指定单元格的宽度，vmove 表示单元格文本在垂直方向微调的距离。

例　用 \multirow 命令建立一个跨行的表格，如表 4.15 所示，\LaTeX 文本如下：

```
\usepackage{multirow}
\begin{tabular}{|l|l|l|l|l|l|}
  \hline
  \multirow{4}{25mm}{Common text in column 1} & Cell 1a & Cell 1a
```

```
    & \multirow{3}{20mm}{Common text in column 1} & Cell 1a &
    Cell 1a \\
  \cline{2-3}\cline{5-6}
  & Cell 1b & Cell 1b &  & Cell 1b & Cell 1b \\
  \cline{2-3}\cline{5-6}
  & Cell 1c & Cell 1c &  & Cell 1c & Cell 1c \\
  \cline{2-6}
  & Cell 1d & Cell 1d & Cell 1d & Cell 1d & Cell 1d\\
  \hline
  \multirow[t]{4}{25mm}[-3mm]{Common text in column 2} & Cell 2a
    & Cell 2a & \multirow[t]{4}{20mm}{Common text in column 2} &
     Cell 2a & Cell 2a \\
  \cline{2-3}\cline{5-6}
  & Cell 2b & Cell 2b &  & Cell 2b & Cell 2b\\
  \cline{2-3}\cline{5-6}
  & Cell 2c & Cell 2c &  & Cell 2c & Cell 2c \\
  \cline{2-3}\cline{5-6}
  & Cell 2d & Cell 2d &  & Cell 2d & Cell 2d \\
  \hline
  \multirow[b]{4}{25mm}[3mm]{Common text in column 3} & Cell 3a &
     Cell 3a & Cell 3a & Cell 3a & Cell 3a\\
  \cline{2-6}
  & Cell 3b & Cell 3b & Cell 3b & Cell 3b & Cell 3b \\
  \cline{2-6}
  & Cell 3c & Cell 3c & Cell 3c & Cell 3c & Cell 3c \\
  \cline{2-6}
  & Cell 3d & Cell 3d & Cell 3d & Cell 3d & Cell 3d\\
  \hline
\end{tabular}
```

比较第一列的三个跨行，其垂直方向的对齐方式各不相同，这是由 vpos 参数控制的。第一行的两个跨行单元格所占的宽度不同，它由 width 参数控制。第二行的两个跨行单元格，文本不在同一水平线上，vmove 参数对其做了微调。

表 4.15　单元格跨行

<table>
<tr><td rowspan="4">Common text in column 1</td><td>Cell 1a</td><td>Cell 1a</td><td rowspan="3">Common text in column 1</td><td>Cell 1a</td><td>Cell 1a</td></tr>
<tr><td>Cell 1b</td><td>Cell 1b</td><td>Cell 1b</td><td>Cell 1b</td></tr>
<tr><td>Cell 1c</td><td>Cell 1c</td><td>Cell 1c</td><td>Cell 1c</td></tr>
<tr><td>Cell 1d</td><td>Cell 1d</td><td>Cell 1d</td><td>Cell 1d</td><td>Cell 1d</td></tr>
<tr><td rowspan="4">Common text in column 2</td><td>Cell 2a</td><td>Cell 2a</td><td rowspan="4">Common text in column 2</td><td>Cell 2a</td><td>Cell 2a</td></tr>
<tr><td>Cell 2b</td><td>Cell 2b</td><td>Cell 2b</td><td>Cell 2b</td></tr>
<tr><td>Cell 2c</td><td>Cell 2c</td><td>Cell 2c</td><td>Cell 2c</td></tr>
<tr><td>Cell 2d</td><td>Cell 2d</td><td>Cell 2d</td><td>Cell 2d</td></tr>
<tr><td rowspan="4">Common text in column 3</td><td>Cell 3a</td><td>Cell 3a</td><td>Cell 3a</td><td>Cell 3a</td><td>Cell 3a</td></tr>
<tr><td>Cell 3b</td><td>Cell 3b</td><td>Cell 3b</td><td>Cell 3b</td><td>Cell 3b</td></tr>
<tr><td>Cell 3c</td><td>Cell 3c</td><td>Cell 3c</td><td>Cell 3c</td><td>Cell 3c</td></tr>
<tr><td>Cell 3d</td><td>Cell 3d</td><td>Cell 3d</td><td>Cell 3d</td><td>Cell 3d</td></tr>
</table>

单元格跨行利用 `\multirow` 命令实现，类似地，单元格跨列用 **`\multicolumn`** 命令实现，其格式如下：

```
\multicolumn{cols}{pos}{text}
```

`\multicolumn` 命令有三个参数，cols 表示单元格跨多少列，pos 表示单元格文本的对齐方式，text 即单元格内容。**`\multicolumn`** 命令的使用方式与 `\multirow` 命令类似，如表 4.16 所示，其 LaTeX 文本如下。

```
\usepackage{multirow}
\begin{tabular}{|l|l|l|l|l|l|}
  \hline
  \multicolumn{3}{|c|}{Column 1} & \multicolumn{3}{|c|}{Column 1}
      \\
  \hline
  \multirow{4}{25mm}{Common text in column 1} & Cell 1a & Cell 1a
      & \multirow{3}{20mm}{Common text in column 1} & Cell 1a &
     Cell 1a \\
```

```
    \cline{2-3}\cline{5-6}
    & Cell 1b & Cell 1b &  & Cell 1b & Cell 1b \\
    \cline{2-3}\cline{5-6}
    & Cell 1c & Cell 1c &  & Cell 1c & Cell 1c \\
    \cline{2-6}
    & Cell 1d & Cell 1d & Cell 1d & Cell 1d & Cell 1d\\
    \hline
    \multirow[t]{4}{25mm}[-3mm]{Common text in column 2} & Cell 2a
       & Cell 2a & \multirow[t]{4}{20mm}{Common text in column 2} &
        Cell 2a & Cell 2a \\
    \cline{2-3}\cline{5-6}
    & Cell 2b & Cell 2b &  & Cell 2b & Cell 2b\\
    \cline{2-3}\cline{5-6}
    & Cell 2c & Cell 2c &  & Cell 2c & Cell 2c \\
    \cline{2-3}\cline{5-6}
    & Cell 2d & Cell 2d &  & Cell 2d & Cell 2d \\
    \hline
    \multirow[b]{4}{25mm}[3mm]{Common text in column 3} & Cell 3a &
        Cell 3a & Cell 3a & Cell 3a & Cell 3a\\
    \cline{2-6}
    & Cell 3b & Cell 3b & Cell 3b & Cell 3b & Cell 3b \\
    \cline{2-6}
    & Cell 3c & \multicolumn{3}{c|}{Cell 3c} & Cell 3c \\
    \cline{2-6}
    & Cell 3d & Cell 3d & Cell 3d & Cell 3d & Cell 3d\\
    \hline
\end{tabular}
```

当某行跨列 (**\multicolumn**) 之后，对应的列数应当减少，例如第一行只有两列。如果单元格跨了多列，又没有减少相应的单元格，则表格将会变形。

表 4.16 单元格跨行

<table>
<tr><td colspan="3">Column 1</td><td colspan="3">Column 1</td></tr>
<tr><td rowspan="4">Common text in column 1</td><td>Cell 1a</td><td>Cell 1a</td><td rowspan="3">Common text in column 1</td><td>Cell 1a</td><td>Cell 1a</td></tr>
<tr><td>Cell 1b</td><td>Cell 1b</td><td>Cell 1b</td><td>Cell 1b</td></tr>
<tr><td>Cell 1c</td><td>Cell 1c</td><td>Cell 1c</td><td>Cell 1c</td></tr>
<tr><td>Cell 1d</td><td>Cell 1d</td><td>Cell 1d</td><td>Cell 1d</td><td>Cell 1d</td></tr>
<tr><td rowspan="4">Common text in column 2</td><td>Cell 2a</td><td>Cell 2a</td><td rowspan="4">Common text in column 2</td><td>Cell 2a</td><td>Cell 2a</td></tr>
<tr><td>Cell 2b</td><td>Cell 2b</td><td>Cell 2b</td><td>Cell 2b</td></tr>
<tr><td>Cell 2c</td><td>Cell 2c</td><td>Cell 2c</td><td>Cell 2c</td></tr>
<tr><td>Cell 2d</td><td>Cell 2d</td><td>Cell 2d</td><td>Cell 2d</td></tr>
<tr><td rowspan="4">Common text in column 3</td><td>Cell 3a</td><td>Cell 3a</td><td>Cell 3a</td><td>Cell 3a</td><td>Cell 3a</td></tr>
<tr><td>Cell 3b</td><td>Cell 3b</td><td>Cell 3b</td><td>Cell 3b</td><td>Cell 3b</td></tr>
<tr><td>Cell 3c</td><td colspan="3">Cell 3c</td><td>Cell 3c</td></tr>
<tr><td>Cell 3d</td><td>Cell 3d</td><td>Cell 3d</td><td>Cell 3d</td><td>Cell 3d</td></tr>
</table>

4.2.2 表格跨页

当一个表格过长的时候，就会超出页面，导致超出的部分被遮盖。supertabular 宏包和 longtable 宏包可以处理超长表格跨页问题，它们功能类似，但语法不同。

supertabular 宏包 supertabular 宏包在 supertabular 环境中建立表格，其格式为：

```
\usepackage{supertabular}
\begin{supertabular}{cols} rows \end{supertabular}
\begin{supertabular*}{width}{cols} rows \end{supertabular*}
\begin{mpsupertabular}{cols} rows \end{mpsupertabular}
\begin{mpsupertabular*}{width}{cols} rows \end{mpsupertabular*}
```

supertabular 环境内部用的还是 tabular 环境，当表格高度到了 `\textheight` 之后，将自动插入 `\end{tabular}`，然后在下一页继续建立表格。supertabular*、mpsupertabular 和 mpsupertabular* 是 supertabular 的变种，其中 supertabular* 环境内部用的是 tabular*，mpsupertabular 和 mpsupertabular* 环境在每页上包裹 minipage 环境，使得表格可插入脚注 `\footnote`。

supertabular 宏包定义了一些新的命令，如表 4.17 所示，这些命令应该在 supertabular 环境之前使用，它将影响整个 supertabular 环境。

表 4.17 supertabular 宏包定义的命令

参数值	参数	说明
\tablefirsthead	{rows}	表头
\tablehead	同上	每页 (分页) 顶部表头
\tabletail	同上	每页表格结束插入的内容
\tablelasttail	同上	表格结束插入的内容
\topcaption	[lot]{caption}	表格标题置于顶部
\bottomcaption	同上	表格标题置于底部
\tablecaption	同上	表格标题 (默认置于顶部)
\shrinkheight	{length}	可用于分页控制

例 用表 4.17 中的命令在 supertabular 环境建立跨页表格，如表 4.18 所示，其 LaTeX 文本如下：

```
\usepackage{supertabular}
\tablecaption{supertabular 环境建立的表格标题}
\label{label}
\tablefirsthead{ \mbox{打印} & \bfseries 名称 & \bfseries 说明 &
   \bfseries Unicode\\ \hline}
\tablehead{Preference & \bfseries Entity & \bfseries Unicode Name
    & \bfseries Unicode\\ \hline}
\tabletail{\hline \multicolumn{4}{r}{\emph{下页继续}}\\}
\tablelasttail{\hline \multicolumn{4}{r}{\emph{表格结束}}\\}
\begin{supertabular}{>{$}l<{$}lll}
  \alpha & alpha & GREEK SMALL LETTER ALPHA & 03B1\\
  \beta & beta & GREEK SMALL LETTER BETA & 03B2\\
  \chi & chi & GREEK SMALL LETTER CHI & 03C7\\
  \Delta & Delta & GREEK CAPITAL LETTER DELTA & 0394\\
  \delta & delta & GREEK SMALL LETTER DELTA & 03B4\\
  ...此处省略了诸多行...
```

```
  \Xi & Xi & GREEK CAPITAL LETTER XI & 039E \\
  \xi  & xi  & GREEK SMALL LETTER XI & 03BE \\
  \zeta & zeta & GREEK SMALL LETTER ZETA & 03B6 \\
\end{supertabular}
```

表 4.18　supertabular 环境建立的表格标题

打印	名称	说明	**Unicode**
α	alpha	GREEK SMALL LETTER ALPHA	03B1
β	beta	GREEK SMALL LETTER BETA	03B2
χ	chi	GREEK SMALL LETTER CHI	03C7
Δ	Delta	GREEK CAPITAL LETTER DELTA	0394
δ	delta	GREEK SMALL LETTER DELTA	03B4
η	eta	GREEK SMALL LETTER ETA	03B7
Γ	Gamma	GREEK CAPITAL LETTER GAMMA	0393
γ	gamma	GREEK SMALL LETTER GAMMA	03B3
ι	iota	GREEK SMALL LETTER IOTA	03B9
κ	kappa	GREEK SMALL LETTER KAPPA	03BA
Λ	Lambda	GREEK CAPITAL LETTER LAMDA	039B
λ	lambda	GREEK SMALL LETTER LAMDA	03BB
μ	mu	GREEK SMALL LETTER MU	03BC
ν	nu	GREEK SMALL LETTER NU	03BD
Ω	Omega	GREEK CAPITAL LETTER OMEGA	03A9
ω	omega	GREEK SMALL LETTER OMEGA	03C9
Φ	Phi	GREEK CAPITAL LETTER PHI	03A6
Π	Pi	GREEK CAPITAL LETTER PI	03A0
π	pi	GREEK SMALL LETTER PI	03C0
Ψ	Psi	GREEK CAPITAL LETTER PSI	03A8
ψ	psi	GREEK SMALL LETTER PSI	03C8
ρ	rho	GREEK SMALL LETTER RHO	03C1

下页继续

Preference	**Entity**	**Unicode Name**	**Unicode**
Σ	Sigma	GREEK CAPITAL LETTER SIGMA	03A3
σ	sigma	GREEK SMALL LETTER SIGMA	03C3
τ	tau	GREEK SMALL LETTER TAU	03C4
Θ	Theta	GREEK CAPITAL LETTER THETA	0398
Ξ	Xi	GREEK CAPITAL LETTER XI	039E
ξ	xi	GREEK SMALL LETTER XI	03BE
ζ	zeta	GREEK SMALL LETTER ZETA	03B6

表格结束

在案例中，`\tablecaption` 设置表格标题，默认在表格顶部打印，其可选项参数与 `\caption` 相同。`\tablefirsthead` 打印表头，如果设置了 `\tablehead`，则跨页后的表头将打印 `\tablehead`。`\tabletail` 在每页表格断开处打印，`\tablelasttail` 在表格结束处打印。supertabular 环境也可用 tabular 环境的部分参数，`>{$}l<{$}` 即设置第一列为数学模式，所以 `\tablefirsthead` 中需要 `\mbox` 包裹汉字。`\multicolumn` 命令设置跨列，案例中跨 4 列，且右对齐。

例 与 supertabular 环境不同的是，supertabular* 环境需要设置表格宽度。设置参数 `0.8\textwidth`，建立的表格与表 4.18 一致。

```
\usepackage{supertabular}
\begin{supertabular*}{0.8\textwidth}{>{$}l<{$}lll} rows \end{
  supertabular*}
```

longtable 宏包 longtable 宏包与 supertabular 宏包有相同的功能：允许表格跨页，但是两者的语法却大相径庭。longtable 宏包在 longtable 环境下建立表格，其语法格式为：

```
\usepackage{longtable}
\begin{longtable}[align]{cols} rows \end{longtable}
```

可选项 align 指定表格水平对齐方式，可选值有 l/c/r，分别表示表格左对齐、居中对齐、右对齐。如果没有指定表格的对齐方式，则表格将由长度参数 `\LTleft`、`\LTright` 控制，长度参数如表 4.19 所示，默认为 `\fill`（即表格居中）。

例 长度参数可用 `\setlength` 命令修改表格长度。

```
\setlength\LTleft{0pt}
\setlength\LTright{\fill}
```

一般地，如果 \LTleft 和 \LTright 大小固定 (确定值)，那么表格宽度等于 \textwidth -\LTleft-\LTright。

表 4.19 中还有 \LTpre 和 \LTpost 控制表格与上下文垂直方向的间距，\LTcapwidth 设置表格标题宽度。

表 4.19　longtable 宏包的长度参数

参数	说明
\LTleft	align 为空，表格左边间距，默认为 \fill
\LTright	align 为空，表格右边间距，默认为 \fill
\LTpre	表格上方间距，默认为 \bigskipamount
\LTpost	表格下方间距，默认为 \bigskipamount
\LTcapwidth	表格标题宽度，默认 4in
LTchunksize	每页行数

在 longtable 中，断行用 \\ 符号，当然，如果 \\ 被重定义 (如使用 \raggedright 等命令调整对齐方式)，则 \tabularnewline 命令同样适用。在 longtable 中，控制命令还有 \kill、\endhead、\endfirsthead、\endfoot、\endlastfoot 等，如表 4.20 所示。

表 4.20　longtable 宏包中行控制命令

命令	说明
\\	断行符
\\[dim]	断行符，且增加行间距离
*	断行符，且禁止在此行分页
\tabularnewline	断行命令，\\ 被重定义时或用到 \raggedright 等时使用
\kill	当前行隐藏，但参与列宽计算
\endhead	指定每页的表头部分
\endfirsthead	指定第一页的表头部分
\endfoot	指定表尾部分
\endlastfoot	指定最后一页的表尾
\caption{text}	带编号的标题
\caption*{text}	不带编号的标题

例 下面在 longtable 环境中应用表 4.20 中的命令，其打印效果如表 4.21 所示，LaTeX 文本如下：

```
\usepackage{longtable}
\begin{longtable}{>{$}l<{$}lll}
\caption{longtable 宏包下的 longtable 环境建立可跨页表格}
\label{label} \\
  \hline
  \endfirsthead
  \multicolumn{4}{r}{续表} \\
  \hline
  \endhead
  \hline
  \multicolumn{4}{r}{下页继续} \\
  \endfoot
  \hline
  \multicolumn{4}{r}{表格结束} \\
  \endlastfoot
  \alpha & alpha & GREEK SMALL LETTER ALPHA & 03B1\\
  \beta & beta & GREEK SMALL LETTER BETA & 03B2\\
  \chi & chi & GREEK SMALL LETTER CHI & 03C7\\
  \Delta & Delta & GREEK CAPITAL LETTER DELTA & 0394\\
  \delta & delta & GREEK SMALL LETTER DELTA & 03B4\\
  ...此处省略了诸多行...
  \Xi & Xi & GREEK CAPITAL LETTER XI & 039E \\
  \xi  & xi  & GREEK SMALL LETTER XI & 03BE \\
  \zeta & zeta & GREEK SMALL LETTER ZETA & 03B6 \\
  \multicolumn{4}{c}{表格内部都可以添加脚注 \footnotemark} \\
\end{longtable}
\footnotetext{表~\ref{tabledoc-tabular16} 中的命令应该在
   longtable 环境中应用，不能像 tabular 环境一样，可以放在 table
   环境中应用。}
```

在 longtable 环境中建立表格时，表 4.20 中的命令都应该在 longtable 环境中应用，不能在 longtable 环境外面应用。案例中，在 longtable 环境中对表格的基本样式做了诸多详细设置，从 LaTeX 文本中可知，这部分都要断行，可以将其当作表格中的行处理。

表 4.21　longtable 环境建立可跨页表格

α	alpha	GREEK SMALL LETTER ALPHA	03B1
β	beta	GREEK SMALL LETTER BETA	03B2
χ	chi	GREEK SMALL LETTER CHI	03C7
Δ	Delta	GREEK CAPITAL LETTER DELTA	0394
δ	delta	GREEK SMALL LETTER DELTA	03B4
η	eta	GREEK SMALL LETTER ETA	03B7
Γ	Gamma	GREEK CAPITAL LETTER GAMMA	0393
γ	gamma	GREEK SMALL LETTER GAMMA	03B3
ι	iota	GREEK SMALL LETTER IOTA	03B9
κ	kappa	GREEK SMALL LETTER KAPPA	03BA
Λ	Lambda	GREEK CAPITAL LETTER LAMDA	039B
λ	lambda	GREEK SMALL LETTER LAMDA	03BB
μ	mu	GREEK SMALL LETTER MU	03BC
ν	nu	GREEK SMALL LETTER NU	03BD
Ω	Omega	GREEK CAPITAL LETTER OMEGA	03A9
ω	omega	GREEK SMALL LETTER OMEGA	03C9
Φ	Phi	GREEK CAPITAL LETTER PHI	03A6
Π	Pi	GREEK CAPITAL LETTER PI	03A0
π	pi	GREEK SMALL LETTER PI	03C0
Ψ	Psi	GREEK CAPITAL LETTER PSI	03A8
ψ	psi	GREEK SMALL LETTER PSI	03C8
ρ	rho	GREEK SMALL LETTER RHO	03C1
Σ	Sigma	GREEK CAPITAL LETTER SIGMA	03A3
σ	sigma	GREEK SMALL LETTER SIGMA	03C3
τ	tau	GREEK SMALL LETTER TAU	03C4
Θ	Theta	GREEK CAPITAL LETTER THETA	0398

下页继续

续表

Ξ	Xi	GREEK CAPITAL LETTER XI	039E
ξ	xi	GREEK SMALL LETTER XI	03BE
ζ	zeta	GREEK SMALL LETTER ZETA	03B6
		表格内部都可以添加脚注 [6]	

表格结束

案例中还应用了脚注 `\footnote`，在 longtable 环境中可添加脚注说明，有关脚注的描述如表 4.22 所示。另外，如果要控制表格分页，则可用 `\pagebreak` 等命令。

表 4.22　longtable 环境中的控制命令

命令	说明
`\footnote`	直接添加脚注
`\footnotemark`	设置脚注标记，由 `\footnotetext` 添加脚注内容
`\footnotetext`	为脚注标记 `\footnotemark` 添加内容
`\pagebreak[val]`	允许分页，取值 $0\sim4$，表示可分页强度，0 表示必须分页
`\nopagebreak[val]`	不允许分页，取值 $0\sim4$
`\newpage`	强制分页

比较　到目前为止，已经介绍了很多表格，各种类型的表格都有其特定的特点。就一般表格和超级表格 (可跨页表格) 而言，在标题设置上存在很大差异。关于表格标题的设置问题，可参考第 2.5.3 节。

一般表格在 array 或 tabular[7] 环境中建立，这些表格不能做到跨页。为了更好地控制它们，常将这些表格环境嵌套在 table 环境中，如表 4.22 所示，其 LaTeX 文本如下：

```
\begin{table}[!ht]
\renewcommand{\arraystretch}{1.3}
\centering
\caption{表格标题}
\begin{tabular}{l|l}
    \hline
```

[6] 表 4.20 中的命令应该在 longtable 环境中应用，不能像 tabular 环境一样，可以放在 table 环境中应用。

[7] 包括 tabularx、tabulary 等变体。

```
    \hline
    命令 & 说明 \\
    \hline
    ...此处省略多行...
    \hline
\end{tabular}
\label{label}
\end{table}
```

在案例中，一般表格的标题在 table 环境用 \caption 命令设置，默认居中打印。前面看到的多个表格 (除超级表格外)，都是以这种方式建立的。

超级表格 supertabular 则不同，标题用 \tablecaption 命令设置，且在 supertabular 环境外面，位于 supertabular 环境的前面，以实现对整个表格的控制。同样是超级表格，longtable 也用 \caption 命令设置表格标题，但是必须放在 longtable 环境中。

需要注意的是，一般表格可以单独放在 document 环境中，也可以嵌套在 table 环境中。超级表格 supertabular 和 longtable 只能放在 document 环境中，不能放在 table 环境中，否则失去其跨页效果。

4.3　表格色彩

表格的一大优势就是能够直观地表现、解释用文字不方便阐述的内容，有些内容非常重要，或者与其他内容存在很大差异，我们常对其标注，以凸显其特点。采用不同颜色标注、区分表格中不同成为的内容，是一种非常常见的手段。

本节主要介绍单元格的颜色、表格的背景、边框和边框颜色等，丰富表格的视觉美化效果。本节中会涉及很多宏包，因为篇幅有限，多以案例的形式介绍，可以作为参考模板使用。

4.3.1　文字颜色

为表格文字添加色彩，可以分为两大类，一类是比较零散的为单元格添加色彩，另一类是为整列添加色彩。

例　如表 4.23 所示为某班的成绩单，第一列为姓名，全部设置为蓝色，同时将最低分和最高分设置为红色，读者查阅起来也会方便很多。

```
\usepackage{array}
\usepackage{color}
\begin{tabular}{>{\color{blue}\bfseries}cccccc}
  姓名 & 语文 & 数学 & 英语 & 物理 & 生物 & 化学 \\
  \hline
  张三 & 85 & 85 &  \textcolor{red}{99} & 78 & 79 & 80 \\
  李四 & 88 & \textcolor{red}{77} &  89 & 88 & 89 & 90 \\
  小红 & 89 & 90 &  90 & 91 & 92 & 93 \\
  小明 & 87 & 88 &  86 & 87 & 88 & 89 \\
\end{tabular}
```

案例中使用了 array 宏包建立表格，使用 color 宏包设置颜色。在将整列设置为同一颜色的时候，就可以用表 4.5 所示参数来设置。tabular 环境的参数 `>{\color{blue}\bfseries}cccc` 规定了第一列全部为蓝色，所有列都居中对齐。对于零散的单元格，用 `\textcolor` 命令直接对内容设置颜色即可。

表 4.23 某班成绩表

姓名	语文	数学	英语	物理	生物	化学
张三	85	85	99	78	79	80
李四	88	77	89	88	89	90
小红	89	90	90	91	92	93
小明	87	88	86	87	88	89

4.3.2 表格背景

colortbl 是一个专门为表格设置色彩而创建的宏包，它提供了很多好用的命令，其中 `\columncolor` 是一个非常重要的命令。`\columncolor` 命令的格式如下：

```
\columncolor[color-model]{color}[left-overhang][right-overhang]
```

color-model 和 color 为标准 color 宏包的参数，例如 `\color`。后面两个参数分别表示内容与单元格的重叠程度，如果省略 right-overhang，则默认为 left-overhang。如果这两个参数都省略，则在 tabular 中默认为 \tabcolsep，在 array 中默认为 \arraycolsep。

例　在表 4.23 的基础上，用 colortbl 宏包的 \columncolor 命令控制表格各列的背景颜色，打印如表 4.24 所示，LaTeX 文本如下：

```
\usepackage{array}
\usepackage{color}
\usepackage{colortbl}
\begin{tabular}{>{\color{blue}\bfseries}c|
  >{\columncolor[gray]{.8}}c|c|c|
  >{\columncolor{gray}\color{white}}c|
  >{\columncolor[gray]{.8}[0pt]}c|
  >{\columncolor[gray]{.8}[0pt][.5\tabcolsep]}c}
  ...此处省略表格内容以免重复...
\end{tabular}
```

在 tabular 环境建立表格，第一列没有改变，第二列设置背景颜色为灰色 (gray)，且透明度为 0.8。与第六列对比，在后面添加了可选项 [0pt]，即表示内容与单元格的覆盖为 0，所以左右都有留白 (只有一个可选项的时候，左右默认相同)。与第七列对比，左右留白分别设置为 0pt 和 .5\tabcolsep(tabular 环境默认为 \tabcolsep)，所以左右留白跨度不同。

第五列只设置了背景颜色 {gray}(此处为花括号)，没有设置透明度 (默认为 1)，所以背景颜色最深。同时设置了字体颜色 \color{white}，该列的字体均为白色。

表 4.24　colortbl 宏包的 columncolor 命令

姓名	语文	数学	英语	物理	生物	化学
张三	85	85	99	78	79	80
李四	88	77	89	88	89	90
小红	89	90	90	91	92	93
小明	87	88	86	87	88	89

colortbl 宏包还远远不止提供这样的列控制，用 \newcolumntype 命令，可定制更有意思的样式，甚至适用于超长文本。

例　如表 4.25 所示，利用自定义的样式 A 实现，其 LaTeX 文本如下：

```
\usepackage{array}
\usepackage{color}
\usepackage{colortbl}
\newcolumntype{A}{>{\color{white}
  \columncolor{red!50}[.5\tabcolsep]
  \raggedright\arraybackslash}p{1cm}}
\begin{tabularx}{0.7\textwidth}{X|A|A|A|A|A|A}
...此处省略表格内容以免重复...
\end{tabularx}
```

表 4.25 colortbl 宏包的 columncolor 命令

姓名	语文	数学	英语	物理	生物	化学
张三	85	85	99	78	79	80
李四	88	77	89	88	89	90
小红	89	90	90	91	92	93
小明	87	88	86	87	88	89

案例中定义样式 A，设置列背景 ({red!50}) 为红色，且透明度为 0.5，左右留白为 .5\tabcolsep。在 tabularx 环境中建立表格，单元格以段落 p 的形式存在，水平方向上左对齐 (\raggedright)，垂直方向上顶端对齐 (默认)。为了消除 \raggedright 的影响，末尾添加 \arraybackslash 命令，表项中可以用 \\ 断行。将表格的第一列设置为 X，即可以自动伸缩。

colortbl 宏包的 \columncolor 命令让列背景设置变得很方便，类似地，\rowcolor 命令用于设置行背景，它与 \columncolor 有着相同的参数。\rowcolor 命令需要放在行首，它会覆盖 \columncolor 设置的颜色。

表格中总有一些单元格并不需要整行或者整列设置背景，单个单元格设置背景用 colortbl 宏包的 \cellcolor，其参数与 \columncolor 命令和 \rowcolor 命令一样，但没有后面两个可选项，且背景会覆盖 \columncolor 和 \rowcolor。

例 如表 4.26 所示，其表中内容如下：

```
\usepackage{tabularx}
\usepackage{color}
\usepackage{colortbl}
\begin{tabularx}{0.7\textwidth}{X|A|A|A|A|A|A}
  姓名 & 语文 & 数学 & 英语 & 物理 & 生物 & 化学 \\
  \hline
  \rowcolor{gray!50}  张三 & 85 & 85 & \cellcolor{black} 99 & 78
     & 79 & 80 \\
  李四 & 88 & \cellcolor{black} 77 &  89 & 88 & 89 & 90 \\
  \rowcolor{gray!50}[0pt] 小红 & 89 & 90 &  90 & 91 & 92 & 93 \\
  小明 & 87 & 88 &  86 & 87 & 88 & 89 \\
\end{tabularx}
```

表 4.26　colortbl 宏包的 rowcolor 命令和 cellcolor

姓名	语文	数学	英语	物理	生物	化学
张三	85	85	99	78	79	80
李四	88	77	89	88	89	90
小红	89	90	90	91	92	93
小明	87	88	86	87	88	89

表格第 2 行和第 4 行分别设置了灰色背景，且透明度为 0.5，`\rowcolor{gray!50}` 放在行首位置，作用于整行。第 4 行设置了一个参数，即左右两边的留白，它与 `\columncolor` 命令的参数一致。第 2 行第 4 列和第 3 行第 3 列，用 `\cellcolor` 命令设置了黑色背景，它覆盖了行列设置的背景色。

4.3.3　边框色彩

colortbl 宏包不仅为表格背景设置提供了便利，还提供了边框渲染手段。如果不使用 colortbl 宏包提供的支持，可以用类似于 `!{\color{red}\vline}` 的方式绘制彩色竖线。但如果是 ||，两条竖线之间就会存在一定的空隙，这时候可以考虑用 `@{}` 在两列之间填充内

容作为 ||。

例 如表 4.27 所示，用 !{}、@{} 等方式设置列分隔线颜色，其 LaTeX 文本如下：

```
\usepackage{array}
\usepackage{color}
\usepackage{colortbl}
\begin{tabular}{>{\color{blue}\bfseries}c!{\color{red}\vline}
  >{\columncolor[gray]{.8}[0pt][\tabcolsep]}c!{\color{red}||}
  c@{\color{yellow}\vrule width \doublerulesep}
  c!{\color{red}\vline\vline\vline}
  >{\columncolor{gray}[0pt]\color{white}}c|
  >{\columncolor[gray]{.8}[0pt]}c|
  >{\columncolor[gray]{.8}[0pt][.5\tabcolsep]}c}
...此处省略表格内容以免重复...
\end{tabular}
```

第一条红色分隔线以 !{\color{red}\vline} 的方式填充，其中 \vline 为竖线，如果换成 | 符号，将打印虚线。|| 符号作为分隔线存在很大的空隙，可以考虑用多个 \vline 的方式加粗。另一种方式就是取消列之间的空隙，在列之间填充一块内容，即设置 \vrule 的宽度为 \doublerulesep，然后用 @{} 填充到两列之间。

表 4.27 两列之间的分隔线色彩控制

姓名	语文	数学	英语	物理	生物	化学
张三	85	85	99	78	79	80
李四	88	77	89	88	89	90
小红	89	90	90	91	92	93
小明	87	88	86	87	88	89

两列之间的分隔线是很好设置的，但行之间的分隔线就不那么容易处理了。\hline 与 \cline 是行之间的分隔线，可以借助 colortbl 宏包提供的 \arrayrulecolor 命令和 \doublerulesepcolor 命令设置色彩，这两个命令的参数与标准 color 宏包中的 \color 命令相同。

```
\usepackage{array}
\usepackage{color}
```

```
\usepackage{colortbl}
\newcolumntype{B}{!{\color{red}\vline}}
\newcolumntype{C}{!{\color{red}||}}
\newcommand\bhline{\arrayrulecolor{blue}\hline\arrayrulecolor{
   black}}
\newcommand\bcline[1]{\arrayrulecolor{blue}\cline{#1}\
   arrayrulecolor{black}}
\begin{tabular}{>{\color{blue}\bfseries}cB
    >{\columncolor[gray]{.8}[0pt][\tabcolsep]}cC
    c@{\color{yellow}\vrule width \doublerulesep}
    c!{\color{red}\vline\vline\vline}
    >{\columncolor{gray}[0pt]\color{white}}c|
    >{\columncolor[gray]{.8}[0pt]}c|
    >{\columncolor[gray]{.8}[0pt][.5\tabcolsep]}c}
  姓名 & 语文 & 数学 & 英语 & 物理 & 生物 & 化学 \\
  \bhline
  张三 & 85 & 85 &  \textcolor{red}{99} & 78 & 79 & 80 \\
  \bcline{2-7}  李四 & 88 & \textcolor{red}{77} &  89 & 88 & 89 &
      90 \\
  \bcline{2-7}  小红 & 89 & 90 &  90 & 91 & 92 & 93 \\
  \bcline{2-7}  小明 & 87 & 88 &  86 & 87 & 88 & 89 \\
\end{tabular}
```

案例中将列的色彩定义抽离，重定义为 B/C，与表 4.27 有相同的效果。对行分隔线进行重定义，用到 colortbl 宏包提供的 `\arrayrulecolor` 命令，其使用方式与 `\color` 命令相同，`\doublerulesepcolor` 的使用方式与 `\arrayrulecolor` 命令相同。

表 4.28　表格行列分隔线色彩

姓名	语文	数学	英语	物理	生物	化学
张三	85	85	99	78	79	80
李四	88	77	89	88	89	90
小红	89	90	90	91	92	93
小明	87	88	86	87	88	89

用 \newcolumntype 命令重定义行列分隔线，列分隔线色彩定义为 B/C。行分隔线重定义为 \bhline、\bcline，行分隔线命令放在行首。

例 如表 4.28 所示，其 LaTeX 文本如下：

colortbl 宏包的 \arrayrulewidth 命令和 \doublerulesep 命令可调整表格边框的宽度，\arrayrulewidth 命令调整全部边框宽度，\doublerulesep 命令调整边框空隙宽度。

例 用到 \setlength 命令调整表格宽度。

```
\usepackage{array}
\usepackage{color}
\usepackage{colortbl}
\newcolumntype{I}{!{\vrule width 3pt}}
\setlength\arrayrulewidth{2pt}\arrayrulecolor{red}
\setlength\doublerulesep{2pt}\doublerulesepcolor{blue}
\begin{tabular}{c||c|c|cIc|c|c}
  ...此处省略表格内容以免重复...
\end{tabular}
```

对于列分隔线，可以直接调整 \vrule；对于行分隔线，则需要 \arrayrulewidth 辅助，使用 \setlength 命令作用于全部边框。

对 \hline 重定义，设计一个特殊的行分隔线，能够有针对性地调整行分隔线。如表 4.29 所示，只有一行分隔线是很粗的。这里用到 \noalign 命令来设置 \arrayrulewidth 样式参数，使得 \arrayrulewidth 作用于 \hline。

```
\newlength\savedwidth
  \newcommand\whline{\noalign{\global\savedwidth\arrayrulewidth
    \global\arrayrulewidth 3pt}\hline
  \noalign{\global\arrayrulewidth\savedwidth}}
```

首先用 \noalign 命令为 \arrayrulewidth 设置参数，然后用 \noalign 重置表格边框设置，否则对 \arrayrulewidth 的调整会影响后面的所有表格。通过这种方式，能够有针对性地调整表格边框，用 \setlength 则可以全局设置表格边框。

表 4.29　表格行列分隔线宽度

姓名	语文	数学	英语	物理	生物	化学
张三	85	85	99	78	79	80
李四	88	77	89	88	89	90
小红	89	90	90	91	92	93
小明	87	88	86	87	88	89

4.3.4　表格边框

colortbl 宏包不仅可以设置表格的背景，还可以调整表格边框。除 colortbl 宏包外，还有很多其他宏包也支持边框设置。

hhline 宏包　首先看 hhline 宏包对表格边框的支持，它提供 `\hhline` 命令作用于 array 和 tabular，其语法格式为 `\hhline{decl}`，参数说明如表 4.30 所示。

表 4.30　hhline 宏包下 hhline 命令的参数说明

参数	说明	参数	说明
=	双实线 (`\hline`)	-	单实线 (`\hline`)
~	无 `\hline`	|	穿过 `\hline` 的 `\vline`
:	遇到双 `\hline` 断开的 `\vline`	#	双 `\hline`，在两 `\vline` 之间
t	双 `\hline` 的顶部	b	双 `\hline` 的底部
*	`*{3}{==#}` 与 `==#==#==#` 等价		

例　为了更清晰地描述表 4.30 中的参数，建立表 4.31，其 LaTeX 文本如下：

```
\usepackage{array, color}
\usepackage{hhline}
\begin{tabular}{||c||c|c|c|c|c|c||}
  \hhline{|t:==:t:==:t:==:t:=:t|}
  姓名 & 语文 & 数学 & 英语 & 物理 & 生物 & 化学 \\
  \hhline{|:==:t:==:t:==:t:=:|}
  张三 & 85 & 85 & \textcolor{red}{99} & 78 & 79 & 80 \\
  \hhline{|:==:|~|~|--=}
```

```
  李四 & 88 & \textcolor{red}{77} &  89 & 88 & 89 & 90 \\
  \hhline{#==#~~|=#--}
  小红 & 89 & 90 &  90 & 91 & 92 & 93 \\
  \hhline{||--|--|--|-|}
  小明 & 87 & 88 &  86 & 87 & 88 & 89 \\
  \hhline{|b:==:b:==:b:==:b:=:b|}
\end{tabular}
```

hhline 宏包下 \\hhline 命令配合表 4.30 中的参数，实现对单元格边框的控制。其中 =-~ 均表示一个单元格边框，其他参数则表示单元格边框的交接方式。更详细地说，|tb| 与 # 等价，|t 控制左上角，b| 控制右下角。

表 4.31　hhline 宏包下 hhline 命令

姓名	语文	数学	英语	物理	生物	化学
张三	85	85	99	78	79	80
李四	88	77	89	88	89	90
小红	89	90	90	91	92	93
小明	87	88	86	87	88	89

arydshln 宏包　arydshln 宏包用于设置表格边框，为边框添加虚线，与 array 宏包搭配使用，放在 array 宏包的后面。arydshln 宏包提供了四个命令，如表 4.32 所示。

表 4.32　arydshln 宏包的主要命令

命令	参数	说明
\hdashline	[dash/gap]	水平虚线，与 \hline 一致
\cdashline	{colspec}[dash/gap]	水平虚线，与 \cline 一致
\firsthdashline	[dash/gap]	应用 array，为 \firsthline 的别名
\lasthdashline	[dash/gap]	应用 array，为 \lasthline 的别名
:	无	竖直虚线

例　利用 arydshln 宏包，建立表格如图 4.2 所示，其 LaTeX 文本如下：

```
\usepackage{array, color}
\usepackage{arydshln}
```

```
\renewcommand{\arraystretch}{1.3}
\setlength\extrarowheight{4pt}
\setlength\dashlinedash{1pt}
\setlength\dashlinegap{1pt}
\begin{tabular}{||c;{5pt/2pt}c::c|c|c|c|c||}
  \hline
  姓名 & 语文 & 数学 & 英语 & 物理 & 生物 & 化学 \\
  \hline
  张三 & 85 & 85 &  99 & 78 & 79 & 80 \\
  \hdashline
  李四 & 88 & 97 &  89 & 88 & 89 & 90 \\
  \hline
  小红 & 89 & 90 &  90 & 91 & 92 & 93 \\
  \hdashline[5pt/2pt]
  小明 & 87 & 88 &  86 & 87 & 88 & 89 \\
  \hline
\end{tabular}
```

\dashlinedash 命令和 \dashlinegap 命令分别表示虚线的长度和虚线的空隙，所以这两个参数可以表示虚线的密度，即表 4.32 中命令的参数 [dash/gap]。

对于列分隔线，设置虚线密度的时候，前面需要添加分号 (;)，然后是 [dash/gap]，如 ;{5pt/2pt}。也可以直接用 : 设置虚线，:: 设置双虚线。

行分隔线用 \hdashline 命令或者 \cdashline，它的后面可以添加参数 [dash/gap]，即定制虚线的密度。

姓名	语文	数学	英语	物理	生物	化学
张三	85	85	99	78	79	80
李四	88	97	89	88	89	90
小红	89	90	90	91	92	93
小明	87	88	86	87	88	89

图 4.2　arydshln 宏包建立表格，设置虚线边框

booktabs 宏包 booktabs 宏包适用于建立三线表，即不需要列分隔符，能够适应 tabular 环境和 longtable 环境。booktabs 宏包主要提供了 \toprule、\midrule、\bottomrule 等命令，如表 4.33 所示。

表 4.33 booktabs 宏包提供的主要命令

命令	参数	说明
\toprule [8]	[width]	顶部 \hline
\midrule	[width]	中间 \hline
\bottomrule	[width]	底部 \hline
\cmidrule	[width](trim){col1-col2}	同 \cline
\addlinespace	[width]	增加行间距
\specialrule	{width}{abovespace}{belowspace}	用户自定义分隔线

\toprule、\midrule、\bottomrule 类似于标准 LaTeX 的 **\hline**，分别指表格的顶部分隔线、中间的分隔线和底部分隔线，可设置参数修改线条宽度。

\cmidrule 类似于 **\cline**，如果没有指定 width，则默认为 \cmidrulewidth(0.03em)。trim 可选值有 l 和 r，默认长度参数为 \cmidrulekern，用于分隔线左右细粒度修剪。当 \cmidrule 重复，即下一行与上一行分隔线重叠，将变成同一直线。\morecmidrules 用于分隔 \cmidrule，新一行 \cmidrule 的间距为 \cmidrulesep，默认等于 **\doublerulesep**。

\addlinespace 用于增加两行之间的距离，省略参数 width 则为 \defaultaddspace (0.5em)。\specialrule 用于定制上述不满足要求的分隔线，它有三个参数，分别指定分隔线宽度、上下文间距。

例 应用表 4.33 中的命令，建立 booktabs 的三线表，如表 4.34 所示，其 LaTeX 文本如下：

```
\usepackage{array, color}
\usepackage{booktabs}
\begin{tabular}{@{}llrllr@{}}
  \toprule
  \multicolumn{2}{c}{项目} &\multicolumn{1}{c}{价格} & \
     multicolumn{2}{c}{Item} &\multicolumn{1}{c}{Price} \\
  \cmidrule(r){1-2}\cmidrule(l){3-3}\cmidrule(r){4-5}\cmidrule(l)
```

[8] \toprule 和 \bottomrule 的宽度由 \heavyrulewidth 控制，\midrule 的宽度由 \lightrulewidth 控制，默认宽度分别为 0.08em 和 0.05em。

表格的空间布局还受 abovetopsep、\aboverulesep、belowrulesep、belowbottomsep 等参数影响，它们的默认值分别为 0pt、0.4ex、0.65ex、0pt。

```
    {6-6}
  A & B & C & a & b & c \\
  \cmidrule(l{2pt}r{2pt}){1-2}\cmidrule(l{2pt}r{2pt}){3-3}\
    cmidrule(l{2pt}r{2pt}){4-5}\cmidrule(l{2pt}r{2pt}){6-6}
  \morecmidrules % \cmidrule 重复，合并在一行
  \cmidrule(l{2pt}r{2pt}){2-3}\cmidrule(l{2pt}r{2pt}){5-6}
  \addlinespace[5pt]
  Food& Category & \multicolumn{1}{c}{\$} & Food& Category & \
   multicolumn{1}{c}{\$}\\
  \midrule
  Apples & Fruit & 1.50 & Apples & Fruit & 1.50 \\
  Oranges & Fruit & 2.00 & Oranges & Fruit & 2.00 \\
  \addlinespace
  Beef & Meat & 4.50 & Beef & Meat & 4.50 \\
  \specialrule{.5pt}{3pt}{3pt}
  x & y & z & x & y & z \\
  \bottomrule
\end{tabular}
```

@{} 取消列表左右的空隙，\toprule 打印第一条分隔线，\cmidrule 的应用方式与 \cline 类似，指定打印列数。\morecmidrules 放在两行 \cmidrule 之间，否则混合在一行。\midrule 出现在表中间，类似于 **\hline**，\bottomrule 出现在表格最后。\addlinespace 增加两行间距，\specialrule 设置特色分隔线。

表 4.34　booktabs 三线表

项目		价格	Item		Price
A	B	C	a	b	c
Food	Category	$	Food	Category	$
Apples	Fruit	1.50	Apples	Fruit	1.50
Oranges	Fruit	2.00	Oranges	Fruit	2.00
Beef	Meat	4.50	Beef	Meat	4.50
x	y	z	x	y	z

4.4 扩展

前面几节主要介绍建立表格的基本环境，针对不同类型的表格，选用不同的宏包。不可否认，表格的形式非常繁杂，不可能穷举。本节在默认读者已经掌握了表格建立要领的前提下，介绍一些可能有用的模板。

首先介绍数值在单元格中的对齐方式，这对纯数值类表格非常有用。然后介绍如何为表格添加脚注。前面介绍过如何在 minipage 环境中为文本添加脚注，或可作为图表脚注的一种解决方案。最后以 diagbox 宏包为例，学习如何建立带斜线的表头。

4.4.1 进制数对齐

在 Word 或者 Excel 中，为表格输入数值的时候，可以设置数值的对齐方式，比如以小数点位置对齐，或者以逗号分隔符位置对齐等。dcolumn 宏包用于十进制数制对齐，可在 array 和 tabular 环境中使用。如表格环境中添加参数 D，其格式为：

```
\usepackage{dcolumn}
D{inputsep}{outputsep}{decimal-places}
```

inputsep 为分隔符小数点 (.) 或者逗号 (,)，outputsep 为打印的分隔符，可以与 inputsep 相同，也可以是其他数学模式下的符号，如 `\cdot`。decimal-places 为数值，如果是负数，则以分隔符居中对齐；如果是正数，则以分隔符右边最多 decimal 个小数对齐；如果是以 `{left.right}` 的形式，则表示分隔符左右最多有多少个数位对齐。

例 下面看一个简单的应用，如表 4.35 所示，LaTeX 文本如下：

```
\usepackage{dcolumn}
\begin{tabular}{|D..{-2}|D..{3}|D..{4.2}|D.,{4}|D,,{4}|D.{\cdot
   }{3}|}
  \hline
  1000.321 & 1000.20 &1000.20 & 152.24 & 152.24 & 152.02\\
  123 & 123.450 & 123.45 & 0.213654 & 0.213654 & 543.2165\\
  7858.23 & 123.2 & 51243.2 & 547 & 547 & 654 \\
  \hline
\end{tabular}
```

inputsep、outputsep、decimal 最好大于各列最大的数值长度，否则会溢出单元格。inputsep 作为数值输入的分隔符，如果与输入数值的分隔符不匹配，将会被忽略。outputsep 作为打印的分隔符，如果与 inputsep 指定的分隔符匹配，则以 outputsep 打印。

表 4.35 dcolumn 控制十进制数的对齐方式

1000.321	1000.20	1000.20	152,24	152.24	152·02
123	123.450	123.45	0,213654	0.213654	543·2165
7858.23	123.2	51243.2	547	547	654

例 将 D 作为 tabular 等环境的参数显得有些烦琐，利用 \newcolumntype 可定义新的参数。

```
\usepackage{dcolumn}
\newcolumntype{d}[1]{D{.}{\cdot}{#1}}
\newcolumntype{.}{D{.}{.}{-1}}
\newcolumntype{,}{D{,}{,}{2}}
```

例 应用 \newcolumntype 重定义的参数，如表 4.36 所示，LaTeX 文本如下：

```
\usepackage{dcolumn}
\newcolumntype{d}[1]{D{.}{\cdot}{#1}}
\newcolumntype{.}{D{.}{.}{-1}}
\newcolumntype{,}{D{,}{,}{2}}
\begin{tabular}{|d{-2}|d{3}|d{4.2}|D.,{4}|,|.|}
  \hline
  1000.321 & 1000.20 &1000.20 & 152.24 & 152.24 & 152.02\\
  123 & 123.450 & 123.45 & 0.213654 & 0.213654 & 543.2165\\
  7858.23 & 123.2 & 51243.2 & 547 & 547 & 654 \\
  \hline
\end{tabular}
```

将 tabular 环境的参数换成重定义的参数即可，定义的参数 d 带有一个参数，用于指定最大值。最后两列分别用重定义的 (.) 和 (,) 作为分隔符，它们分别代表 D{.}{.}{-1} 和 D{,}{,}{2}。

表 4.36 重定义参数

1000·321	1000·20	1000·20	152,24	152.24	152.02
123	123·450	123·45	0,213654	0.213654	543.2165
7858·23	123·2	51243·2	547	547	654

例 当数值与其他文本混合时，需要注意各自的对齐方式，如表 4.37 所示，其 LaTeX 文本如下：

```
\usepackage{dcolumn}
\newcolumntype{+}{D{/}{\mbox{--}}{4}}
\newcolumntype{,}{D{,}{,}{4}}
\begin{tabular}{|r||+|>{\raggedright}p{2.2cm}|,|}
  \hline
  \multicolumn{4}{|c|}{大标题}\\
  \hline\hline
  & Price & & \\
  \cline{2-2}
  \multicolumn{1}{|c||}{Year} & \mbox{low}/\mbox{high} & Comments
      & \multicolumn{1}{c|}{Other} \\
  \hline
  1971 & 97/245 & 这段话可以很长，但都是左对齐 & 23,45 \\
  \hline
  72 & 245/245 & 这段话可以很长，但都是左对齐 & 435,23\\
  \hline
  73 & 245/2001 & 这段话可以很长，但都是左对齐 & 387,56 ^2 \\
  \hline
\end{tabular}
```

在参数 D 控制的列中，实为数学模式，因此，当添加中文的时候，应该用 `\mbox` 包裹，否则不能打印中文；在打印英文的时候，最好也用 `\mbox` 包裹，否则默认打印斜体，如 Price；在打印数学符号的时候，不需要重复添加数学环境，如最后一个单元格打印 2 的平方。

重定义的加号 (+)，即 `D{/}{\mbox{--}}{4}`，它的分隔符为 (/)，当遇到 (/) 时就会

被替换成 \mbox{--} 打印出来，如第二列所示。

表 4.37　控制带有其他内容的对齐方式

大标题				
Year	*Price* low–high	Comments	Other
1971	97–245	这段话可以很长，但都是左对齐	23,45
72	245–245	这段话可以很长，但都是左对齐	435,23
73	245–2001	这段话可以很长，但都是左对齐	387,56[2]

4.4.2　添加标注

tabularx、longtable、mpsupertabular、mpsupertabular* 等环境都可以添加脚注，但脚注位于页面底部。如果想要使脚注位于表格的下方，可借助 minipage 环境或 threeparttable 宏包实现。

例　如图 4.3 所示，在 minipage 环境中为 tabular 添加脚注，并排列在表格下方。

```
\begin{minipage}{0.8\linewidth}
\renewcommand{\arraystretch}{1.3}
\begin{tabular}{l|l|p{6cm}|l|l}
  \hline
  脚注 & 环境 &  方式  & 案例 & 说明  \\
  \hline
  脚注1 \footnote{第一个脚注}& minipage & ... & 略 & 略 \\
  \hline
  脚注2 \footnote{第二个脚注}& minipage & ... & 略 & 略 \\
  \hline
  脚注3 \footnotemark & minipage & ... & 略 & 略 \\
  \hline
```

```
  脚注4 \footnotemark & minipage & ... & 略 & 略 \\
  \hline
\end{tabular}
\footnotetext{第三个脚注}
\footnotetext{第四个脚注}
\end{minipage}
```

tabular 环境要放在 minipage 环境中，脚注可以有两种方式设置，一种方式是直接用 **\footnote**，另一种方式是先设置脚注标记 **\footnotemark**，然后添加脚注内容 **\footnotetext**。

脚注	环境	方式	案例	说明
脚注 1 [a]	minipage	\footnote	略	略
脚注 2 [b]	minipage	\footnote	略	略
脚注 3 [9]	minipage	\footnotemark \footnotetext	略	略
脚注 4 [10]	minipage	\footnotemark \footnotetext	略	略

[a]第一个脚注
[b]第二个脚注
[b]第三个脚注
[b]第四个脚注

图 4.3 在 minipage 环境中为表格添加脚注

在 minipage 环境中为表格添加脚注，并不方便设置表格标题，**\caption** 不能用于 minipage 环境中。threeparttable 宏包也可以为表格添加说明内容，将表格与脚注信息分离，且位于表格下方。

例 如表 4.38 所示，是在 threeparttable 环境中建立的表格，其 LaTeX 文本如下：

```
\usepackage{threeparttable}
\begin{threeparttable}
\caption{在 threeparttable 环境中为表格添加脚注}
\begin{tabular}{l|l|p{4cm}|l|l}
    \hline
    脚注 & 环境 &  方式  & 案例 & 说明  \\
    \hline
```

```
    脚注1 \tnote{a} & threeparttable & ...& 略 & 略 \\
    \hline
    脚注2 \tnote{b} & threeparttable & ... & 略 & 略 \\
    \hline
    脚注3 \tnote{b} & threeparttable & ...  & 略 & 略 \\
    \hline
    脚注4 \tnote{c} & threeparttable & ...  & 略 & 略 \\
    \hline
    脚注5 \tnote{d} & threeparttable & ...  & 略 & 略 \\
    \hline
\end{tabular}
  \begin{tablenotes}
    \item[a] 第一个脚注
    \item[b] 第二个脚注
    \item[c] 第三个脚注
    \item[d] 第四个脚注
  \end{tablenotes}
  \begin{tablenotes}[flushleft,online]
    \item[a] The first footnote
    \item[b] The second footnote
    \item[c] The third footnote
    \item[d] The fourth footnote
  \end{tablenotes}
  \begin{tablenotes}[para]
    \item[a] 第一个脚注
    \item[b] 第二个脚注
    \item[c] 第三个脚注
    \item[d] 第四个脚注
  \end{tablenotes}
\end{threeparttable}
```

表 4.38　在 threeparttable 环境中为表格添加脚注

脚注	环境	方式	案例	说明
脚注 1 [a]	threeparttable	\tnote	略	略
脚注 2 [b]	threeparttable	\tnote	略	略
脚注 3 [b]	threeparttable	\tnote	略	略
脚注 4 [c]	threeparttable	\tnote	略	略
脚注 5 [d]	threeparttable	\tnote	略	略

[a] 第一个脚注
[b] 第二个脚注
[c] 第三个脚注
[d] 第四个脚注

a　The first footnote
b　The second footnote
c　The third footnote
d　The fourth footnote

[a] 第一个脚注　[b] 第二个脚注　[c] 第三个脚注　[d] 第四个脚注

threeparttable 环境将表格分为三部分：第一部分是标题 `\caption`，第二部分是表格主体 tabular，第三部分是脚注说明。值得注意的是脚注说明部分，在表格中设置标记 `\tnote`，然后在 tablenotes 环境里面用 `\item` 逐个添加说明内容。tablenotes 环境有四个参数：para、flushleft、online、normal，参数说明如表 4.39 所示。

表 4.39　tablenotes 环境的参数说明

参数	说明	参数	说明
para	以段落的形式排列，不强制分行	flushleft	没有缩进
online	上标按照正常字号打印	normal	默认方式

4.4.3　对角线

diagbox 宏包提供的 `\diagbox` 命令，可用于打印带斜线的表头。`\diagbox` 命令的语法格式如下：

```
\usepackage{diagbox}
\diagbox[key-value]{text1}{text2}
\diagbox[key-value]{text1}{text2}{text3}
```

\diagbox 命令可以有两个参数，也可以有三个参数。只有两个参数的时候，表示有一条斜线；有三个参数的时候，表示有两条斜线。\diagbox 命令的可选项以 key-value 的形式存在，可选的键值对如表 4.40 所示。

表 4.40　diagbox 命令的可选键值对

参数	参数值	说明	参数	参数值	说明
width	数值	指定总宽度	height	数值	指定总高度
dir	NW(西北) NE(东北) SW(西南) SE(东南)	指定斜线方向	trim	l r lr rl	设置左边界或 右边界不计空白
innerwidth	数值	内容的宽度	linecolor	颜色	斜线颜色
innerleftsep innerrightsep	数值	内间距	linewidth	数值	斜线宽度
outerleftsep outerrightsep	数值	外间距	font	字体	单元格字体

例　结合表 4.40 中的参数，用 \diagbox 命令设置带斜线的表头如表 4.41 所示，其 LaTeX 文本如下。\diagbox 命令有两个参数，即设置一条斜线，可选项设置了斜线的宽度和斜线的颜色。

```
\usepackage{diagbox}
\usepackage{array}
\begin{tabular}{|c|c|c|c|c|c|c|}
  \hline
  \diagbox[linewidth=1.5pt,linecolor=blue]{姓名}{科目} & 语文 &
     数学 & 英语 & 物理 & 生物 & 化学 \\
  \hline
  张三 & 85 & 85 &  99 & 78 & 79 & 80 \\
  ...此处省略很多行以免重复...
\end{tabular}
```

表 4.41 在表格中添加斜线表头 (1)

科目 / 姓名	语文	数学	英语	物理	生物	化学
张三	85	85	99	78	79	80
李四	88	77	89	88	89	90
小红	89	90	90	91	92	93
小明	87	88	86	87	88	89

例 \diagbox 带三个参数即可画出两条斜线，如表 4.42 所示，LaTeX 文本如下：

```
\usepackage{diagbox}
\diagbox{姓名}{科目}{分数} & 语文 & 数学 & 英语 & 物理 & 生物 &
    化学 \\
```

案例中 \diagbox 没有设置其他可选项，可参考上一个案例，结合表 4.40 中的选项，就可以设计出更多个性化表格了。

表 4.42 在表格中添加斜线表头 (2)

科目 分数 / 姓名	语文	数学	英语	物理	生物	化学
张三	85	85	99	78	79	80
李四	88	77	89	88	89	90
小红	89	90	90	91	92	93
小明	87	88	86	87	88	89

第 5 章　图形

千言万语不及一张图、一个表来得直观，图/表可以给人以直观的信息冲击。上一章介绍了表格的使用方法，本章主要介绍图片的插入和绘制。

本章先认识简单的图形，了解图形的构成单元——线条。对于复杂的图形，可以通过其他专业作图软件绘制，然后将其作为 LaTeX 的插图。对于不那么复杂的图形，则可以利用 tikz 宏包，直接在 LaTeX 文档中绘制。tikz 宏包的功能非常强大，可以满足诸如函数图像之类的绘制，因为篇幅受限，本文只介绍了一些简单案例，读者可以参考 tikz 官方文档学习更多绘图技巧。

不可否认，用 LaTeX 命令绘制图像并不简单，要掌握很多语法规则和绘制技巧，在一定程度上给用户带来了困扰。很多用户更愿意用可视化软件绘图，然后将图片插入 LaTeX 文档。这里必须说明，一般插入的图片都是标量图 (也称为位图)，它的像素清晰度因为缩放等因素会降低，导致图片比较模糊。在 LaTeX 文档中直接绘制的图形，基本上是矢量图，不会因为缩放导致像素降低而变得模糊。

介于这个影响因素，对于简单的图形，建议用户直接在 LaTeX 文档中绘制，而不需要借助其他工具。利用 tikz 绘图的另一个优势在于方便后期修改，所以学习 tikz 宏包是很有必要的。为了美化图形，我们还会简单介绍如何控制颜色。当然，不仅图形可以添加彩色效果，文字也可以变得绚丽多彩。

5.1　认识图形

本节主要介绍边框的打印方法和线条的绘制方式，在很多地方需要添加边框，将两部分内容区分开来，图文都可以添加边框。介绍线条有助于后面读者学习如何绘制图形，在学习 tikz 宏包的时候，就会用到一些绘制线条的命令。

5.1.1　简单边框

LaTeX 文本中常使用 `\fbox` 命令为文本段添加边框，为了实现文本边框的多样性，本节主要介绍 boxedminipage、shadow、fancybox 等宏包提供的边框，并对这些宏包的特性加以说明，以供读者参考。

boxedminipage 宏包 boxedminipage 宏包提供的 boxedminipage 环境，类似于 minipage 环境，但是会添加一个边框，就像 minipage 嵌套在 \fbox 中。boxedminipage 环境产生的边框宽度及留白间距分别由 \fboxrule 和 \fboxsep 控制。boxedminipage 环境的使用格式为：

```
\usepackage{boxedminipage}
\begin{boxedminipage}[pos]{width}
  ...text...
\end{boxedminipage}
```

可选参数 pos 表示 boxedminipage 的对齐方式，可选值有 t/m/b，分别表示顶端对齐、居中对齐和底端对齐。参数 width 表示 boxedminipage 的宽度，如果不指定，即跟随文本宽度。

例 有 boxedminipage 环境的应用案例如图 5.1 所示，LaTeX 文本如下：

```
\usepackage{boxedminipage}
\fboxrule=3pt
\fboxsep=4pt
\begin{boxedminipage}[m]{12cm}
这是 boxedminipage 的案例，...，例如这是脚注 \footnote{
   boxedminipage 宏包的脚注。}。
\end{boxedminipage}
```

案例中指定 boxedminipage 的边框宽度和留白距离分别为 3pt 和 4pt，并设置文本宽度为 12cm，整个 boxedminipage 居中对齐 (垂直方向)。在 boxedminipage 环境中，脚注跟随在文本底部出现，而不是放在页面的底部。

> 这是 boxedminipage 的案例，可以在 boxedminipage 环境中添加脚注，脚注将跟随在 boxedminipage 的底部，例如这是脚注 [a]。
>
> [a]boxedminipage 宏包的脚注。

图 5.1 boxedminipage 环境的打印边框效果

shadow 宏包　shadow 宏包用于打印投影，与 \fbox 很像，不仅打印边框，右下方还有投影。shadow 宏包提供的是 \shadow 命令：参数 \sboxrule 指定边框宽度，\sboxsep 指定阴影与边框的距离，\sdim 指定投影的偏移程度。

例　有 \shadow 命令的应用案例如图 5.2 所示，LaTeX 文本如下：

```
\usepackage{shadow}
\setlength\sdim{10pt}
\shabox{将文本放在...，做更精确的控制。}
```

案例中指定投影的偏移为 10pt，\sdim 的默认偏移量为 4pt。此外，\shabox 中的文本默认居中排版。

将文本放在 \shadow 命令中，可打印投影效果，还可以将文本包裹在 **\parbox** 等模块中，做更精确的控制。

图 5.2　shabox 命令打印的边框效果

fancybox 宏包　fancybox 宏包功能非常强大，它有四个 \fbox 命令的变体：\shadowbox、\doublebox、\ovalbox 和 \Ovalbox，命令注释如表 5.1 所示。

表 5.1　fancybox 宏包中各个命令

命令	边框	留白	其他
\shadowbox	\fboxrule	\fboxsep	\shadowsize[a]
\doublebox	.75\fboxrule 1.5\fboxrule	\fboxsep	-
\ovalbox	\thinlines	\fboxsep	\cornersize[b]
\Ovalbox	\thinlines	\fboxsep	\cornersize

a　\shadowsize 表示投影的偏移量。

b　\cornersize{num} 表示直角的圆滑程度，\cornersize*{dim } 中 dim 为小数，圆滑比例。

例 \shadowbox、\doublebox、\ovalbox 和 \Ovalbox 四个命令打印边框的效果，分别如图 5.3、图 5.4、图 5.5、图 5.6 所示 (限于篇幅，命令中文本有部分省略)。

```
\usepackage{fancybox}
\shadowbox{这是...投影偏移量。}
```

这是 \shadowbox 默认的打印效果，可设置边框宽度和投影偏移量。

图 5.3 shadowbox 命令打印的边框效果

```
\usepackage{fancybox}
\doublebox{这是...，没有投影。}
```

这是 \doublebox 默认的打印效果，可设置边框宽度，且为双边框，没有投影。

图 5.4 doublebox 命令打印的边框效果

```
\usepackage{fancybox}
\ovalbox{这是...，可设置直角的圆滑程度。}
```

这是 \ovalbox 默认的打印效果，可设置直角的圆滑程度。

图 5.5 ovalbox 命令打印的边框效果

```
\usepackage{fancybox}
\fboxsep=6pt
\cornersize{0.2}
\Ovalbox{这是...设置直角的圆滑程度。}
```

这是 \Ovalbox 打印的默认效果，可设置直角的圆滑程度。

图 5.6 Ovalbox 命令打印的边框效果

例　fancybox 宏包的一大优势在于，可以在原有的环境上自定义很多带边框的环境。例如自定义一个 minipage 环境，打印效果如图 5.7 所示。

```
\usepackage{fancybox}
\newenvironment{fminipage}{\begin{Sbox}\begin{minipage}}
  {\end{minipage}\end{Sbox}\fbox{\TheSbox}}
\begin{fminipage}{2in}
  自定义的minipage环境fminipage，使用fminipage环境的打印效果。
\end{fminipage}
```

fancybox.sty 中有一个 Sbox 环境，它可以很方便地把其他环境包含进来 (不会出现括号不匹配问题)。案例中 Sbox 包含着 minipage 环境，然后打包成 `\TheSbox`，最后由 `\fbox` 包含 `\TheSbox`，Sbox 环境解决了括号不匹配问题。

自定义的 minipage 环境 fmini- page，使用 fminipage 环境的打 印效果。

图 5.7　fminipage 命令打印的边框效果

例　Sbox 在数学环境中也有应用，定义带边框的数学环境 framedEqn，如图 5.8 所示。

```
\usepackage{fancybox}
\newlength{\mylength}
\newenvironment{framedEqn}{\setlength{\fboxsep}{15pt}
  \setlength{\mylength}{\linewidth}
  \addtolength{\mylength}{-2\fboxsep}
  \addtolength{\mylength}{-2\fboxrule}
  \Sbox
  \minipage{\mylength}
  \setlength{\abovedisplayskip}{0pt}
  \setlength{\belowdisplayskip}{0pt}
  \equation}{\endequation\endminipage\endSbox
  \[\fbox{\TheSbox}\]}
\begin{framedEqn}
```

```
  x^2 - 2x + 1 = 0
\end{framedEqn}
```

在数学公式一章介绍过 equation 环境下的公式能够自动编号，自定义的 framedEqn 环境基于 equation 定义，所以在 equation 的基础上添加边框。

$$x^2 - 2x + 1 = 0 \tag{5.1}$$

图 5.8 自定义的带边框的 framedEqn 环境

例 fancybox 宏包中的 `\fancypage` 命令可对文档页面添加投影效果，如图 5.9 所示，其 LaTeX 文本如下 (为节约篇幅，文本部分有省略)：

```
\usepackage{fancybox}
\thisfancypage{\setlength\fboxsep{3pt}\ovalbox}
{\setlength{\fboxsep}{2pt}
\setlength{\shadowsize}{2pt}
\shadowbox}
```

`\thisfancypage` 命令仅针对本页面，换用 `\fancypage` 命令则针对所有页面。类似地，还有 `\thisfancyput` 和 `\fancyput` 命令，在本页或者全部页面添加水印。

例 在本页添加水印，如图 5.9 所示，其 LaTeX 文本如下：

```
\usepackage{fancybox}
\usepackage{color}
\thisfancyput(2cm,-5cm){\Huge\bfseries\textcolor{blue}{DRAFT}}
```

`\thisfancyput` 有一个参数，用于指定 x 轴和 y 轴的位置，即水印出现在页面的位置。需要注意的是，在设置颜色 blue 的时候，需要添加 color 宏包。

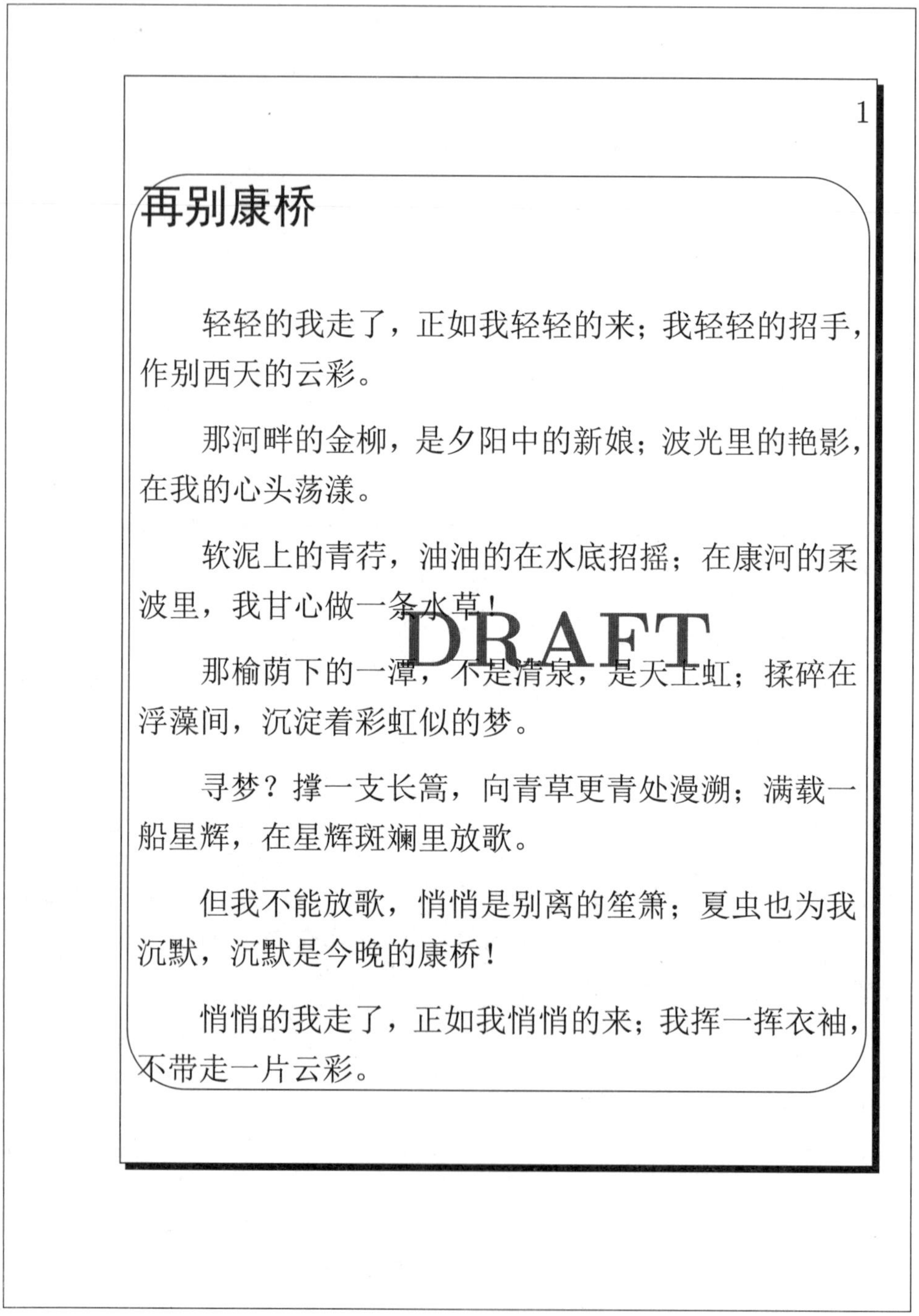

1

再别康桥

轻轻的我走了，正如我轻轻的来；我轻轻的招手，作别西天的云彩。

那河畔的金柳，是夕阳中的新娘；波光里的艳影，在我的心头荡漾。

软泥上的青荇，油油的在水底招摇；在康河的柔波里，我甘心做一条水草！

DRAFT

那榆荫下的一潭，不是清泉，是天上虹；揉碎在浮藻间，沉淀着彩虹似的梦。

寻梦？撑一支长篙，向青草更青处漫溯；满载一船星辉，在星辉斑斓里放歌。

但我不能放歌，悄悄是别离的笙箫；夏虫也为我沉默，沉默是今晚的康桥！

悄悄的我走了，正如我悄悄的来；我挥一挥衣袖，不带走一片云彩。

图 5.9　fancypage 对文档页面添加投影效果

5.1.2 线条

标准 LaTeX 中的 picture 环境，可以打印各种类型的线条。但使用元语 `\line` 命令来设计比较麻烦，所以需要封装性更好的宏包支持。

epic 是针对标准 LaTeX 的 picture 环境设计的宏包，它将 LaTeX 中底层的命令进行封装，并提供友好、强大的用户接口，它提供的命令和环境如表 5.2 所示。

表 5.2 epic 宏包提供的命令和环境

名称	属性	名称	属性	名称	属性
\multiputlist	命令	\matrixput	命令	\grid	命令
\dottedline	命令	\dashline	命令	\drawline	命令
\jput	命令	\picsquare	命令	\putfile	命令
dottedjoin	环境	dashjoin	环境	drawjoin	环境

`\dottedline` 命令的语法格式：

```
\usepackage{epic}
\dottedline[dotchar]{dotgap}(x1,y1)(x2,y2)...(xn,yn)
```

参数 dotchar 表示呈现的符号，默认为小圆点；dotgap 表示字符的密度，数值越大，密度越低；(x_i, y_i) 坐标，即从开始位置到结束位置。

例 如图 5.10 所示，在 picture 环境中用 `\dottedline` 命令画虚线，其 LaTeX 文本如下：

```
\usepackage{epic}
\begin{picture}(150,80)(0,0)
  \dottedline{2}(0,0)(50,20)(100,80)(150,0)
  %\thicklines
  \dottedline{5}(0,0)(30,50)(70,50)(90,30)(150,20)(0,0)
  \dottedline[*]{10}(20,0)(40,0)(50,40)(120,0)
\end{picture}
```

picture 环境的第一个参数表示图形的宽度和高度，第二个参数表示图形开始绘制的位置[1]。前面两条 `\dottedline` 虚线比较虚线的密度，最右一条 `\dottedline` 虚线用符号 (*)

[1]本书插图均采用居中 (水平方向) 排版，故参数指定的位置与实际呈现位置不完全相同。

绘制。

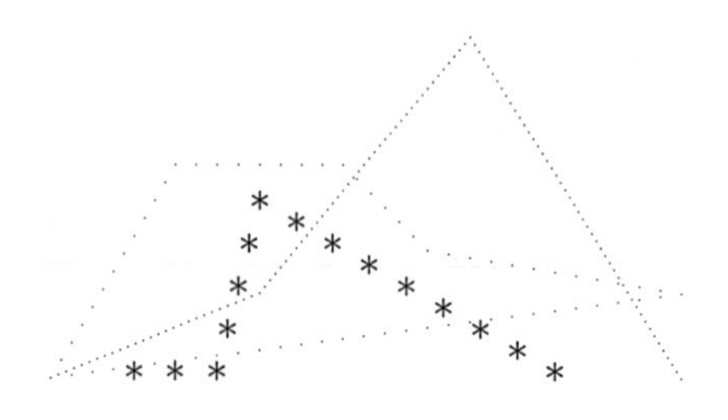

图 5.10　dottedline 虚线

\dashline 命令的语法格式：

```
\usepackage{epic}
\dashline[stretch]{dashlength}[dashdotgap](x1,y1)(x2,y2)...(xn,yn)
```

参数 stretch 表示延伸的长度，dashlength 表示虚线段长度，dashdotgap 表示虚线密度，(x_i, y_i) 坐标，即从开始位置到结束位置。

例　如图 5.11 所示，在 picture 环境中用 \dashline 命令画虚线，其 LaTeX 文本如下：

```
\usepackage{epic}
\begin{picture}(150,20)(0,0)
  \dashline{3}[1](0,20)(150,20)
  \dashline{5}(0,16)(150,16)
  \dashline[30]{3}(0,12)(150,12)
  \dashline[+15]{3}[0.5](0,8)(150,8)
\end{picture}
```

图 5.11　dashline 虚线

\drawline 命令与 \dottedline 和 \dashline 命令类似，使用方法也相同，\drawline 命令表示绘制实线。

\multiputlist 命令和 \grid 命令的语法格式：

```
\usepackage{epic}
\multiputlist(x,y)(Δx,Δy)[pos]{item_1,item_2,...,item_n}
\grid(width,height)(Δwidth,Δheight)[initial-X,initial-Y]
```

\multiputlist 的第一个参数为开始的位置，第二个参数为 x 轴和 y 轴的偏移量，可选参数 pos 表示对齐位置，可选值有 t/m/b，后面的 item 为标记内容。

\grid 可绘制方格，第一个参数为高度和宽度，第二个参数为 x 轴和 y 轴的偏移量，可选项为标注的值。

例 如图 5.12 所示，在 picture 环境中用 \grid 命令画方格，用 \multiputlist 命令为方格添加标注，其 LaTeX 文本如下：

```
\usepackage{epic}
\begin{picture}(100,70)
  \put(0,45){\grid(100,30)(20,5)}
  \scriptsize
  \multiputlist(0,40)(20,0){1.00,1.25,1.50,1.75,2.00,2.25}
  \put(0,0){\tiny\grid(60,20)(10,10)[-50,0]}
\end{picture}
```

\put 命令有一个参数，指定放置的位置，后面紧跟打印的内容。案例中，在 (0,45) 的位置放了一个 100×30 的网格，横纵步长分别为 20 和 5。\multiputlist 在 (0,40) 的位置添加标注，横纵步长分别为 20 和 0。

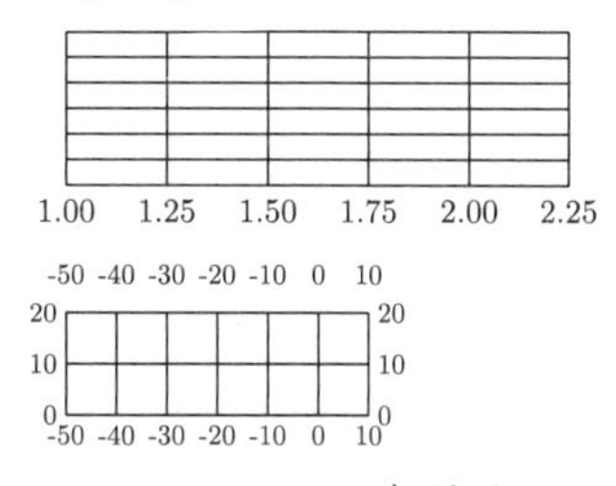

图 5.12 multiputlist 标注和 grid 方格

\matrixput 命令的语法格式：

```
\usepackage{epic}
\matrixput(x,y)(Δx_1,Δy_1){n_1}(Δx_2,Δy_2){n_2}{object}
```

\matrixput 的第一个参数 (x, y) 为开始的位置，第二个参数 $(\Delta x_1, \Delta y_1)$ 为 x 轴和 y 轴的偏移量，n_1 为 $(\Delta x_1, \Delta y_1)$ 的重复次数，第二组类似。

例　如图 5.13 所示，在 picture 环境中用 \matrixput 命令画棋盘，其 LaTeX 文本如下：

```
\usepackage{epic}
\begin{picture}(62,32)
  \matrixput(0,0)(10,0){7}(0,10){4}{\circle{2}}
  \matrixput(10,0)(20,0){3}(0,20){2}{\circle*{2}}
  \matrixput(0,10)(20,0){4}(0,20){2}{\circle*{2}}
  \matrixput(1,0)(10,0){6}(0,10){4}{\line(1,0){8}}
  \matrixput(0,1)(10,0){7}(0,10){3}{\line(0,1){8}}
\end{picture}
```

\circle 命令绘制圆形，加上星号表示实心圆，参数表示半径大小，\line 表示绘制实线。例如第一个 \matrixput 的 (0,0) 表示开始的位置；(10,0) 表示横纵步长，即横向步长为 10，纵向步长为 0；7 表示位移的次数，这里表示横向重复 7 次；后面一组与之类似。

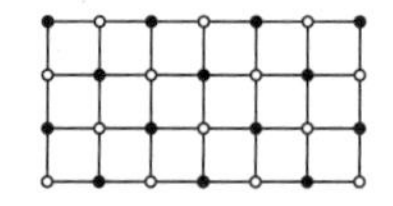

图 5.13　matrixput 示例

在实际应用中，还可以用 eepic 宏包。eepic 宏包是 epic 宏包的扩展，它改进了标准 LaTeX 的 \line、\circle、\oval 等命令，扩展了表 5.2 中的命令，并添加了 allinethickness、\path 等命令。

5.2　插图

多数用户可能更喜欢先通过某些专业的图形软件绘制图片，然后插入 LaTeX 文档中。这种方式更加直观，用户上手也比较快，但不可否认，标量图插入之后可能导致像素模糊。

本节将着重介绍插图命令 \includegraphics，然后围绕插图的标题、标注、图文环绕等细节展开，学习插图的相关样式。

5.2.1 插入图片

很多时候需要向文本中插入图片，graphics 宏包和 graphicx 宏包都提供了插入图片的命令 \includegraphics，但两者调用的语法有一定的差别。

graphics 宏包 在 graphics 宏包中，\includegraphics 命令的语法格式为：

```
\usepackage{graphics}
\includegraphics*[llx,lly][urx,ury]{file}
```

可选项 [llx,lly] 表示左下方的偏移量，[urx,ury] 表示右上方的偏移量，也就是裁剪的位置，如果缺省，即按照图片原来大小打印。参数 file 为图片文件所在的物理位置 (磁盘位置尽量使用相对路径，不使用绝对路径)。\includegraphics 命令如果带有星号 *，就会根据指定的位置裁剪。

例 如图 5.14 所示，插入图片的命令为：

```
\usepackage{graphics}
\includegraphics*[60,60][180,200]{image/example1.jpg}
```

被插入的图片位置为“image/example1.jpg”，在图片的左下方 [60,60] 和右上方 [180,200] 位置对图片裁剪。

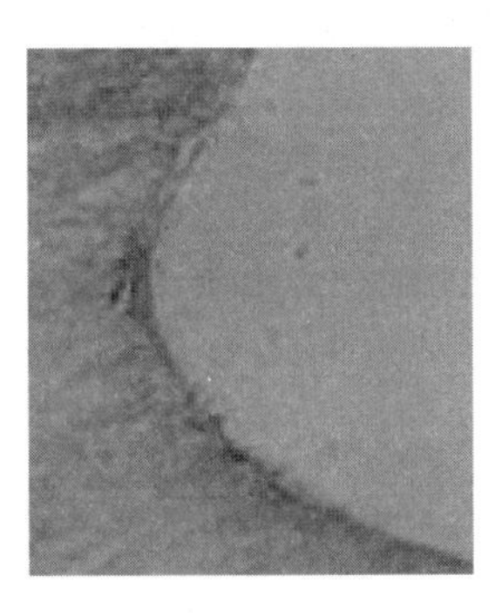

图 5.14 graphics 宏包的图片插入命令 includegraphics

用 \includegraphics 命令插入图片，按照 1:1 的大小插入，如果希望对图片做伸缩处理，可以用 graphics 宏包中的 \scalebox 命令实现缩放/比例图文 (图片和文字)，其语法格式为：

```
\usepackage{graphics}
\scalebox{h-scale}[v-scale]{text}
```

参数 h-scale 表示在水平方向上的伸缩，可选项 [v-scale] 为垂直方向的伸缩，如果省略，则保持水平方向上的伸缩比例。

例　如图 5.15 所示，用 \scalebox 命令控制图文伸缩，LaTeX 文本如下：

```
\usepackage{graphics} % or graphicx
\scalebox{0.15}{\includegraphics{image/example1.jpg}}
\hspace{1cm}
\scalebox{2}{\Large 图文伸缩2倍}
```

图文伸缩 2 倍

图 5.15　用 graphics 宏包的 scalebox 命令控制图文伸缩

用 \resizebox 命令可控制插图的宽度和高度，其语法格式为：

```
\usepackage{graphics}
\resizebox{h-height}{v-length}{text}
```

参数 h-height 表示水平宽度，v-length 表示垂直高度，text 可以是图片和文字。参数 h-height 或 v-length 可以省略一个，以感叹号 "!" 代替。如省略，将分别按照实际高度和宽度打印。

例　如图 5.16 所示，用 \eboresizx 命令控制插入图文的大小。

```
\usepackage{graphics}
\resizebox{45mm}{25mm}{\includegraphics*[60,60][180,200]{image/
   example1.jpg}}
\hspace{1cm}
```

```
\reboresizx{45mm}{25mm}{\Large 图文限定宽度}

\resizebox{45mm}{!}{\Large 图文限定宽度}
```

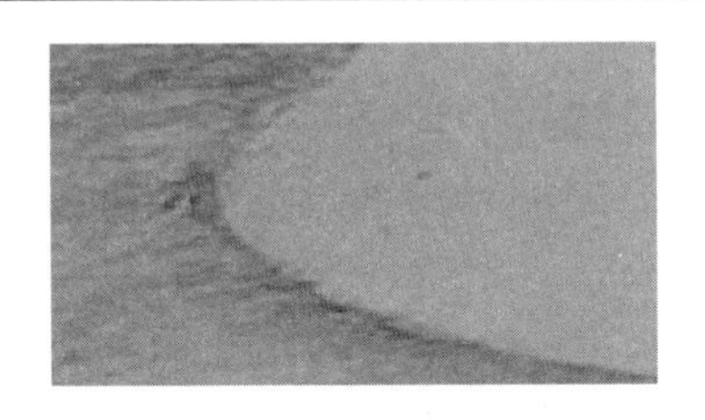

图文限定宽度

图文限定宽度

图 5.16　用 graphics 宏包的图文尺寸控制 resizebox

graphics 宏包中还有 `\rotatebox{angle}{text}` 命令，用于调整图文的角度。angle 即角度，正值表示按照逆时针方向旋转，负值表示按照顺时针方向旋转。

例　如图 5.17 所示，将图文旋转 45 度，用 `\rotatebox` 可以旋转图片和文字。

```
\usepackage{graphics} % or graphicx
\rotatebox{45}{\includegraphics*[60,60][180,200]{image/example1.
   jpg}}
\hspace{2cm}
\rotatebox{45}{\Large 图文旋转45度}
```

提醒一下：在于 `\includegraphics` 命令插入图片的时候，需要指定正确的图片路径，一般使用相对路径。如果路径不正确，编译将会提示不存在该图片文件。

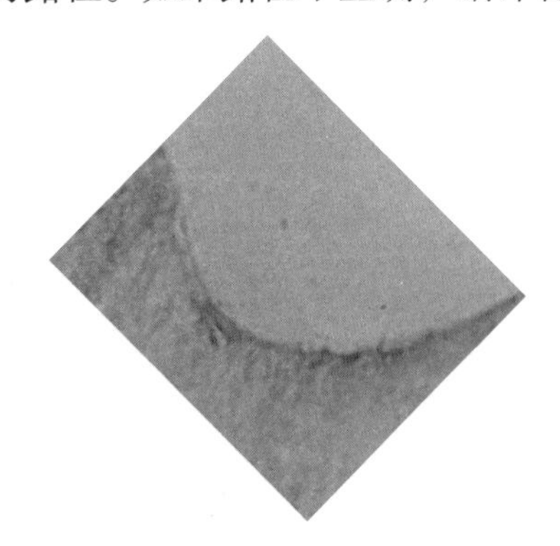

图文旋转 45 度

图 5.17　graphics 宏包的图文旋转命令 rotatebox

graphicx 宏包　graphicx 宏包中的 \includegraphics 命令显得更加灵活，它的语法格式为：

```
\usepackage{graphicx}
\includegraphics*[key/value-list]{file}
```

\includegraphics 命令带有可选参数，以键值对的形式设置，其中可选参数如表 5.3 所示。

表 5.3　includegraphics 的可选参数

参数	参数值	说明
bb	数值	图片的边界框，相当于两对坐标点，四个点以空格分隔
bbllx bblly bburx bbury		左下方和右上方的 x 轴和 y 轴坐标，等同于 bb
viewport	数值	指定图片裁剪位置，与 bb 类似
trim	数值	于 viewport 类似，指定图片左下右上四方裁剪掉的大小
natheight natwidth	数值	natheight=h,natwidth=w 与 bb=0 0 h w 等价
angle	数值	图片在逆时针方向旋转的角度
origin	数值	图片旋转的中心点
width	数值	图片宽度
height	数值	图片高度
totalheight	数值	图片全部高度
keepaspectratio	Boolean	尽可能使得图片等比缩放
scale	数值	缩放范围
clip	boolean	将图片裁剪到边界框
draft	boolean	草稿模式

例　如图 5.18 所示，比较参数 bb、viewport、trim、clip 的作用和区别，LaTeX 文本如下：

```
\usepackage{graphicx}
\includegraphics[bb=60 60 180 200, clip]{image/example1.jpg}
\hspace{0.5cm}
\includegraphics[viewport=60 60 180 200, clip]{image/example1.jpg
   }
```

```
\hspace{0.5cm}
\includegraphics[trim=100 600 350 60, clip]{image/example1.jpg}
```

bb 设置四个值，相当于裁剪的两对坐标点，四个值用空格分隔。viewport 与 bb 类似，即指定被裁剪的坐标。trim 与 viewport 类似，但 trim 的四个值分别表示从左下右上四个方向裁剪的大小。clip 表示对图片进行裁剪，裁剪的位置即 bb、viewport、trim 指定的位置。

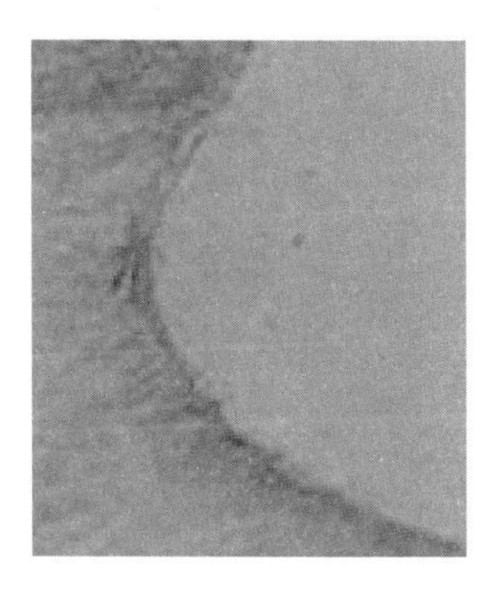
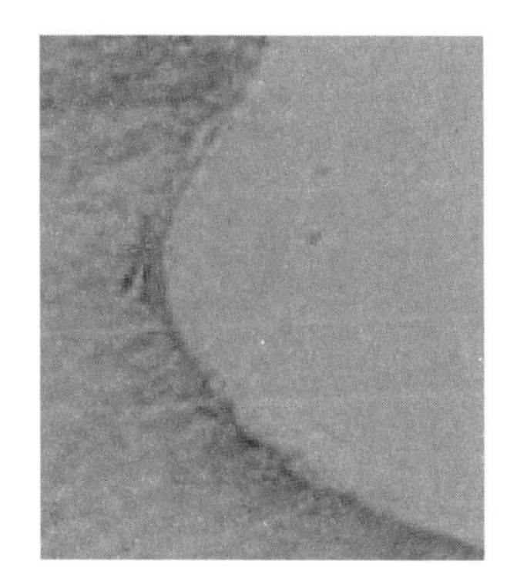
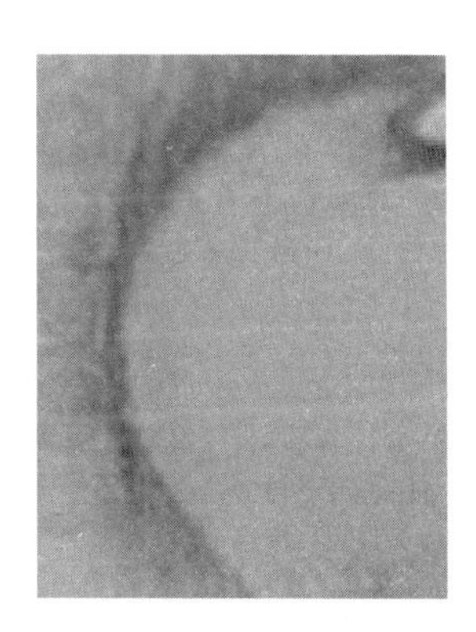

图 5.18 includegraphics 的参数案例 (1)

例 如图 5.19 所示，比较参数 draft、scale、width、height 的使用方式。

```
\usepackage{graphicx}
\includegraphics[bb=60 60 180 200, draft]{image/example1.jpg}
\hspace{1cm}
\includegraphics[scale=0.18]{image/example1.jpg}
\hspace{1cm}
\includegraphics[width=3.5cm]{image/example1.jpg}
```

draft 为布尔值，表示图片以草稿的形式出现，只会打印 `\includegraphics{text}` 中的 text，即图片名称。scale 可以按照图片的宽度和高度缩放，控制可见区的缩放大小。width 或 height 表示图片的宽度和高度，两个参数可同时出现。如果同时出现，则设置为指定宽度和高度，可能会出现压缩或拉伸；如果只出现其中一个参数，则另一个参数按照等比缩放设置。

image/example1.jpg

图 5.19　includegraphics 的参数案例 (2)

例　如图 5.20 所示，比较参数 angle、totalheight、keepaspectratio 的使用方式。

```
\usepackage{graphicx}
\includegraphics[scale=0.15, angle=45]{image/example1.jpg}
\hspace{1cm}
\includegraphics[width=3cm, totalheight=5cm]{image/example1.jpg}
\hspace{1cm}
\includegraphics[width=3cm, totalheight=5cm, keepaspectratio]{
   image/example1.jpg}
```

参数 angle 为图片旋转的角度；totalheight 为图片的全部高度。keepaspectratio 控制缩放比例，如果设置了 width 或者 height，以及 totalheight，则按照原图的比例，尽可能地保持等比缩放 (可能只会依赖某一个可达参数缩放)。

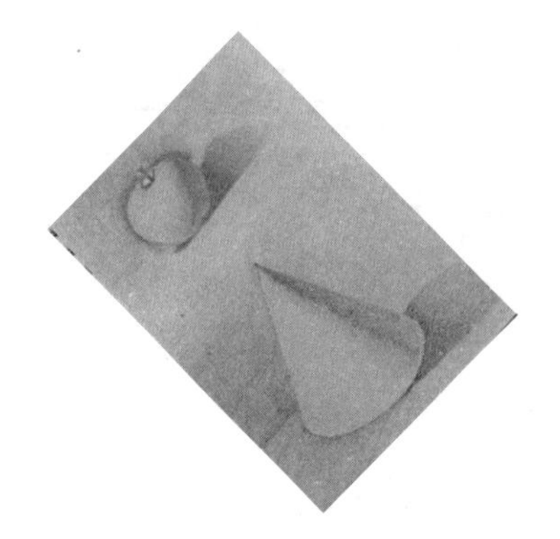

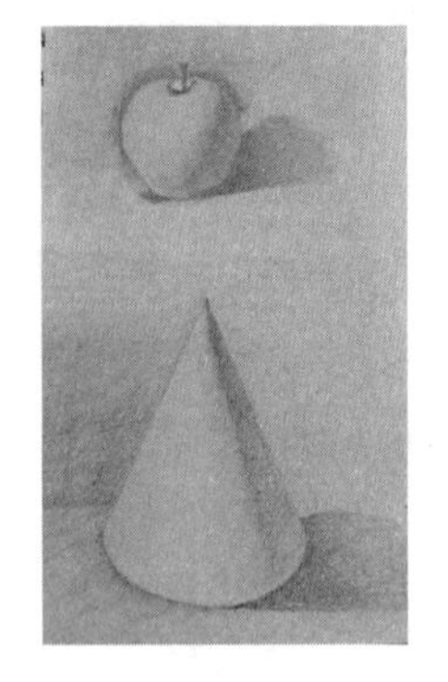

图 5.20　includegraphics 的参数案例 (3)

graphicx 宏包中的 \includegraphics 命令对 \scalebox、\resizebox、\rotatebox 同样可用。

5.2.2 插入 PDF 文档

TEX 输出的文档为 PDF 格式，如果能够插入一些外部的 PDF 文档，则在很大程度上能够解除文档之间的耦合，对文档进行有效的扩展和补充，让文档编辑更加灵活，并丰富文档的内容。

使用 pdfpages 包提供的支持，可以非常方便地插入 PDF 格式文档。它的优势在于，可以插入一个或多个页面，并能够独立改变页面布局。在导言区引入 pdfpages 包，其中可选项 options 的相关描述如表 5.4 所示。

```
\usepackage[options]{pdfpages}
```

表 5.4 pdfpages 包中的可选项 options 的相关描述

参数	描述
final	默认选项，插入页面
draft	非插入页面，但打印边框和对应文档的名称
demo	插入一个空白页面
nodemo	禁用 demo
enable-survey	-

要插入 PDF 格式文档，需要使用 \includepdf 命令，其格式如下：

```
\usepackage{pdfpages}
\includepdf[key/value-list]{<filename>}
```

可选项键值对形式 key=value 如表 5.5 所示，filename 表示被插入 PDF 文档的名称。还可以插入多个不同的 PDF 文档，其格式为：

```
\usepackage{pdfpages}
\includepdfmerge[key = value]{file-page-list}
```

键值对 key=value 如表 5.5 所示，参数 file-page-list 的形式为 filename[,page spec]，列表用逗号分隔，其后的页面范围为可选项。

表 5.5　命令中的可选项键值对

参数	参数值	描述	实例
pages	整数	选择需要插入的页面	{3,{},8-11,15}
nup	整数	插入多个页面	<x>x<y>，如 nup=1x1
landscape	boolean	指定页面格式	false
delta	整数	页面的水平和垂直距离	0 0
offset	整数	重置插入页面的原点	0 0
frame	boolean	边框	false
column	boolean	行列优先	false
columnstrict	boolean	是否强制列优先	false
openright	boolean	先插入一个空白页	false
openrighteach	boolean	与 openright 类似	false
pagecommand	命令	声明 TeX 命令	{\thispagestyle{}}
turn	boolean	横向或纵向排版	true
noautoscale	boolean	自动缩放	false
fitpaper	boolean	调整纸张大小同插入文档	false
reflect	boolean	翻转	false
signature	整数	装订线，签名并设置 nup	8
signature*	整数	与 signature 相似，右边	8
booklet	boolean	signature 的补充	false
picturecommand	命令	声明图片命令	{}
picturecommand*	命令	与 commands 类似	{}
pagetemplate	整数	设置模板为首个插入页	first page
templatesize	整数	与 pagetemplate 类似	{width height}
rotateoversize	boolean	选择过大的页面	false
doublepages	boolean	每个页面插入两次	false
doublepagestwist	boolean	边缘内置	false
doublepagestwistodd	boolean	边缘外置	false
doublepagestwist*	boolean	类似于 doublepagestwist	false
doublepagestwistodd*	boolean	类似于 doublepagestwistodd	false
duplicatepages	整数	复制 n 次	n
lastpage	整数	指定页面编号	1
link	boolean	插入页作为超链接	false
linkname	字符串	改变 link 中的文件名	mylink
thread	boolean	合并插入页	false
threadname	字符串	区分 thread	names
linktodoc	boolean	插入页跳转到文档	false

```
\usepackage{pdfpages}
\includepdfmerge[nup=1x3, landscape, linktodoc]{dc1.pdf, 2, dc2.
   pdf, dc3.pdf}
```

如果要把 \includepdf 命令设置为全局命令，则可以通过 \includepdfset 命令实现，然后通过 \includepdf 命令调用设置的 \includepdfset，格式如下：

```
\usepackage{pdfpages}
\includepdfset{global options}
\includepdf[local options]{pdf-file}
```

例 我们通过一个简单的案例来进一步了解以上命令的使用方法，如图 5.21 所示[2]，LaTeX 文本如下：

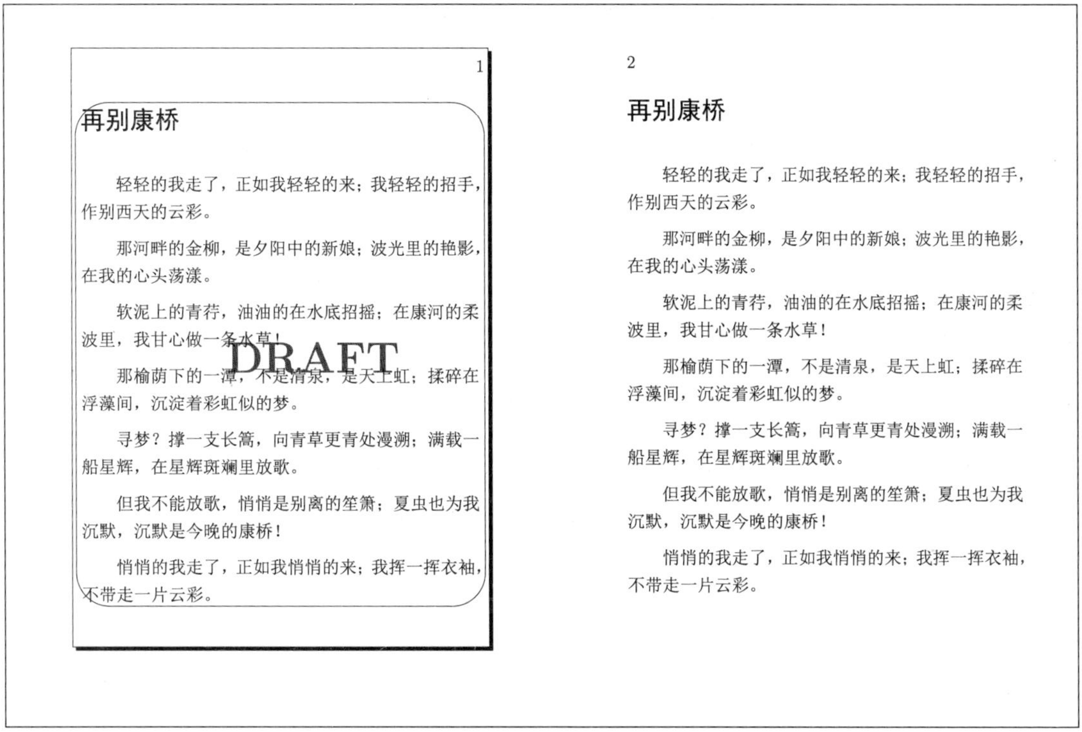

1

再别康桥

轻轻的我走了，正如我轻轻的来；我轻轻的招手，作别西天的云彩。

那河畔的金柳，是夕阳中的新娘；波光里的艳影，在我的心头荡漾。

软泥上的青荇，油油的在水底招摇；在康河的柔波里，我甘心做一条水草！

DRAFT

那榆荫下的一潭，不是清泉，是天上虹；揉碎在浮藻间，沉淀着彩虹似的梦。

寻梦？撑一支长篙，向青草更青处漫溯；满载一船星辉，在星辉斑斓里放歌。

但我不能放歌，悄悄是别离的笙箫；夏虫也为我沉默，沉默是今晚的康桥！

悄悄的我走了，正如我悄悄的来；我挥一挥衣袖，不带走一片云彩。

2

再别康桥

轻轻的我走了，正如我轻轻的来；我轻轻的招手，作别西天的云彩。

那河畔的金柳，是夕阳中的新娘；波光里的艳影，在我的心头荡漾。

软泥上的青荇，油油的在水底招摇；在康河的柔波里，我甘心做一条水草！

那榆荫下的一潭，不是清泉，是天上虹；揉碎在浮藻间，沉淀着彩虹似的梦。

寻梦？撑一支长篙，向青草更青处漫溯；满载一船星辉，在星辉斑斓里放歌。

但我不能放歌，悄悄是别离的笙箫；夏虫也为我沉默，沉默是今晚的康桥！

悄悄的我走了，正如我悄悄的来；我挥一挥衣袖，不带走一片云彩。

图 5.21 在文档中插入外部的 PDF 格式文件

[2]因 includepdf 命令插入 PDF 单独成页，为了排版方便，图中 PDF 文档用 pgfimage 命令插入。

```
\usepackage{pdfpages}
\includepdf[
  nup = 2x1, %行列排版
  pages = 1-2, %插入页数
  landscape = false, %横纵排版格式
  columnstrict = false, %列优先
  picturecommand* = {%插入的页面上添加内容
    \put(200,200){在文档中插入外部的PDF格式文件}
}]{xxx.pdf}
```

通过编译上述命令，在本文档中插入一个页面，且单独成页，其展示的内容为选定的外部文件。其中 nup=2x1 表示每行展示两个插入页面；pages= 1-2 表示插入外部文档的第 1 页和第 2 页；landscape=false 为默认值，表示纵向排版；columnstrict=false 表示列优先排列。插入的 PDF 页面与本文档并没有很大关系，单独成页 (没有编辑页面序号，可通过 lastpage 选项指定)，为了能够在插入的页面上添加必要的信息，可通过 picturecommand* 参数实现，picturecommand* 中可添加命令。`\put(200,200)` 表示添加内容的展示位置，其后指定内容。

图 5.21 所示插入 PDF 文档用的是 `\pgfimage` 命令[3]，该命令在 tikz 宏包中，其语法格式为：

```
\usepackage{tikz}
\pgfimage[key=value]{filename}
```

可选参数为键值对，key=value 可以是 interpolate、width、height 等，例如：

```
\usepackage{tikz}
\pgfimage[interpolate=true,width=1cm,height=1cm]{logo}
```

5.2.3　图像小标题

插图标题是插图的一部分，且图片标题一般放在图片底部，`\caption` 命令可以给图片命名，有关图/表标题的介绍，可参考第 2.5.3 节。本节列举两个案例，介绍中英文标题混排和多标题插图的方法。

[3]includepdf 命令插入的 PDF 页面独自分页，且没有页码，这里为了编辑方便，用 pgfimage 命令代替。

一般情况下，我们将图片放在 figure 环境中，作为浮动体处理。图形放在 figure 环境中，可以更好地控制图形在 LaTeX 文档中的排版位置和大小。

```
\begin{figure}
\centering
% 图形内容
\caption{text}
\end{figure}
```

一般情况下，图形居中打印，所以添加 \centering 命令。图形标题放在底部，所以 \caption 命令放在图形之后。

中英文标题 对于中英文混排的文档来说，可能还需要中英文两种标题同时存在，特别是一些期刊征稿，常常有这样的要求。

之所以能够打印中文，一般都是因为文档包含了 ctex 宏包或类似的宏包。也正因如此，默认情况下，图/表的标题都是以中文的形式出现的。能够影响图片标题名称的是 \figurename 命令，所以在给图片命名的时候重定义该名称即可。

例 打印中英文标题，LaTeX 文本如下：

```
\usepackage{ctex}
\usepackage{graphics}
...
\caption{graphics 宏包的图文尺寸控制 resizebox}
\vspace{-5pt}
\addtocounter{figure}{-1}
\renewcommand{\figurename}{Fig}
\caption{The size of picture controlled by resizebox command of
   graphics package.}
```

\vspace 在垂直方向上将两个标题分隔开，间距为 5pt。同一个图片的标题，编号应该相同，所以在第二个 \caption 之前先将当前编号减 1，用 \addtocounter 命令重置图片编号，计数器为 figure。图片的编号由计数器 figure 自动增加，每增加一个 \caption 就增加 1，只能先减 1，才不会影响后面图片的编号。第一个 \caption 打印的标题为“图 xxx”，这是由于 ctex 宏包的作用，用 \renewcommand 命令对其重命名，指定 \figurename

为 Fig，即有 “Figxxx”。虽然这里重定义了 \figurename，但不影响后面图片标题。

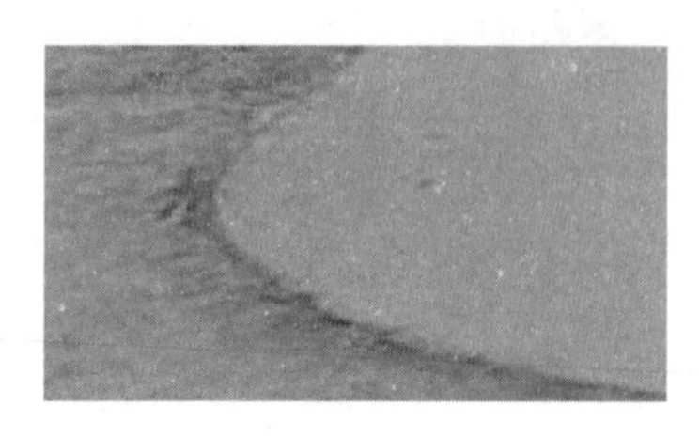

图文限定宽度

图 5.22　graphics 宏包的图文尺寸控制 resizebox

Fig 5.22　The size of picture controlled by resizebox command of graphics package.

多图并排　多个图片并排，为每个插图设置标题，或者为所有插图设置一个标题，该如何做呢？

例　如图 5.25 所示，在一个并排的插图中，插入多个标题，前面两个子图 (见图 5.23、图 5.24) 自动添加编号，最后为插图添加一个总的标题。

```
\usepackage{graphicx}
\begin{figure}[!ht]
  \begin{minipage}[t]{0.45\linewidth}
    \centering
    \resizebox{45mm}{25mm}{\includegraphics*[60,60][180,200]{xxx.
      jpg}}
    \caption{graphics 宏包的图文尺寸控制 resizebox(1)}
    \label{devnew1}
  \end{minipage}
  \hspace{1cm}
  \begin{minipage}[t]{0.45\linewidth}
    \centering
    \resizebox{45mm}{25mm}{\Large 图文限定宽度}
    \caption{graphics 宏包的图文尺寸控制 resizebox(2)}
    \label{devnew2}
  \end{minipage}
  \caption{graphics 宏包的图文尺寸控制 resizebox}
  \label{key}
\end{figure}
```

在 figure 环境中插入 minipage 环境，并设置并排插图的宽度，这样插入的图片能够自动编号。minipage 环境的作用很大，可以放在很多环境中形成一个新的区域。

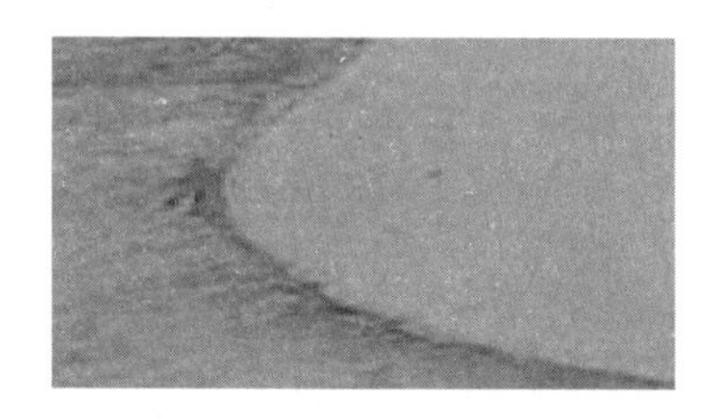

图 5.23 graphics 宏包的图文尺寸控制 resizebox(1)

图 5.24 graphics 宏包的图文尺寸控制 resizebox(2)

图 5.25 graphics 宏包的图文尺寸控制 resizebox

例 如图 5.26 所示，借助 subfigure 宏包提供的 `\subfigure` 命令插入两张图片，每张图片自动编号，但编号与文档总体编号相互独立。

```
\usepackage{graphics}
\usepackage{subfigure}
\begin{figure}[!ht]
\centering
  \subfigure[graphics 宏包的图文尺寸控制 resizebox(1)]{
    \resizebox{45mm}{25mm}{\includegraphics*[60,60][180,200]{xxx.
       jpg}}
  \label{patha}
  }
  \hspace{1cm}
  \subfigure[graphics 宏包的图文尺寸控制 resizebox(2)]{
    \resizebox{45mm}{25mm}{\Large 图文限定宽度}
  \label{pathb}
  }
\caption{graphics 宏包的图文尺寸控制 resizebox}
\label{key
\end{figure}
```

\subfigure 命令由 subfigure 宏包提供，所以需要在导言区加载 subfigure 宏包。\subfigure 命令带有一个可选参数，可以设置子图的标题，子图能够自动编号。

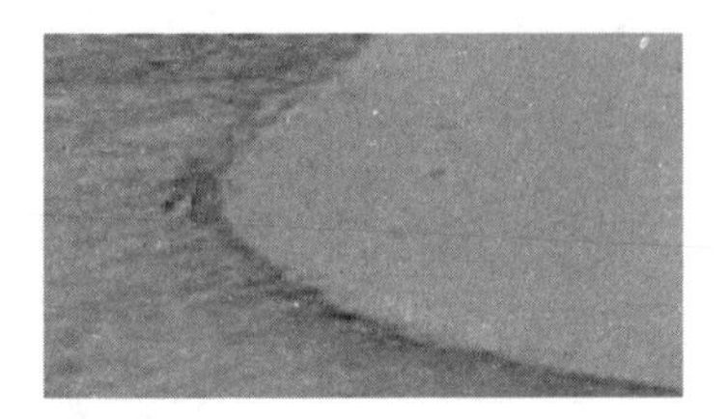

(a) graphics 宏包的图文尺寸控制 resizebox(1)

(b) graphics 宏包的图文尺寸控制 resizebox(2)

图 5.26　graphics 宏包的图文尺寸控制 resizebox

5.2.4　图像上添加标注

不管插入的是图片还是 PDF 文档，都是既定的内容，不能修改。但是可以在原有图片的基础上添加内容，如 \includepdf 命令插入 PDF 后能够用 picturecommand 参数为 PDF 添加文字。picturecommand 中使用的是 \put 命令在 PDF 文档上添加文字，类似地，在 overpic 宏包中的 overpic 环境也是用 \put 命令为图文添加内容。overpic 环境的语法格式如下：

```
\usepackage{overpic}
\begin{overpic}[option]{filename}
\end{overpic}
```

filename 为插图的文件名称，可选参数 option 的说明如表 5.6 所示。Overpic 环境与 overpic 环境类似，可为表格添加注释内容，参数与 overpic 环境参数类似。

表 5.6　overpic 环境的可选参数说明

参数	参数值	说明	参数	参数值	说明
abs	Boolean	绝对位置	percent permil	Boolean	相对位置
rel	Boolean	相对位置	grid	Boolean	绘制网格
tics	数值	网格步长	unit	数值	设置 \unitlength

例 在 overpic 环境的基础上为图片添加文字，如图 5.27 所示，LaTeX 文本如下：

```
\usepackage{overpic}
\begin{overpic}[scale=.25,percent,grid]{image/example1.jpg}
\put(5,45){\color{blue}\huge\LaTeX}
\put(55,10){\color{red} \frame{\includegraphics[scale=.07]{image/
   example1.jpg}}}
\end{overpic}
```

在 overpic 环境中，用 `\put` 命令添加文字和图片都可以，`\put` 命令的参数指定内容放置的位置即可。

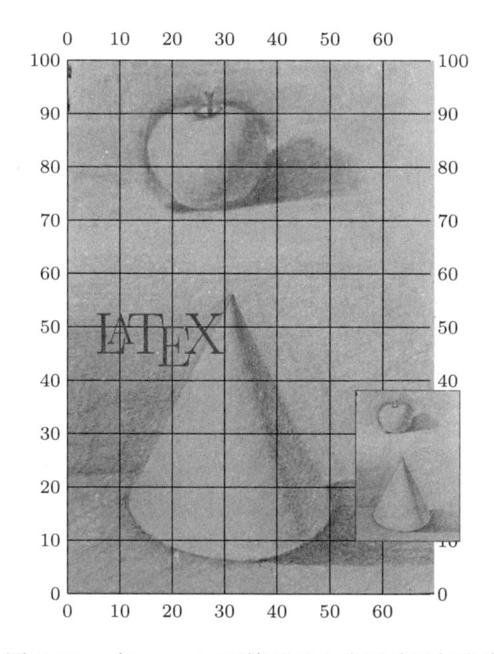

图 5.27 在 overpic 环境基础上为图片添加文字

5.2.5 图文环绕

为了节省篇幅，有时候需要将插图与文字镶嵌排版，节省排版空间。为了实现图文混排，我们可以使用 wrapfig 宏包提供的支持，将图片放在 wrapfig 宏包的 wrapfigure 环境下，其下方的文本将可以环绕在图片周围。wrapfigure 环境的语法格式为：

```
\usepackage{wrapfig}
\begin{wrapfigure}[lines]{placement}[overhang]{width}
figure
\end{wrapfigure}
```

可选参数 lines 表示环绕行数，placement 指定图片位置，可选值有 r/l/i/o (也可以是大写字母。分别表示放在右边/左边/左边界/右边界)，overhang 表示可超出文本范围，width 表示图片占据宽度。

例 在 wrapfigure 环境中实现图文环绕排版，如图 5.28 所示，LaTeX 文本如下：

```
\usepackage{wrapfig}
\begin{wrapfigure}[4]{i}[-5pt]{5cm}
  \vspace{-10pt}
  \resizebox{50mm}{10mm}{\Large 图文混排}
  \vspace{-20pt}
\caption{图文混排}
\end{wrapfigure}
```

图文混排

图 5.28 图文混排

wrapfigure 环境中放入图片，由于默认格式中图文上下间距较大，可用 `\vspace` 命令进行调整。在使用 wrapfigure 环境的时候，需要注意：wrapfigure 环境的下面必须是文本段落，不能在列表等环境中插入 wrapfigure 环境。

在图 5.28 所示案例中，图片放在了文本的右边，占据了 4 行，wrapfigure 环境下面的文本环绕在图片右下方。

5.2.6 页面背景

fancybox 宏包提供的 `\thisfancyput` 命令可以设置页面背景，但这不是唯一方式，例如 background 宏包也可实现。background 宏包依赖于 tikz 和 everypar，该宏包提供了 `\backgroundsetup` 命令，其语法格式如下：

```
\usepackage[options]{background}
or
\usepackage{background}
\backgroundsetup{options}
```

在使用 background 宏包背景的时候，可以有两种方式：一种方式是引入 background 宏包时添加可选项 options；另一种方式是先引入宏包，然后用 `\backgroundsetup` 命令添加相关属性，其中可选项 options 如表 5.7 所示。

表 5.7 background 宏包可选项的参数说明

参数	参数值	说明
pages	all/some	控制背景是否在所有页面打印，或者在部分页面打印
firstpage	Boolean	背景只在第一页打印
placement	center top bottom	打印背景的位置
contents	-	背景的具体内容，如插图 `\includegraphics`
color	颜色值	设置背景颜色，由 xcolor 宏包提供色彩
angle	$-360° \sim 360°$	背景的旋转角度
opacity	$0 \sim 1$	背景的透明度
scale	数值	背景的缩放比
position	位置	设置背景打印位置，需符合 tikz 设置 `node` 的语法，如 (2cm,3cm)、current page.north
nodeanchor	-	为包含背景的节点设置锚定，如 south east
anchor	-	为包含背景的节点设置简化锚定，如 below=30pt
hshift	数值	水平方向上的偏移
vshift	数值	垂直方向上的偏移

例 用 background 宏包设置水印背景，如图 5.29 所示，LaTeX 文本如下：

```
\usepackage{tikz}
\usepackage[pages=some,placement=center,angle=90,color=black!40,
   scale=4,hshift=6,vshift=-5]{background}
\backgroundsetup{contents=Confidential}
```

在包含 background 宏包的时候，设置了很多可选项，其含义如表 5.7 所示，这里不再赘述。特别说明的是，pages 设置为 some，表示只有部分页面可以打印背景，在需要打印水印的页面必须插入 `\BgThispage` 命令，否则所有页面都不会打印背景。在使用 `\BgThispage` 命令的时候，可以用 `\newpage` 命令断开前页。

`\backgroundsetup` 命令插入背景，参数 contents 不仅可以是文本内容，还可以插入背景图片，如使用 `\includegraphics` 命令插入标量图。

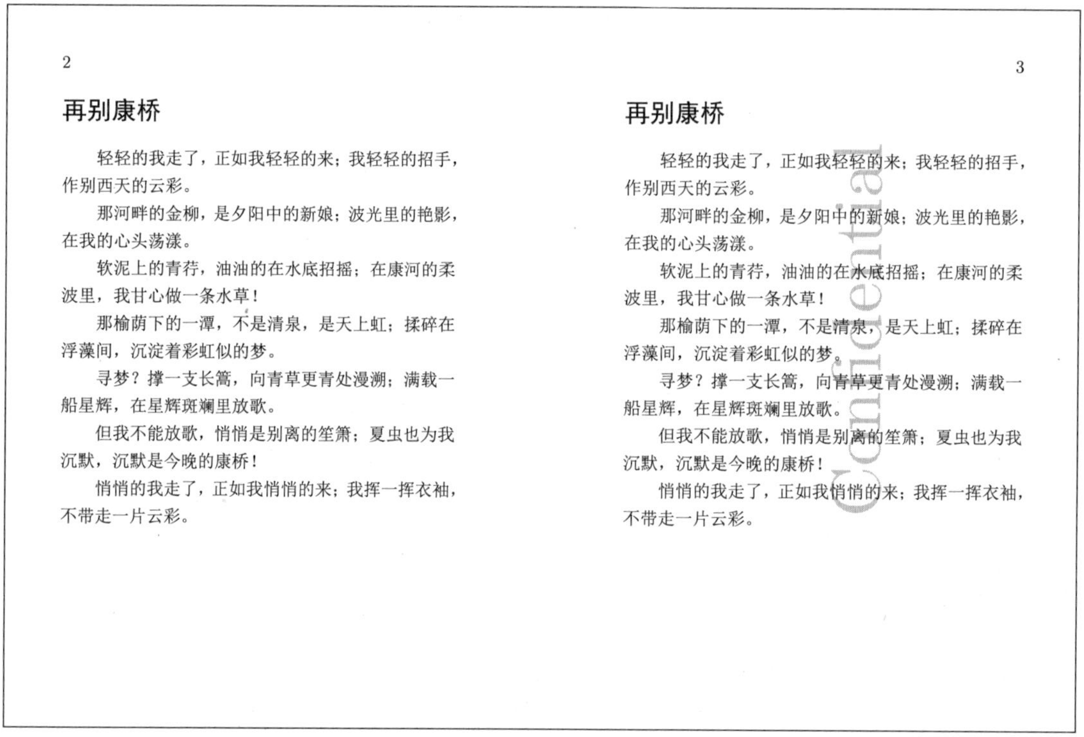

2

再别康桥

轻轻的我走了，正如我轻轻的来；我轻轻的招手，作别西天的云彩。

那河畔的金柳，是夕阳中的新娘；波光里的艳影，在我的心头荡漾。

软泥上的青荇，油油的在水底招摇；在康河的柔波里，我甘心做一条水草！

那榆荫下的一潭，不是清泉，是天上虹；揉碎在浮藻间，沉淀着彩虹似的梦。

寻梦？撑一支长篙，向青草更青处漫溯；满载一船星辉，在星辉斑斓里放歌。

但我不能放歌，悄悄是别离的笙箫；夏虫也为我沉默，沉默是今晚的康桥！

悄悄的我走了，正如我悄悄的来；我挥一挥衣袖，不带走一片云彩。

3

再别康桥

轻轻的我走了，正如我轻轻的来；我轻轻的招手，作别西天的云彩。

那河畔的金柳，是夕阳中的新娘；波光里的艳影，在我的心头荡漾。

软泥上的青荇，油油的在水底招摇；在康河的柔波里，我甘心做一条水草！

那榆荫下的一潭，不是清泉，是天上虹；揉碎在浮藻间，沉淀着彩虹似的梦。

寻梦？撑一支长篙，向青草更青处漫溯；满载一船星辉，在星辉斑斓里放歌。

但我不能放歌，悄悄是别离的笙箫；夏虫也为我沉默，沉默是今晚的康桥！

悄悄的我走了，正如我悄悄的来；我挥一挥衣袖，不带走一片云彩。

Confidential

图 5.29　background 宏包对背景的支持

5.3　绘制图形

前面的章节介绍了一些简单边框和线条的绘制方法，还介绍了 LaTeX 文档插入外部图文的方法，那么 LaTeX 中有没有更加强大的接口，可以实现更加复杂的绘图需求呢？

tikz 是一个非常强大的宏包，它为 LaTeX 文档绘制复杂图形提供支持，并提供大量的参考案例、模板案例仓库。利用 tikz 宏包画图时，一般放在 tikzpicture 环境中，通过 \draw 命令来打印线条。在本节的案例演示中，还可能用到 \tikz 命令代替 tikzpicture 环境。

5.3.1 线条控制

只有把散落的点用线条串起来，才能够形成面，所以线条是图形的基本元素。在 tikz 宏包的支持下，可以绘制出形态各异的线条。

\path 是对路径的描述，\draw 可以打印 \path，而 draw 又可以是 \path 的可选属性。也就是说，有了路径描述 \path，就能够通过 \draw 命令打印路径；或者有了 \path，可以用 draw 属性描述的路径表现出来。

例 如图 5.30 所示，\draw 命令根据 \path 指定的路径打印 (黑色)，\path 用 draw 属性直接把打印路径 (红色)。

```
\usepackage{tikz}
\begin{tikzpicture}
  \draw (0,0) -- (5,1) -- (10,0);
  \path[draw, color=red] (0,-1) --(5,0) -- (10,-1);
\end{tikzpicture}
```

两点确定一条线，\path 依次给出线条要经过的坐标点，描述大致位置，至于线条的曲直形态，就交给相关可选项属性设置。案例中以 -- 分隔两个坐标点，表示直线连接。

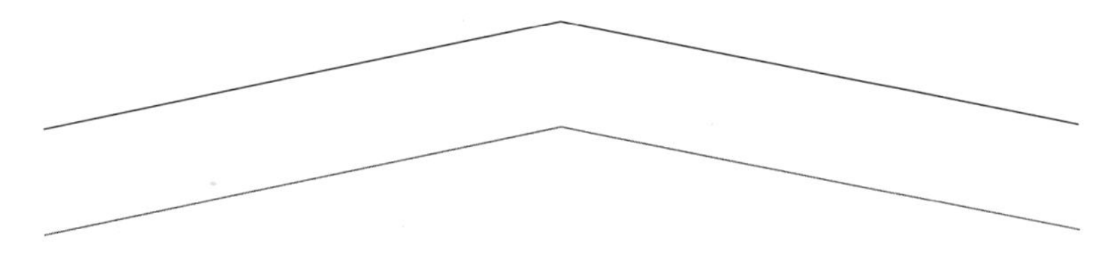

图 5.30 path 和 draw

与 \draw 类似的命令还有很多，如表 5.8 所示，都可以作为 \path 的可选属性使用，所以 \path 是图形轮廓描述的关键。\path 在 tikzpicture 环境中应用，为线条勾勒路径，它的参数如表 5.9 所示。

表 5.8　与 path 相关的命令 (可选属性)

名称	等价体	说明
\draw	\path[draw]	打印线条
\fill	\path[fill]	填充颜色
\filldraw	\path[fill, draw]	打印并填充
\pattern	\path[pattern]	可定义的图案
\shade	\path[shade]	阴影
\shadedraw	\path[shade, draw]	打印阴影
\clip	\path[clip]	裁剪
\useasboundingbox	\path[use as bounding box]	作为边界框

表 5.9　path 的相关参数

名称	案例	说明
name	pathname/.style={}	路径样式的名称，可直接被引用。
every path	every path/.style={}	为所有路径设置样式
insert path	c/.style={insert path={}}	向路径样式 c 中添加样式
append after command	append after command ={}	路径添加元素
prefix after command	prefix after command ={}	路径添加元素

例　在如图 5.31 所示的案例中，对表 5.9 所示参数进行说明。对所有线条用 every path 属性的时候，还会用到 style，其语法格式是 name/.style={}。

```
\usepackage{tikz}
\begin{tikzpicture}[every path/.style={draw},
    pathOne/.style={draw, color=red},
    cPath/.style={draw, insert path={circle[radius=2pt]}}]
  \draw (0,1) -- (2,2) -- (4,1) -- (6,0) -- (8,1);
  \draw[pathOne] (0,0) -- (2,1) -- (4,0) -- (6,-1)[cPath] --
     (8,0);
  \draw (0,-1) -- (2,0) -- (4,-1) -- (6,-2) -- node[append after
     command={(foo)--(2,0)}, draw](foo){foot}(8,-1);
  \draw (0,-2) -- (2,-1) -- (4,-2) -- (6,-3) -- node[prefix after
      command={(head)--(2,-1)}, draw](head){header}(8,-2);
\end{tikzpicture}
```

every path 统一指定所有路径的样式，pathOne 定义个性化路径样式，在 cPath 样式中插入了一个圆圈 circle，且圆圈半径为 2pt。`\draw` 按照给定的坐标依次绘制线条，默认为 every path 样式，在可选项中加入 pathOne 或在某些坐标点后加入 cPath，将按照最新的样式加载 (优先级最高)。

append after command 或者 prefix after command 在原有的路径中添加其他命令 (分支)，在 command 里面设置一个标记 (如 foo，head)。

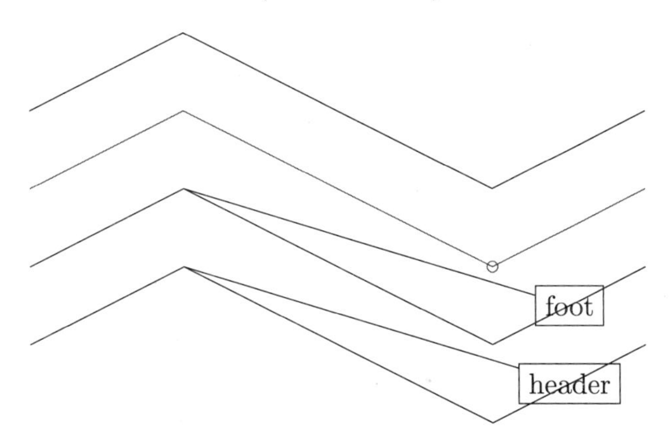

图 5.31 path 的相关参数案例

在图 5.31 所示案例中，线条都是直线，它是由 -- 控制的，用直线连接两个坐标点。有时候需要折线，-| 表示先水平方向，后垂直方向；|- 表示先垂直方向，后水平方向。

例 如图 5.32 所示，为直线控制和折线控制。

```
\usepackage{tikz}
\begin{tikzpicture}
  \draw[draw] (-3,0) -- (-2,0) -- (-2,1) -- (-3,0);
  \draw (0,0) node(a)[draw]{A} (1,1) node(b)[draw]{B};
  \draw (a.north) |- (b.west);
  \draw[color=red] (a.east) -| (2,1.5) -| (b.north);
  \draw (3,0) -- (4,1) -| cycle;
\end{tikzpicture}
```

在案例中，当绘制折线的时候，分别为 (0,0) 和 (1,1) 两个坐标设置节点 a 和 b，然后将 a 和 b 作为标记，指定线条的起止边 (按上右下左的顺序，分别为 north、east、south、west)。在第三个小图中，用到 cycle，表示封闭路径。

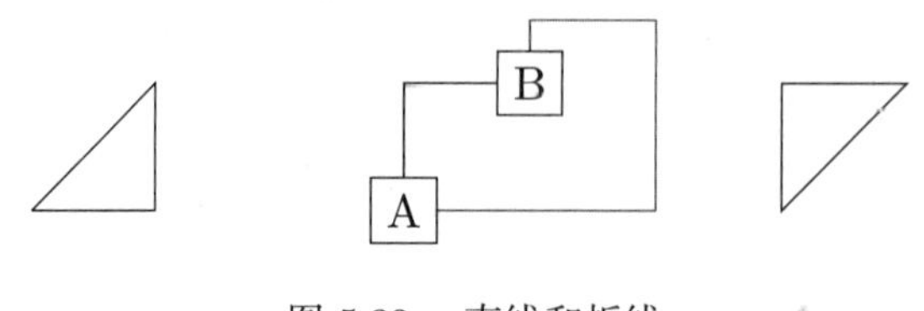

图 5.32　直线和折线

相对于直线而言，曲线就要麻烦点了，曲线的控制格式为 ..controls(a,b)..(c,d)。矩形需要 rectangle 控制，格式为 (a,b)rectangle (c,d)。

例　如图 5.33 所示，为 controls 和 rectangle 分别控制的曲线和矩形。

```
\usepackage{tikz}
\begin{tikzpicture}
  \draw[draw] (-2,0) [rounded corners=5pt] -- (-1,0) -- (-1,1) --
      (-2,0);
  \draw (0,0) .. controls (1,1) .. (4,0) .. controls (5,0) and
     (5,1) .. (4,1);
  \draw (6,0) rectangle (6.5,1.5);
  \draw[rounded corners=5pt] (8,0) rectangle (8.5,1.5);
\end{tikzpicture}
```

controls 和 rectangle 都有起止坐标，controls 前后有两个小点，rectangle 的两个坐标为对角线坐标。rounded corners 选项表示圆角，默认值为 4pt，sharp corners (无值) 关闭所有的 rounded corners 效果。

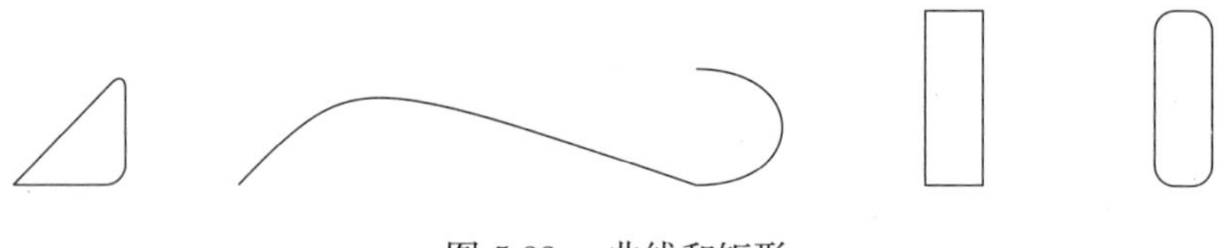

图 5.33　曲线和矩形

圆形的关键字为 circle，椭圆的关键字为 ellipse，它们的可选参数有 x radius、y radius、radius、at、every circle。

例　如图 5.34 所示，是 circle 和 ellipse 的应用。

```
\usepackage{tikz}
\begin{tikzpicture}[every circle/.style={x radius=0.5cm, y radius
    =0.5cm}]
  \draw (1,0) circle[radius=1.5];
  \draw[color=red] (1,0) circle [x radius=1cm, y radius=5mm,
     rotate=30];
  \draw (1,1) ellipse [x radius=1cm,y radius=.5cm];
  \draw[color=blue] (0,0) circle;
\end{tikzpicture}
```

circle 或者 ellipse 中的可选项可作为 tikzpicture 的可选项，由 tikzpicture 统一管理。x radius 指定圆形的 x 轴半径，y radius 指定圆形的 y 轴半径，rotate 对图形进行旋转。

从直线到曲线，到圆和椭圆，形状越来越不规则，线条也越来越不规则，最后就变成了很小的弧线 arc。弧线 arc 可以添加到其他图形中，可选项有 start angle、start angle、delta angle。

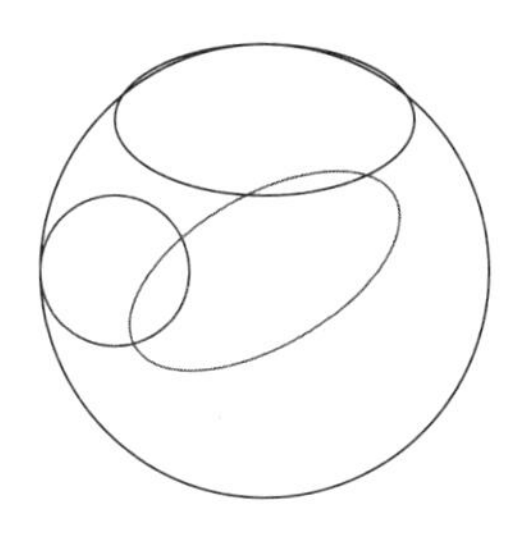

图 5.34 圆形和椭圆

例 如图 5.35 所示，利用 arc 绘制弧线。案例中有 (angle:radius) 的形式，即旋转角度和旋转半径。

```
\usepackage{tikz}
\begin{tikzpicture}[radius=1cm, delta angle=30]
  \draw (-1,0) -- (3.5,0);
  \draw (1.5,0) -- ++(210:2cm) -- +(30:4cm);
  \draw (1.5,0) +(0:1cm) arc [start angle=0];
  \draw (1.5,0) +(180:1cm) arc [start angle=180];
  \path (1.5,0) ++(15:.75cm) node{$\alpha$};
```

```
  \path (1.5,0) ++(15:-.75cm) node{$\beta$};
  \draw (4,0) -- +(30:1cm) arc[start angle=30, delta angle=30] --
      cycle;
  \draw (8,0) arc [start angle=0, end angle=270, x radius=1cm, y
     radius=5mm] -- cycle;
\end{tikzpicture}
```

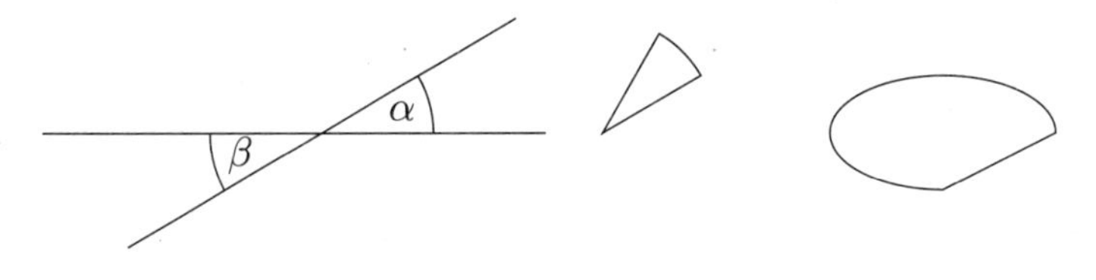

图 5.35 弧线

例 如图 5.36 所示，用 grid 绘制网格，用 circle 绘制圆形。

```
\usepackage{tikz}
\begin{tikzpicture}[x=.5cm]
  \draw (0,0) grid [step=1] (3,2);
  \draw[red] (3.5,0) grid [step=5pt] (5.5,2);
  \end{tikzpicture}
  \hspace{2cm}
  \begin{tikzpicture}
  \draw (0,0) circle [radius=1];
  \draw[blue] (0,0) grid [step=(45:1)] (3,2);
  \draw[help lines] (3,0) circle [radius=1];
\end{tikzpicture}
```

grid 表示网格，可选参数有 step、xstep、ystep、help lines，其中 step 表示步长，help lines 默认为 0.2pt,gray。`[step=(45:1)]` 表示在 xy 方向 (即 45 度方向) 上的步长为 1，即对角线的步长为 1。

弧线的规律性不是很强，抛物线是可以描述的函数，在 tikz 中 parabola 绘制抛物线，它的可选项有 bend、bend pos、parabola height、bend at start、bend at end。

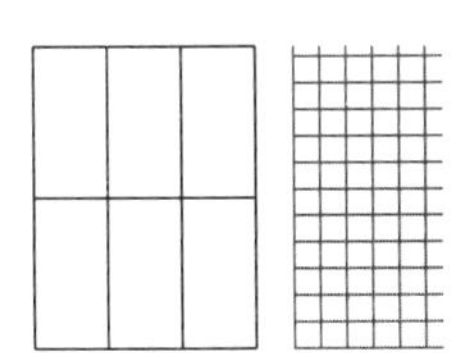
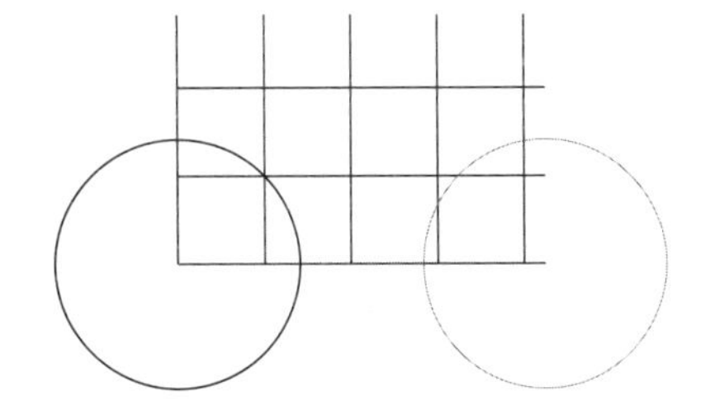

图 5.36 网格

例 图 5.37 简单勾勒了几个抛物线。

```
\usepackage{tikz}
\begin{tikzpicture}[x=.5cm]
  \draw (0,0) parabola (-1,2);
  \draw (0,0) parabola (1,2);
  \draw (2,0) parabola (3,2);
  \draw (-1,0) parabola[bend pos=0.5] bend +(0,2) +(5,0);
\end{tikzpicture}
```

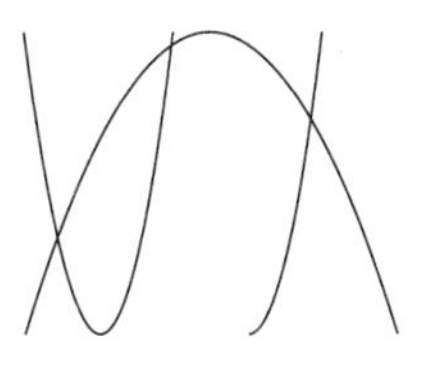

图 5.37 抛物线

例 sin 和 cos 函数如图 5.38 所示。

```
\usepackage{tikz}
\begin{tikzpicture}
  \draw (0,0) sin (1,1) cos (2,0) sin (3,-1) cos (4,0) sin (5,1);
  \draw[color=red] (0,1) cos (1,0) sin (2,-1) cos (3,0) sin (4,1)
      cos (5,0);
\end{tikzpicture}
```

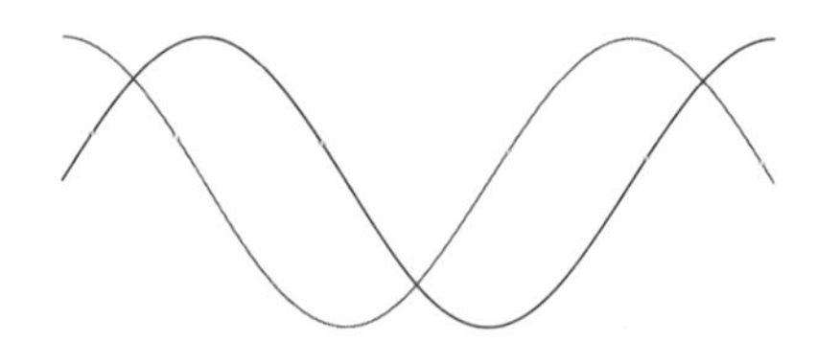

图 5.38　sin 和 cos 函数

关键字 to 有两种使用格式，(a,b)to (c,d)，即从一个点到另一个点的直线，(a,b) to [out=x, in=y] (c,d) 表示从一个点到另一个点的曲线，out 表示离开时的角度，in 表示到达时的角度。to 的可选项有 edge node、edge label、edge label'、every to，都是对边添加某些说明。

例　如图 5.39 所示，是对关键字 to 的说明案例。

```
\usepackage{tikz}
\begin{tikzpicture}
  \draw[help lines] (0,0) grid (5,2);
  \node (a) at (2,2) {a};
  \draw[yellow] (0,0) to (5,2);
  \draw[red] (10pt,10pt) to (a);
  \draw[blue] (3,0) -- (3,2) -- (a) to cycle;
  \draw (5,2) to[out=-90,in=0] node[above] {x} (0,0);
\end{tikzpicture}
\hspace{2cm}
\begin{tikzpicture}
  \draw[help lines] (0,0) grid (5,2);
  \draw[red] (0,2) to [edge node={node [above] {y}}] (5,0);
  \draw (1,0) to [edge label=x] (3,2);
  \draw (3,0) to [edge label=a, edge label'=b] (5,2);
\end{tikzpicture}
```

at 可以将点定位在某个坐标上，to 可以连接两点。edge label 和 edge label' 基本上没有区别，只是默认设置中 edge label' 有 swap 属性。

与 to 相关的是 to path，其作用与 to 相似，可选参数有 execute at begin to、execute at end to、every to。

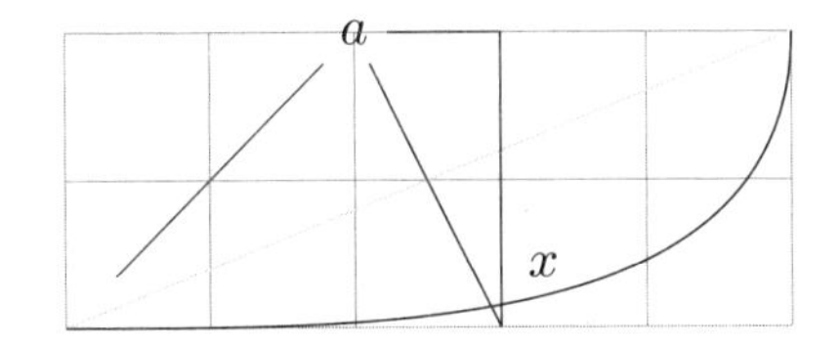

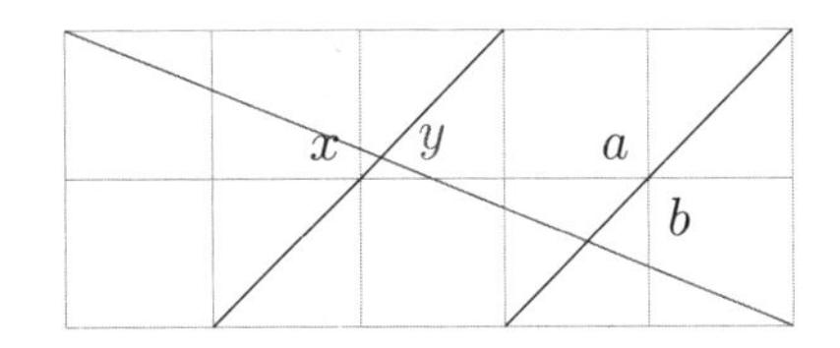

图 5.39 边和标注

例 对于某些重复有规律的图形，我们会用到 foreach 选项，以循环的方式重复打印。如图 5.40 所示，为 foreach 选项的应用。

```
\usepackage{tikz}
\begin{tikzpicture}
  \draw (0,1) foreach \x in {1,...,10} { -- (\x,2) -- (\x,1) };
  \draw[color=red] (0,1) foreach \y in {0,4,8} {cos (1+\y,0) sin
      (2+\y,-1) cos (3+\y,0) sin (4+\y,1)};
\end{tikzpicture}
```

foreach 中可以设置一个或者多个变量，变量的范围放在 in 中，需要重复打印的部分放在 {} 里面。

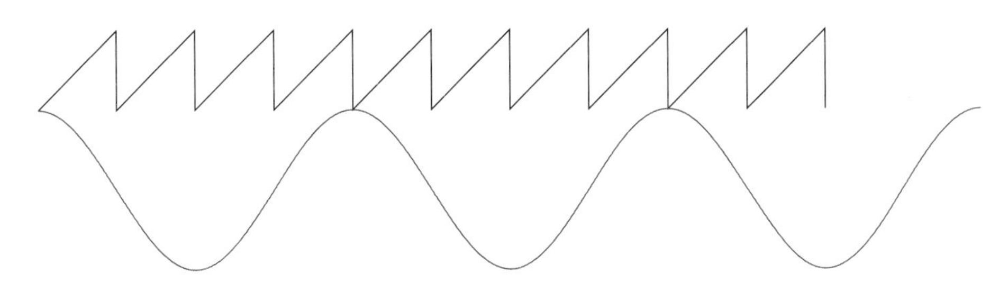

图 5.40 foreach 循环

5.3.2 线条样式

前面介绍了很多线条，有直线、曲线、弧线等，它们的样式相对单一，我们仅给它们设置了一个颜色，其中颜色的控制属性为 color。除了可以控制颜色，还可以控制线条的粗细、形态等，可添加的属性如表 5.10、表 5.11、表 5.12 所示。

例　表 5.10 所示属性主要控制的线条粗细，以及线条棱角的圆滑处理。如图 5.41 所示为对表 5.10 所示属性的示例。

```
\usepackage{tikz}
\begin{tikzpicture}[line width=5pt]
  \draw[line width=5pt] (0,0) -- (1cm,1.5ex);
  \draw[thick] (2,0) -- (3cm,1.5ex);
  \draw[line cap=round] (4,0) -- (5,0);
  \draw[line join=bevel] (6,0) -- (7,0);
  \draw[miter limit=25] (8,0.5) -- (9,0) -- (8,-0.5);
\end{tikzpicture}
```

表 5.10　线条的可选属性 (粗细)

属性	属性值	说明
color	颜色值	控制线条颜色，设置颜色值
line width	数值	控制线条宽度
ultra thin	无	预定义的线条宽度，0.1pt
very thin	无	预定义的线条宽度，0.2pt
thin	无	预定义的线条宽度，0.4pt
semithick	无	预定义的线条宽度，0.6pt
thick	无	预定义的线条宽度，0.8pt
very thick	无	预定义的线条宽度，1.2pt
ultra thick	无	预定义的线条宽度，1.6pt
line cap	round/rect/butt	线条的四个角，有三个值可以设置
line join	round/bevel/miter	交点的处理方式，有三个值可以设置
miter limit	数值	两线交合的尖角处理

图 5.41　线条粗细控制示例

例　除实线外，还有虚线，虚线的控制属性如表 5.11 所示。如图 5.42 所示，是对表 5.11 中属性的应用示例。

```
\usepackage{tikz}
\begin{tikzpicture}[dash pattern=on 20pt off 10pt]
  \draw (0,0) -- (12,0);
  \draw[dash phase=10pt] (0,-0.5) -- (12,-0.5);
  \draw[dash=on 20pt off 10pt phase 10pt] (0,-1) -- (12,-1);
  \draw[loosely dash dot dot] (0,-1.5) -- (12,-1.5);
\end{tikzpicture}
```

dash 属性控制破折号的间隔，on 20pt off 10pt 表示绘制 20pt，然后间隔 10pt，dash pattern 重复这一模板。

表 5.11 线条的可选属性 (虚线)

属性	属性值	说明
dash pattern	模板	破折号模板
dash phase	数值	根据 dash pattern 的模板，调整开始位置
dash	-	dash pattern 和 dash phase 的组合
dash expand off	无	使破折号的间隔能够延展，需要 decorations 仓库
solid	无	实线
dotted	无	虚线
densely dotted	无	虚线
loosely dotted	无	虚线
dashed	无	虚线
densely dashed	无	虚线
loosely dashed	无	虚线
dash dot	无	虚线
densely dash dot	无	虚线
loosely dash dot	无	虚线
dash dot dot	无	虚线
densely dash dot dot	无	虚线
loosely dash dot dot	无	虚线

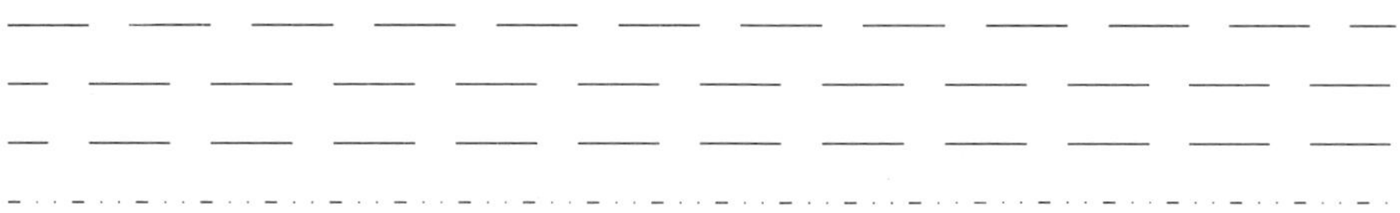

图 5.42 虚线控制应用示例

以上介绍的线条都是单线，如表 5.12 所示的属性，可控制双线。

表 5.12　线条的可选属性 (双线)

属性	属性值	说明
double	颜色值	双线，可设置颜色值
double distance	数值	两线间距
double distance between line centers	数值	两线中心间距
double equal sign distance	无	与等号中两条直线的距离相对应

例　如图 5.43 所示为表 5.12 所示属性的应用示例。

```
\usepackage{tikz}
\begin{tikzpicture}[line width=5pt]
  \draw (0,0) -- (12,0);
  \draw[double=red] (0,-0.5) -- (12,-0.5);
  \draw[double distance=2pt] (0,-1) -- (12,-1);
\end{tikzpicture}
\begin{tikzpicture}[double distance between line centers=15pt]
  \foreach \x in {2,4,6,8,10}
  \draw[line width=\x pt,double] (\x,0) -- ++(1cm,0);
\end{tikzpicture}
```

图 5.43　双线控制

5.3.3　箭头

tikz 宏包的箭头需要加载 arrows.meta 仓库，即 `\usetikzlibrary{arrows.meta}`。简单的箭头有 `->`、`<-`、`<->` 等形式，它们都是 `\draw` 的参数，`-` 表示从一端到另一端，括号的方向指示了箭头的方向。

例 如图 5.44 所示为 `->`、`<-`、`<->` 等形式的简单应用。

```
\usepackage{tikz}
\usetikzlibrary{arrows.meta}
\begin{tikzpicture}
  \draw[->] (0,0) -- (1,0);
  \draw[<-] (2,0) -- (3,0);
  \draw[<->] (4,0) -- (5,0);
  \draw[<->>] (6,0) -- (7,0);
  \draw[>>->] (8,0) -- (9,0);
\end{tikzpicture}
```

以 `->`、`<-`、`<->` 等方式打印的箭头是比较简单的，如果要精准地控制箭头样式，还需要 Stealth、Latex 等属性设置。控制箭头的可选参数为 arrows (可省略不写)，它有很多可选属性，例如 Stealth、Latex 等。也就是说，Stealth、Latex 等是 arrows 的属性，arrows 是控制箭头的属性，而控制箭头样式的具体属性又是交给 Stealth、Latex 等属性的。

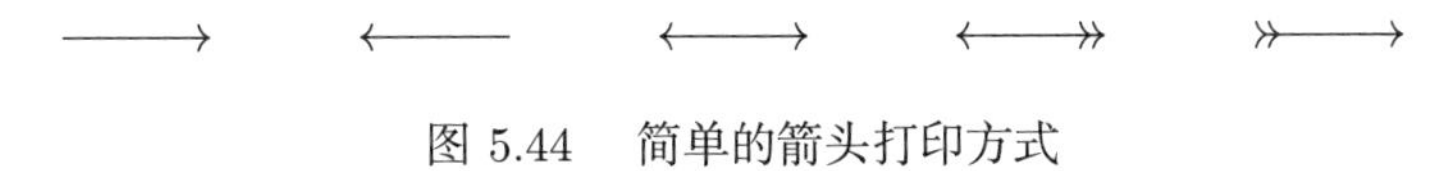

图 5.44 简单的箭头打印方式

例 箭头的长度用 length 控制，下面用一个简单案例理清各个属性之间的关系，如图 5.45 所示。

```
\usepackage{tikz}
\usetikzlibrary{arrows.meta}
\begin{tikzpicture}
  \draw[-{Stealth[length=5mm]}] (0,0) -- (1,0);
  \draw[arrows={-{Stealth[length=5mm]}}] (2,0) -- (3,0);
  \draw[-{Latex[length=5mm]}] (4,0) -- (5,0);
  \draw[arrows={-{Latex[length=5mm]}}] (6,0) -- (7,0);
  \draw[-{Classical TikZ Rightarrow[length=5mm]}] (8,0) -- (9,0);
\end{tikzpicture}
```

Stealth、Latex、Classical TikZ Rightarrow 等属性控制的是箭头的样式，length 是在样式的基础上对箭头长度的精确控制。对这些样式的设置，可以放在 arrows 属性中，也可以省略 arrows，直接作为 `\draw` 的属性。

图 5.45　各个属性之间的关系

例　能够控制 Stealth、Latex 等类型箭头的属性有很多，如表 5.13 所示。如图 5.46 所示为表 5.13 中部分属性的示例。

```
\usepackage{tikz}
\usetikzlibrary{arrows.meta}
\begin{tikzpicture}
  \draw[-{Hooks[length=5mm, arc=270]}] (0,0) -- (1,0);
  \draw[arrows={-{Stealth[length=5mm, slant=.5]}}] (2,0) -- (3,0)
     ;
  \draw[-{Latex[length=5mm, reversed]}] (4,0) -- (5,0);
  \draw[arrows={-{Latex[length=5mm, right]}}] (6,0) -- (7,0);
  \draw[-{Classical TikZ Rightarrow[length=5mm, color=red]}]
     (8,0) -- (9,0);
\end{tikzpicture}
```

表 5.13　控制箭头样式的属性

属性	属性值	说明
length	数值	控制箭头长度
width(width')	数值	控制箭头宽度
inset(inset')	数值	控制箭头凹陷程度
angle(angle')	数值	同时设置 length 和 width
scale	数值	缩放箭头
scale length	数值	针对 length 和 inset 缩放
scale width	数值	针对 width 缩放
arc	数值	设置箭头的角度，箭头可以呈现不同角度的弧形
slant	数值	箭头倾斜角度
reversed	无	箭头反向
harpoon	无	上半个箭头
swap	无	与 harpoon 一起，表示下半个箭头
left	无	与 harpoon 等价
right	无	与 harpoon 和 swap 等价
color	颜色值	箭头的颜色

图 5.46 箭头的属性示例

前面介绍了 Stealth、Latex、Classical TikZ Rightarrow、Hooks 等类型，还有很多其他类型的箭头，如表 5.14 所示。

表 5.14 箭头类型

Stealth	Latex	Bar	Arc Barb	Classical TikZ Rightarrow
Bracket	Hooks	Parenthesis	Tee Barb	Straight Barb
Implies	To	Circle	Diamond	Computer Modern Rightarrow
Ellipse	Kite	Rectangle	Square	Fast Round
Triangle	Diamond	Fast Triangle	Butt Cap	Turned Square

5.3.4 节点

一条线的两端连接着两个实体，这个实体我们称为节点 (node)，所以节点也是构成图形的基本元素。

例 如图 5.47 所示，在 \path 上添加几个节点。

```
\usepackage{tikz}
\begin{tikzpicture}
  \path (0,0) node [red] {ndoe A}
  (1.5,0) node [blue] {node B}
  (3,0) node [green, node contents={node C}]
  (4.5,0) node [node contents={node D}];
\end{tikzpicture}
```

案例中为各个节点的文本设置了颜色，默认为黑色，节点上的文本可以放在花括号中，也可以用 node contents 属性设置。

ndoe A　node B　node C　node D

图 5.47　节点

除文本颜色外，在节点中，还可以调整文本的对齐方式、设置字体等。例如属性 text width 设置文本宽度，align 调整文本对齐方式，关于文本的相关属性如表 5.15 所示。

例　如图 5.48 所示，为表 5.15 中部分参数的示例。

```
\begin{tikzpicture}
  \draw (0,0) node[text width=3cm]{节点中的文本超过文本宽度的时
      候，会自动断行。};
  \path[draw] (4,0) node[draw,align=right]  {节点中的文本 \\ 靠右
      对齐。};
\end{tikzpicture}
```

节点中的文本超过
文本宽度的时候，
会自动断行。　　节点中的文本
靠右对齐。

图 5.48　节点的文本

表 5.15　节点的文本属性

参数	参数值	说明
text width	数值	文本宽度，将文本装在一个盒子中，设定盒子大小
align	align flush left right flush right center flush center justify none	文本对齐方式
text height	数值	文本高度
text depth	数值	与 text height 类似

例　tikz 为节设置了三个形状，rectangle、circle、coordinate，分别表示矩形、圆形、坐标，默认为 rectangle。节点的不同形状如图 5.49 所示。

```
\usepackage{tikz}
\begin{tikzpicture}[every node/.style={draw}]
  \path[yshift=1.5cm, shape=rectangle, draw]
  (0,0) node(a1){} -- (1,0) node(a2){} -- (1,1) node(a3){} --
     (0,1) node(a4){};
\end{tikzpicture}
\hspace{2cm}
\begin{tikzpicture}[every node/.style={draw}]
  \path[shape=coordinate] (3,0) coordinate(b1) (4,0) coordinate(b
     2) (4,1) coordinate(b3) (3,1) coordinate(b4);
  \draw (b1) -- (b2) -- (b3) -- (b4);
\end{tikzpicture}
```

图 5.49　节点的不同形状

例　节点的布局由多个参数控制，如表 5.16 所示。如图 5.50 所示为表 5.16 中部分属性的示例。

```
\usepackage{tikz}
\usetikzlibrary{arrows.meta}
\begin{tikzpicture}[outer sep=auto]
  \draw[line width=5pt] (0,0) node[fill=gray!80!] (f) {node A}
  (2,0) node[draw] (d) {node B} (1,-2) node[draw, scale=2] (s) {
     node C};
  \draw[->] (1,-1) -- (f);
  \draw[->] (1,-1) -- (d);
  \draw[->] (1,-1) -- (s);
\end{tikzpicture}
```

表 5.16　节点的布局

参数	参数值	说明
inner sep	数值	内边框间距，默认.3333em
inner xsep	数值	x 轴方向的内边框间距，默认.3333em
inner ysep	数值	y 轴方向的内边框间距，默认.3333em
outer sep	auto	外边距
outer xsep	auto	x 轴方向的外边距
outer ysep	auto	y 轴方向的外边距
minimum height	数值	节点的最小高度，如果超过最小高度，自动延展
minimum width	数值	节点的最小宽度，如果超过最小宽度，自动延展
minimum size	数值	最小的 height 和 width
shape aspect	数值	横纵比 (例如在棱形 (diamond) 中)
shape border rotate	数值	旋转边框

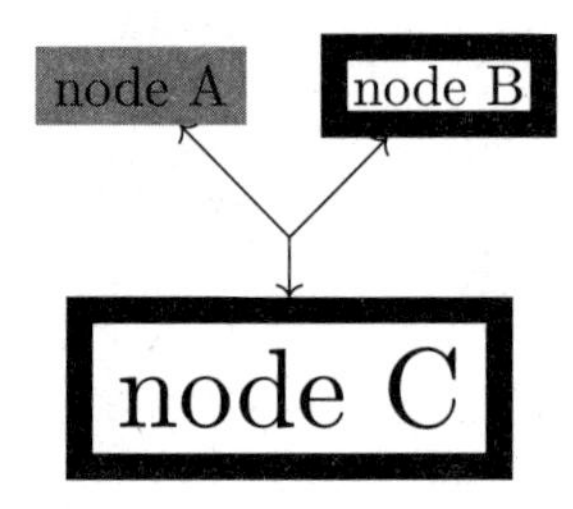

图 5.50　节点布局示例

节点的位置可用 tikz 提供的 positioning 仓库设置 (`usetikzlibrary {positioning}`)，可选值如表 5.17 所示。

表 5.17　节点的位置

参数	说明	参数	说明
above	正上方	on grid	格点上
node distance	两节点之间的距离	below	正下方
left	左方	right	右方
above left	左上方	below left	左下方
above right	右上方	below right	右下方
base left	与 left 类似	base right	与 left 类似
mid left	与 left 类似	mid right	与 left 类似

例 如图 5.51 所示为表 5.17 中部分属性的示例。

```
\usepackage{tikz}
\usetikzlibrary{arrows.meta, positioning}
\begin{tikzpicture}[every node/.style=draw]
  \draw[help lines] (0,0) grid (2,2);
  \node (snode) at (1,1) {节点};
  \node [above=5mm of snode.north east] {\tiny 东北方向};
  \node [above=1cm of snode.north] {\tiny 北方};
\end{tikzpicture}
\hspace{2cm}
\begin{tikzpicture}[every node/.style=draw]
  \draw[help lines] (0,0) grid (2,2);
  \node (snode) at (1,1) {节点};
  \node (onode) [above=1cm of snode] {\tiny 在节点正上方};
  \draw [<->] (snode.north) -- (onode.south)  node [right, draw=
     none] {1cm};
\end{tikzpicture}
```

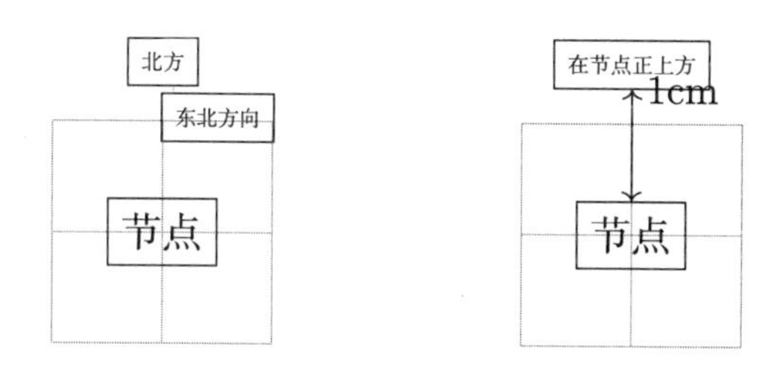

图 5.51 节点位置示例

5.3.5 tikz 宏包仓库

tikz 宏包有很多仓库，利用这些仓库能够非常方便地设计图形，例如前面的 arrows.meta、positioning 等仓库。本节结合前述知识，列举一些实用的模板示例，更加深入地了解 tikz 宏包在绘图方面的优势。

例　如图 5.52 所示为在 angles 仓库中设计夹角，即引入 \usetikzlibrary{angles}。

```
\usepackage{tikz}
\usetikzlibrary{angles}
\begin{tikzpicture}
  \draw (2,0) coordinate (A) -- (0,0) coordinate (B)  -- (-1,-1)
     coordinate (C)
  pic [fill=black!50] {angle = A--B--C}
  pic [draw, ->, red, thick, angle radius=1cm] {angle = C--B--A};
\end{tikzpicture}
```

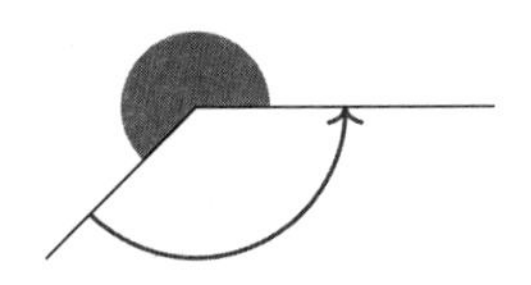

图 5.52　在 angles 仓库中设计夹角

例　如图 5.53 所示为 arrows.meta、automata、positioning 等多个仓库下的示例。

```
\usepackage{tikz}
\usetikzlibrary {arrows.meta, automata, positioning}
\begin{tikzpicture}[->,>={Stealth[round]},shorten >=1pt,
    auto,node distance=2cm,on grid,semithick,
    inner sep=2pt,bend angle=45]
  \node[initial,state] (A) {$q_a$};
  \node[state] (B) [above right=of A] {$q_b$};
  \node[state] (D) [below right=of A] {$q_d$};
  \node[state] (C) [below right=of B] {$q_c$};
  \node[state] (E) [below=of D] {$q_e$};
  \path [every node/.style={font=\footnotesize}]
  (A) edge node {0,1,L} (B)
  edge node {1,1,R} (C)
  (B) edge [loop above] node {1,1,L} (B)
```

```
  edge node {0,1,L} (C)
  (C) edge node {0,1,L} (D)
  edge [bend left] node {1,0,R} (E)
  (D) edge [loop below] node {1,1,R} (D)
  edge node {0,1,R} (A)
  (E) edge [bend left] node {1,0,R} (A);
\end{tikzpicture}
```

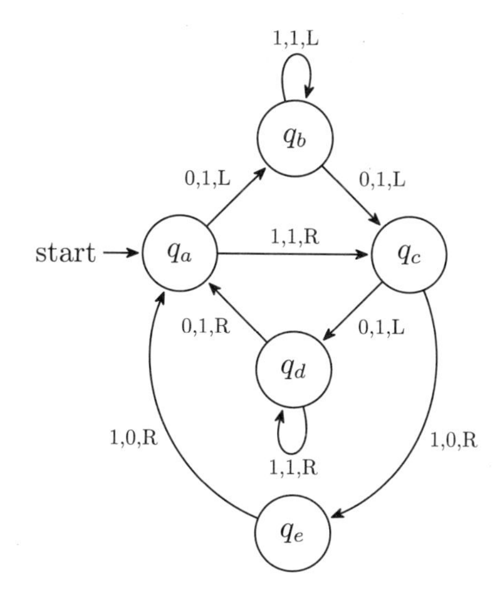

图 5.53 arrows.meta、automata、positioning 等仓库下的示例

例 如图 5.54 所示为用 decorations.markings 仓库绘制函数图像。

```
\usepackage{tikz}
\usetikzlibrary {arrows.meta, automata, positioning, decorations.
  markings}
\begin{tikzpicture}[domain=0:4,label/.style={postaction={
   decorate,
   decoration={
   markings,
   mark=at position .75 with \node #1;}}}]
```

```
  \draw[very thin,color=gray] (-0.1,-1.1) grid (3.9,3.9);
  \draw[->] (-0.2,0) -- (4.2,0) node[right] {$x$};
  \draw[->] (0,-1.2) -- (0,4.2) node[above] {$f(x)$};
  \draw[red,label={[above left]{$f(x)=x$}}] plot (\x,\x);
  \draw[blue,label={[below left]{$f(x)=\sin x$}}] plot (\x,{sin(\
     x r)});
  \draw[orange,label={[right]{$f(x)= \frac{1}{20} \mathrm e^x$}}]
      plot (\x,{0.05*exp(\x)});
\end{tikzpicture}
```

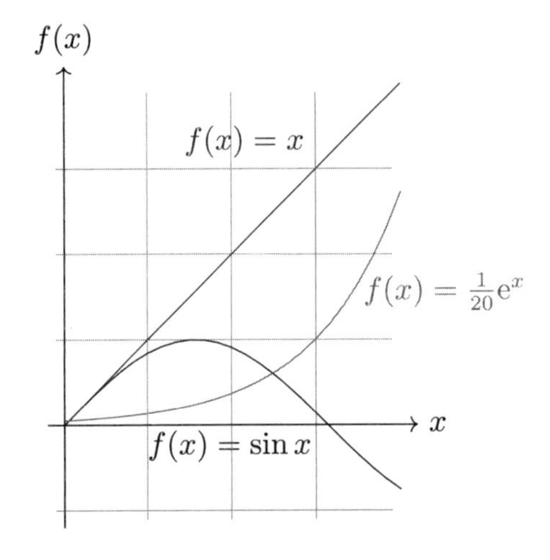

图 5.54　用 decorations.markings 仓库绘制函数图像

5.4　颜色控制

色彩不属于图形，但是却是图形中的一部分，因为色彩不仅可以应用于图形图像，还可以应用于文字段落。LaTeX 的色彩主要来源于 color 宏包和 xcolor 宏包，用这两个宏包提供的支持，可以满足基本的排版需求。

color 宏包提供的色彩支持，是 LaTeX 的基本组件之一，主要有 `\color`、`\textcolor` 等命令，如表 5.18 所示。color 宏包预定义了很多颜色，如表 5.19 所示。

表 5.18 color 宏包提供的命令

命令	案例	说明
\color	\color{color}{text}	设置颜色
\textcolor	\textcolor{color}{text}	设置文本颜色
\pagecolor	\pagecolor{color}	设置页面背景颜色
\nopagecolor	\nopagecolor	取消页面背景颜色
\definecolor	\definecolor{name}{model}{color}	定义颜色
\colorbox	\colorbox{color}{text}	设置文本背景颜色
\fcolorbox	\fcolorbox{color}{color}{text}	带边框和背景

表 5.19 color 宏包预定义的颜色

名称	样例	名称	样例	名称	样例
black	text	white		red	text
green	text	blue	text	cyan	text
magenta	text	yellow	text		

例 用 \color 命令和 \textcolor 命令为文本设置颜色，它们的语法格式相同，如图 5.55 所示。

```
\usepackage{color}
\resizebox{45mm}{25mm}{\Large\color{red}{设置文本颜色}}
\hspace{1cm}
\resizebox{45mm}{25mm}{\Large\textcolor{blue}{设置文本颜色}}
```

设置文本颜色　设置文本颜色

图 5.55 color 命令和 textcolor 命令

\color 命令和 \textcolor 命令在为文本设置颜色的时候，基本上没有区别。但是 \color 命令可以作用的范围更大。

\pagecolor 命令和 \nopagecolor 命令的作用刚好相反，前者为当前页面及后续页面设置色彩，后者消除前者的作用，取消页面染色，但并非所有 LaTeX 驱动都支持。

图 5.55 中色彩由 color 宏包预定义，毕竟表示的样式有限，宏包提供了 \definecolor 命令，用于用户自定义色彩。\definecolor 命令的语法格式为：

```
\definecolor{name}{model}{colour}
```

name 表示定义的名称，model 表示色彩模型：gray(灰度)、rgb(红绿蓝)、cmyk(印刷四分色)，colour 即对应模型下的颜色值。

例　自定义一个红色 \definecolor{myred}{rgb}{156,0,0}，然后用自定的 myred 渲染，将 myred 应用到 \color、\textcolor 上即可。rgb 模式下有三个值，分别表示红、绿、蓝，取值为 $0\sim255$。

另外两个命令：\colorbox 和 \fcolorbox，是对文本背景的颜色填充，其中 \colorbox 命令的使用方式与 \color 相同，\fcolorbox 命令多一个颜色选项，用于设置边框颜色。

例　用 \colorbox 命令和 \fcolorbox 命令设置带背景颜色的文本，如这是带背景颜色、[illegible]的案例，LaTeX 文本为：

```
\usepackage{color}
\colorbox{red}{带背景颜色}
\fcolorbox{red}{blue}{带背景和边框}
```

xcolor 宏包比 color 宏包的功能更强大，比如对打印模式进行扩充[4]。它的用户命令与 color 宏包的相同，如表 5.18 所示，并添加了 \boxframe 命令，用于绘制边框。xcolor 宏包也扩充看预定义色彩，如表 5.20 所示。

表 5.20　xcolor 宏包预定义的颜色

名称	样例	名称	样例	名称	样例	名称	样例
black	text	blue	text	brown	text	cyan	text
darkgray	text	gray	text	green	text	lightgray	text
lime	text	magenta	text	olive	text	orange	text
pink	text	purple	text	red	text	teal	text
violet	text	white		yellow	text		

虽然对 xcolor 的介绍不多，但只要读者能够掌握 color 宏包提供的命令，就能够很好地应用 xcolor 宏包。色彩的设置并不属于图形，却是图形的一部分。不仅如此，在很多地方都需要设置颜色，所以色彩是 LaTeX 文档的重要组成部分。

[4]xcolor 宏包中定义的打印模式有：natural、rgb、cmy、cmyk、hsb、gray、RGB、HTML、HSB、Gray。

第三部分　幻灯片的制作

第 6 章　幻灯片

LaTeX 也可以制作幻灯片，与 PowerPoint 不同，LaTeX 使用 beamer 文档类型生成 PDF 类型文档。它有特定的纵横比，有类似于 PowerPoint 的动态效果，但最后呈现的是 PDF 文档。正因如此，beamer 并不能像 PowerPoint 那样建立三维动态效果，只能一页一页平铺展示。基于这样的特点，beamer 更适合做学术报告类型的幻灯片。

本章将从 beamer 的基本结构开始认识幻灯片，然后介绍一些好用的主体样式，丰富幻灯片的呈现效果。虽然内容是幻灯片的灵魂，但丰富多彩的主题样式可以增强幻灯片的视觉效果，所以还会介绍一些好用的模块用以填充内容。虽然 beamer 做不到 PowerPoint 的动态效果，但是可以以帧的形式放映，产生动态的效果。

6.1　基本结构

幻灯片为 beamer 类型文档，所以在开始使用幻灯片之前，就要加载 beamer 类型文档，即 \documentclass{beamer}。

与其他类型文档相似，在幻灯片开始位置，可以通过 \title 指明幻灯片主题，通过 \author 添加作者信息，\date 设置幻灯片设计时间。当然，这些内容需要放在导言区，要在文档中打印，还需要有 \titlepage 命令，如图 6.1 所示[1]。

```
\documentclass{beamer}
\title{无最大素数}
\subtitle{一种新的证明方式}
\author{尚乐}
\date{2021.11.30}

\begin{document}
```

[1]为了增强效果，案例中添加了色彩主题 \setbeamercolor{normal text}{bg=gray!20}。

```
  \begin{frame}
    \titlepage
  \end{frame}
\end{document}
```

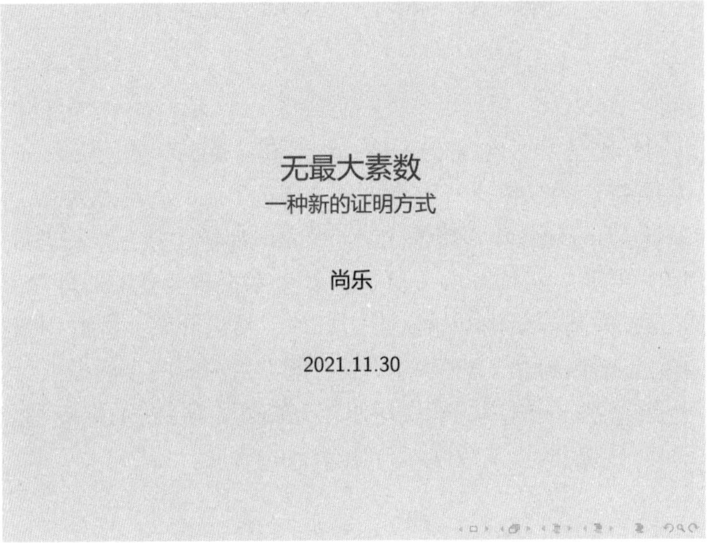

无最大素数
一种新的证明方式
尚乐
2021.11.30

图 6.1　幻灯片首页，插入标题、日期等

每一页幻灯片都由 frame 组成，所以每一页幻灯片都放在 frame 环境中。当 frame 环境中的内容超出页面范围的时候，可能会自动挤压到下一页，也可能被遮挡。如图 6.1 打印的首页，由 `\titlepage` 实现，它还可以包含 `\subtitle`、`\institute`、`\titlegraphic`、`\subject`、`\keywords` 等内容。

类似于 book 类型文档的写作，当幻灯片的页数很多、层次结构复杂的时候，还可以为幻灯片添加目录。类似地，在文档中添加目录的命令为 `\tableofcontents`。目录之所以层级分明，是因为有 `\sectioin`、`\subsection` 等层级划分。需要注意的是，默认情况下，`\sectioin{text}`、`\subsection{text}` 中的标题 text 不会打印，它们只是作为目录列表。

要为每页幻灯片打印标题，还需要 `\frametitle` 或 `\framesubtitle` 命令，它们的作用分别是打印幻灯片的主标题和副标题。

在学术报告类型的幻灯片中，最后可能还需要添加相应的参考文献。在幻灯片文档中，参考文献的内容放在 thebibliography 环境里面，引用方式与其他类型文档类似。

标题、目录、参考文献等都是幻灯片的组成元素，beamer 对这些组成元素都做了详细的设计和定制。不仅如此，幻灯片的头部和底部、背景颜色等，都是不可或缺的部分。头部和底部又有导航栏、图标 (logo) 等，它们占据的高度又是不可避免的布局问题。

下面看一个简单幻灯片框架，如图 6.2 所示，基于这个框架，向里面填充合适的内容，就可以制作一个不错的幻灯片。幻灯片中的内容，与 book 等类型文档的内容基本相同，只要能区分幻灯片的特性，就能够很轻松地应用。

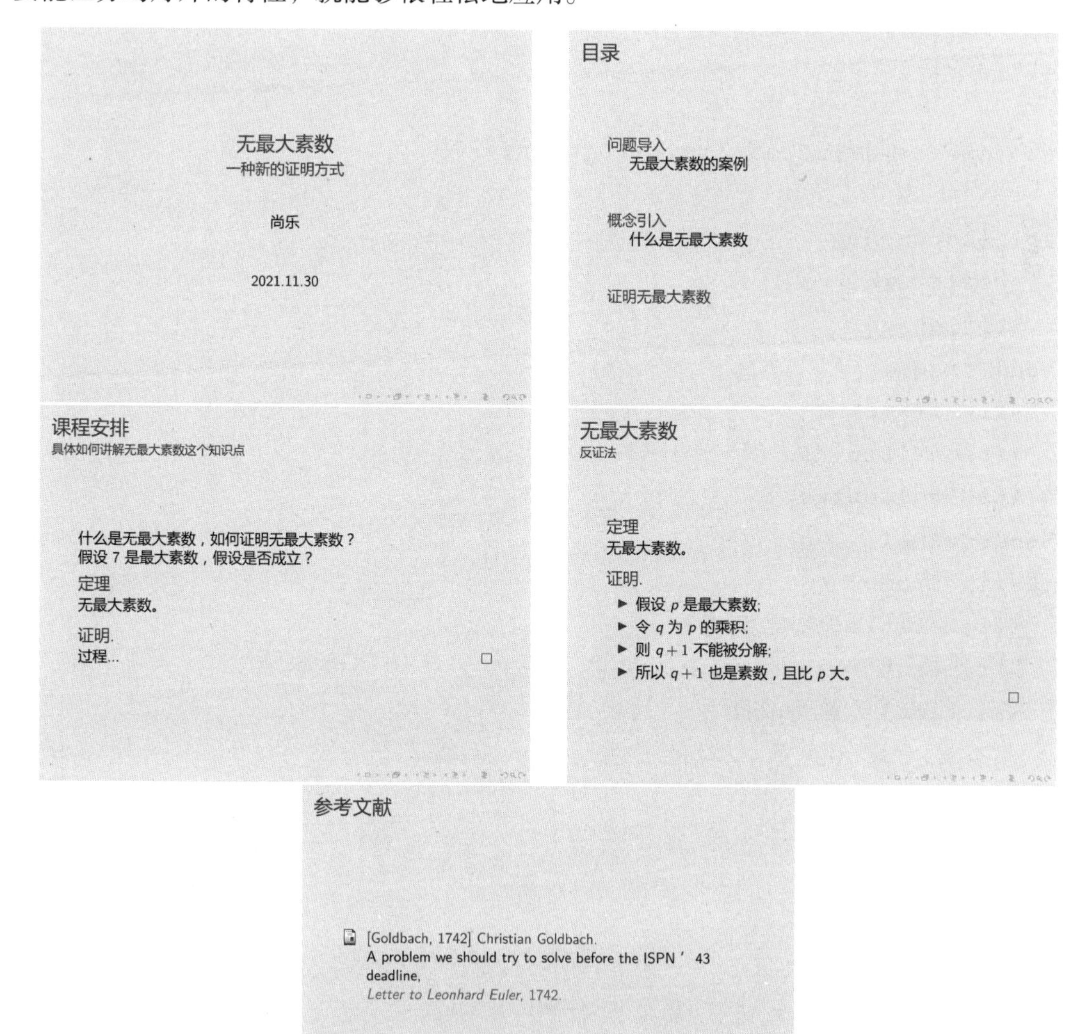

图 6.2　简单幻灯片框架

```
\documentclass{beamer}
\usepackage{ctex}
\title{无最大素数}
\subtitle{一种新的证明方式}
\author{尚乐}
\date{2021.11.30}

\setbeamercolor{normal text}{bg=gray!20}

\begin{document}
  \begin{frame}
    \titlepage
  \end{frame}
  \begin{frame}
    \frametitle{目录}
    \tableofcontents
  \end{frame}
  \begin{frame}
    \frametitle{课程安排}
    \framesubtitle{具体如何讲解无最大素数这个知识点}
    \section{问题导入}
    什么是无最大素数，如何证明无最大素数？

    \subsection{无最大素数的案例}
    假设7是最大素数，假设是否成立？

    \section{概念引入}
    \subsection{什么是无最大素数}
    \begin{theorem}
      无最大素数。
    \end{theorem}

    \section{证明无最大素数}
```

```
    \begin{proof}
      过程...
    \end{proof}
  \end{frame}
  \begin{frame}
    \frametitle{无最大素数}
    \framesubtitle{反证法}

    \begin{theorem}
      无最大素数。
    \end{theorem}
    \begin{proof}
      \begin{itemize}
        \item 假设 $ p $ 是最大素数;
        \item 令 $ q $ 为 $ p $ 的乘积;
        \item 则 $ q+1 $ 不能被分解;
        \item 所以 $ q+1 $ 也是素数, 且比 $ p $ 大。
      \end{itemize}
    \end{proof}
  \end{frame}
  \begin{frame}
    \frametitle{参考文献}
    \begin{thebibliography}{10}
      \bibitem{Goldbach1742}[Goldbach, 1742]
      Christian Goldbach.
      \newblock A problem we should try to solve before the ISPN
         ’43 deadline,
      \newblock \emph{Letter to Leonhard Euler}, 1742.
    \end{thebibliography}
  \end{frame}

\end{document}
```

6.1.1 frame

幻灯片是由多个帧 (frame) 组成的，frame 环境的格式如下：

```
\begin{frame}<overlay>[<overlay>][options]{title}{subtitle}
contents
\end{frame}
```

overlay 表示用不同的内容覆盖原来的内容，形成类似于动画的效果，但本质是后一页在前一页的基础上增减很少的一部分内容，然后按照一定的次序打印。这部分内容可以先跳过，在后面介绍动画时有详细介绍。关于 frame 的标题，可以作为 frame 环境的参数出现，也可以用 `\frametitle` 命令或 `\framesubtitle` 命令设置。可选项 options 的参数很多，如表 6.1 所示。

表 6.1 frame 环境的可选项

参数	参数值	说明
allowdisplaybreaks	$0\sim4$	必须与 allowsframebreaks 共同作用
allowsframebreaks	-	覆盖 (overlay) 将会失效 note 命令插入的部分放在第一页之后 脚注放在最后
b/c/t	无	幻灯片的对齐方式，分别为底端、居中和顶端对齐
noframenumbering	无	不计入计数器 framenumber
fragile	-	特殊页面，参数如 singleslide
environment	名称	常与 fragile 配合使用，但不是取值 singleslide
label	名称	标记幻灯片
plain	无	带有头部导航 (headlines)、底部导航 (footlines)、工具栏 (sidebars)
shrink	数值	文本过大时会收缩
squeeze	-	在垂直方向上尽可能挤压

例 应用表 6.1 中的参数，设计如图 6.3 所示的案例，为两个 frame 所打印的效果，其 LaTeX 文本如下：

```
\begin{frame}[<+->][plain, shrink=5, allowframebreaks,
   allowdisplaybreaks]{无最大素数}{反证法(带有allowframebreaks属
   性)}
  \begin{theorem}
    无最大素数。
  \end{theorem}
  \begin{proof}
    \begin{itemize}
      \item 假设 $ p $ 是最大素数;
      \item 令 $ q $ 为 $ p $ 的乘积;
      \item 则 $ q+1 $ 不能被分解;
      \item 所以 $ q+1 $ 也是素数,且比 $ p $ 大。
    \end{itemize}
  \end{proof}
\end{frame}
\begin{frame}[<+->][plain, shrink=5]
  \frametitle{无最大素数}
  \framesubtitle{反证法(不带allowframebreaks属性)}
  ...内容同上...
\end{frame}
```

从打印效果 (见图 6.3) 分析，只用了两个 frame，却打印出很多帧内容，这就是参数 overlay 的作用。当 overlay 为 <+-> 的时候，即表示对所有的 \item 项目依次编号，逐个打印。类似 <+->、<3-> 等参数作用于 \item 命令、actionenv 环境、\action 和 block、theorem 等环境。

参数 plain、shrink 对页面内容有一定的压缩作用，当文本过长时就会尽可能地压缩间距。比较两个 frame 的打印效果，第一个有 allowframebreaks 和 allowdisplaybreaks 属性,只打印了两页,抑制了 \item 的覆盖作用。allowdisplaybreaks 属性需要在 allowframebreaks 属性存在的情况下起作用，allowframebreaks 属性将会抑制 overlay 属性的作用。

无最大素数 I
反证法 (带有 allowframebreaks 属性)

无最大素数 II
反证法 (带有 allowframebreaks 属性)
定理
无最大素数。

无最大素数
反证法 (不带 allowframebreaks 属性)
定理
无最大素数。

无最大素数
反证法 (不带 allowframebreaks 属性)
定理
无最大素数。
证明.
□

无最大素数
反证法 (不带 allowframebreaks 属性)
定理
无最大素数。
证明.
- 假设 p 是最大素数;
□

无最大素数
反证法 (不带 allowframebreaks 属性)
定理
无最大素数。
证明.
- 假设 p 是最大素数;
- 令 q 为 p 的乘积;
□

无最大素数
反证法 (不带 allowframebreaks 属性)
定理
无最大素数。
证明.
- 假设 p 是最大素数;
- 令 q 为 p 的乘积;
- 则 $q+1$ 不能被分解;
□

无最大素数
反证法 (不带 allowframebreaks 属性)
定理
无最大素数。
证明.
- 假设 p 是最大素数;
- 令 q 为 p 的乘积;
- 则 $q+1$ 不能被分解;
- 所以 $q+1$ 也是素数，且比 p 大。
□

图 6.3　frame 环境的参数示例

6.1.2 头部和底部

幻灯片的头部 (headline) 和底部 (footline)，分别表示每页顶部和底部的导航栏。在 beamer 预定义的主题中，infolines、miniframes、sidebar、smoothtree、smoothbars、tree、split 等主题都是带有顶部导航栏的，其中 infolines、miniframes 还带有底部导航栏。关于主题样式，会在第 6.2 节继续介绍。

除使用预定义的主题外，还可以自定义头部样式。自定义样式用 `\setbeamertemplate` 命令来完成，它的第一个参数为定义的对象，第二个参数为对象设置样式。

例 自定义主题样式。

```
\setbeamertemplate{headline}{\vskip2pt\insertnavigation{\
   paperwidth}\vskip2pt}
\setbeamertemplate{footline}{\vskip2pt\insertframeendpage/\
   inserttotalframenumber\vskip2pt}
```

如图 6.4 所示，幻灯片的头部添加了全部章节标题，并指示当前所在的章节位置，这是由 `\insertnavigation` 确定的。幻灯片的底部，打上了页码标记，`\insertframeendpage` 表示幻灯片当前页数，`\inserttotalframenumber` 表示幻灯片总的页数。为 headline 和 footline 分别设置个性化样式，可选择的参数如表 6.2 所示。

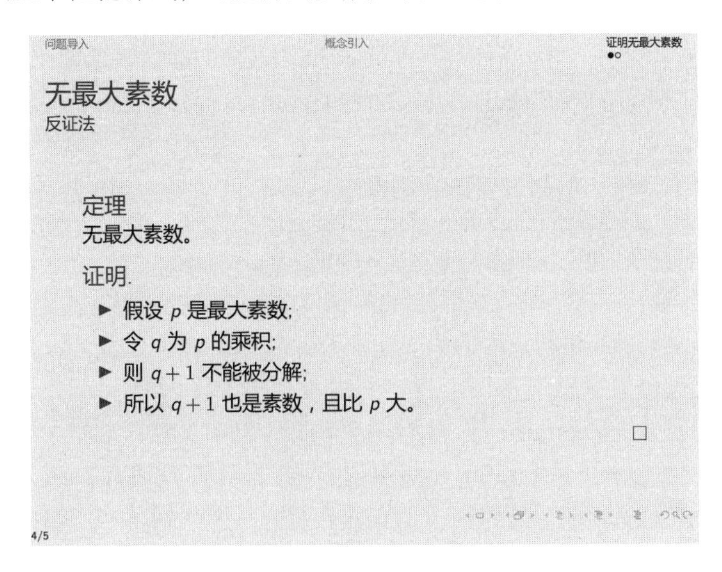

图 6.4 自定义幻灯片头部和底部

表 6.2　定义 headline 和 footline 可选择的参数

\insertpresentationendpage	\insertpartstartpage	\insertsection
\insertsectionnavigation	\insertdocumentstartpage	\insertshortdate
\insertsectionnavigationhorizontal	\insertdocumentendpage	\insertshortpart
\insertsubsectionstartpage	\insertshortsubtitle	\insertsubsection
\insertsubsectionnavigation	\insertsubsubsection	\insertframenumber
\insertsubsectionnavigationhorizontal	\insertsectionendpage	\insertshortauthor
\insertverticalnavigation	\insertoverlaynumber	\insertshorttitle
\inserttotalframenumber	\insertframestartpage	\insertframeendpage
\insertmainframenumber	\insertshortinstitute	\insertslidenumber
\insertappendixframenumber	\insertsubsectionendpage	\insertnavigation
\insertsectionstartpage	\insertappendixendpage	\insertpartendpage
\insertpresentationstartpage	\insertappendixstartpage	\insertpagenumber

6.1.3　背景

每页幻灯片都有背景，beamer 中的背景包含背景画布 (background canvas) 和主背景 (main background)。画布默认为矩形，可以在上面画任何东西。例如填充背景颜色，将会使得整个幻灯片统一背景，因为颜色继承了 normal text[2]。本章开始就引入了背景，例如图 6.1，为其添加了色彩主题 `\setbeamercolor{normal text}{bg=gray!20}`，使得幻灯片拥有浅灰色背景。

背景画布可以多样化，例如设置画布的颜色：

```
\setbeamercolor{background canvas}{bg=gray!20}
```

其打印效果与 normal text 相同，因为 background canvas 继承于 normal text。

在背景画布上可以绘制任何东西，自定义画布有两个可选项：background canvas 和 background。可选项 background canvas 有两个参数，一个是默认参数 default；另一个是 vertical shading。参数 vertical shading 用于垂直方向的渐变，其值有 top、bottom、middle、midpoint。前三个值跟随颜色，最后一个值跟随百分比 (从 0 到 1，0 表示底部，1 表示顶

[2]除有 normal text 之外，还有 example text、titlelike、separation line、upper separation line head、middle separation line head、lower separation line head、upper separation line foot、middle separation line foot、lower separation line foot 等不属于任何命令的基本可配色元素。

部)。可选项 background 也有两个参数，一个是默认参数 default；另一个是 grid。参数 grid 表示网格，其值为 step (步长) 和 color (色彩)。

例 用 \setbeamertemplate 命令设置画布模板，其打印效果如图 6.5 所示。

```
\setbeamertemplate{background canvas}[vertical shading][bottom=
   gray!20,top=red!10]
\setbeamertemplate{background}[grid][step=1cm, color=white!20]
```

在案例中，画布 background canvas 产生一个渐变的颜色；background 产生很多网格，且网格宽度为 1cm，网格颜色为白色。

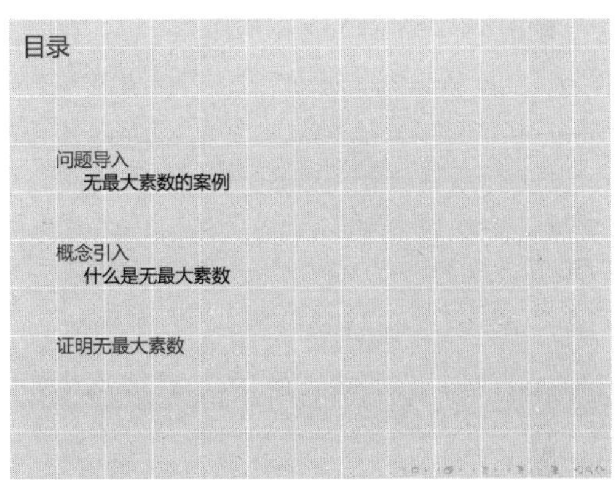

图 6.5 画布模板打印效果

6.1.4 布局

幻灯片的默认大小为 140mm × 91mm，横纵比大概为 4:3，这是目前使用最为广泛的比例。幻灯片的尺寸也是可以改变的，在使用幻灯片类型文档的时候，就可以给出文档尺寸。

例 指定幻灯片页面尺寸。

```
\documentclass[aspectratio=2013]{beamer}
```

它的大小为 140mm × 91mm，横纵比为 20:13。除了 aspectratio=2013，还有很多预定义大小，如表 6.3 所示。

表 6.3　预定义幻灯片大小

代号	尺寸	比例	代号	尺寸	比例
2013	140mm × 91mm	20:13	1610	160mm × 100mm	16:10
169	160mm × 90mm	16:9	149	140mm × 90mm	14:9
141	148.5mm × 105mm	1.14:1	54	125mm × 100mm	5:4
43	140mm × 91mm	4:3	32	135mm × 90mm	3:2

除设置尺寸大小外，还可以用 `\setbeamersize` 命令重新布局页面，`\setbeamersize` 带有一个参数，可用参数如表 6.4 所示。应用表 6.4 中参数，结合表 6.3 所示预定义页面大小，可制作如图 6.6 所示幻灯片。

```
\documentclass[aspectratio=54]{beamer}
\setbeamersize{text margin left=3cm}
```

表 6.4　幻灯片页面布局的可用参数

text margin left	text margin right	sidebar width left
sidebar width right	description width	description width of
mini frame size	mini frame offset	

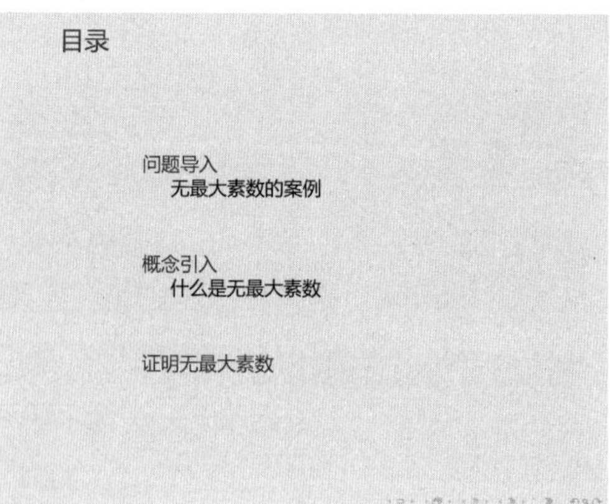

图 6.6　幻灯片的布局

很明显，幻灯片的左边有一个很大的留白，这是通过 text margin left=3cm 属性设置的。与其他页面大小相比较，也会存在差异 (如图 6.5 所示)。

6.2 主题

beamer 中预定义了很多主题格式，包括幻灯片页面的主题样式、色彩样式、字体样式、内部样式和外部样式，应用主题样式分别使用 `\usetheme`、`\usecolortheme`、`usefonttheme`、`\useinnertheme`、`\useoutertheme` 命令。

6.2.1 样式主题

beamer 宏包中的主题样式有很多，默认样式为 default，还有 boxes、Bergen、Boadilla... 等，如表 6.5 所示。这些样式的应用，需要 `\usetheme` 命令，且放在导言区。例如应用 Boadilla 样式，如图 6.7 所示；应用 Warsaw 样式，如图 6.8 所示。

表 6.5 beamer 宏包预定义的样式主题

default	boxes	Bergen	Boadilla	Madrid
AnnArbor	CambridgeUS	EastLansing	Pittsburgh	Rochester
Antibes	JuanLesPins	Montpellier	Berkeley	PaloAlto
Goettingen	Marburg	Hannover	Berlin	Ilmenau
Dresden	Darmstadt	Frankfurt	Singapore	Szeged
Copenhagen	Luebeck	Malmoe	Warsaw	

```
...
\usetheme{Boadilla} % or Warsaw
\setbeamercolor{normal text}{bg=gray!20}
\begin{document}
...
\end{document}
```

在案例中，为了加强演示效果，为幻灯片添加了背景颜色，用到了 `\setbeamercolor` 命令。用参数 bg 设置颜色值，前面一个参数为颜色名称。

受篇幅影响，这里不一一演示每种类型的主题样式，部分主题样式可能还需要添加必要的参数，读者可以参考 beamer 宏包的说明文档，查阅各个样式的使用说明。

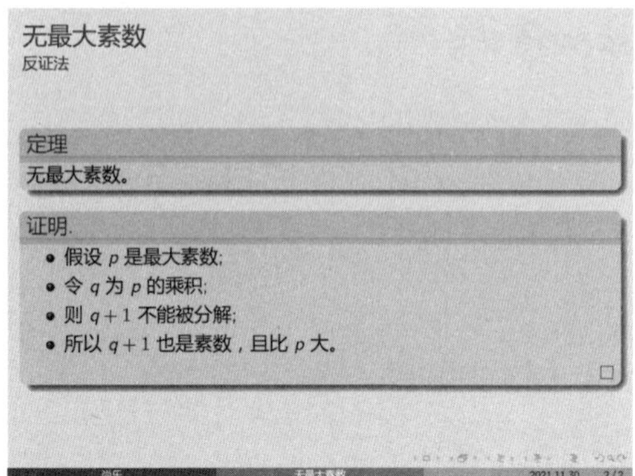

图 6.7　应用 Boadilla 样式

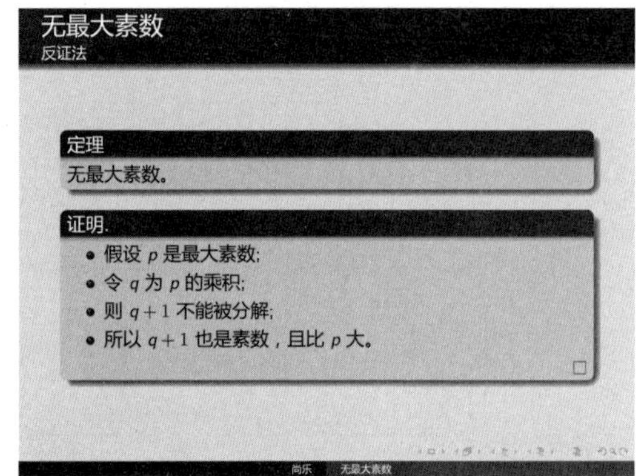

图 6.8　应用 Warsaw 样式

6.2.2　色彩主题

在图 6.7、图 6.8 所示案例中，为了使幻灯片效果更佳，已经使用到了色彩样式 \setbeamercolor{normal text}{bg=gray!20}。beamer 中预定义了很多色彩样式：default、structure、sidebartab、albatross... 如表 6.6 所示。类似地，在导言区用 \setbeamercolor 命令添加色彩主题，如 \usecolortheme{wolverine}，其打印效果如图 6.9 所示。

```
...
\usetheme{Warsaw}
\usecolortheme{wolverine}
\setbeamercolor{normal text}{bg=gray!20}
```

```
\begin{document}
...
\end{document}
```

表 6.6　beamer 宏包预定义的色彩主题

default	structure	sidebartab	albatross	beetle
crane	dove	fly	monarca	seagull
wolverine	beaver	spruce	lily	orchid
rose	whale	seahorse	dolphin	

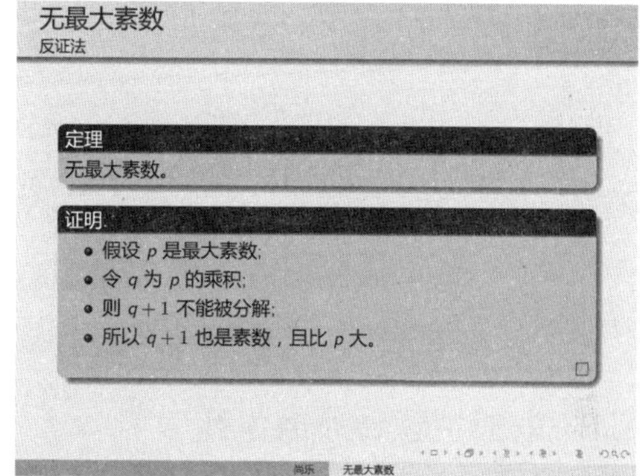

图 6.9　应用 wolverine 样式打印效果

6.2.3　字体主题

beamer 宏包中预定义了很多字体主题，默认为 default，还有 professionalfonts、serif、structurebold、structureitalicserif、structuresmallcapsserif 等。应用字体主题的命令为 \usefonttheme，例如应用 serif 主题样式，打印效果如图 6.10 所示。

```
...
\usetheme{Warsaw}
\usecolortheme{wolverine}
\usefonttheme[stillsansserifmath]{serif}
\setbeamercolor{normal text}{bg=gray!20}
```

```
\begin{document}
...
\end{document}
```

serif 主题字体，有很多可选参数：stillsansserifmath、stillsansserifsmall、stillsansseriflarge、stillsansseriftext、onlymath，图 6.10 所示案例使用的是参数 stillsansserifmath。

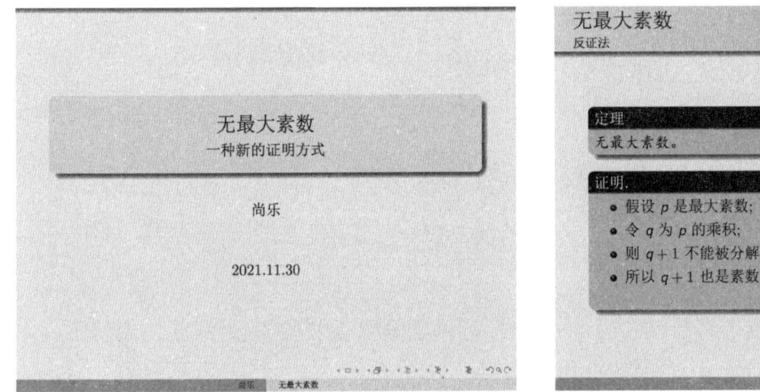

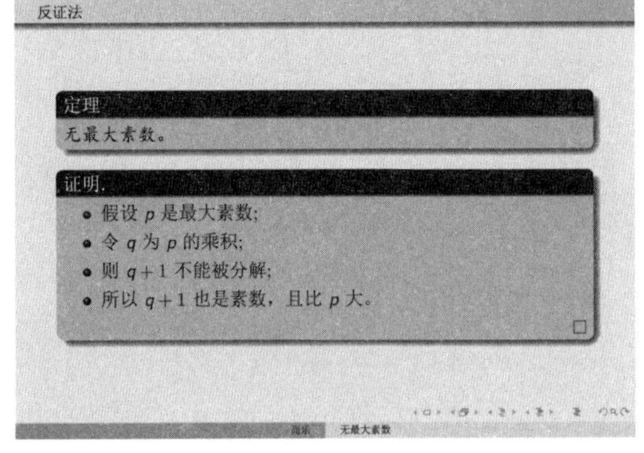

图 6.10　使用 serif 样式打印效果

6.2.4　内部主题和外部主题

内部主题主要对标题 (Title)、文本环境 (Itemize、Enumerate、Description、Block、Theorem、proof)、图片和表格、脚注 (Footnotes)、参考文献 (Bibliography) 等元素起作用，beamer 中预定义的内部主题风格有：default、circles、rectangles、rounded、inmargin。如图 6.11 所示，为内部主题样式 rectangles 与 Warsaw 样式的共同作用下的效果。

```
...
\usetheme{Warsaw}
\useinnertheme{rectangles}
\setbeamercolor{normal text}{bg=gray!20}
\begin{document}
...
\end{document}
```

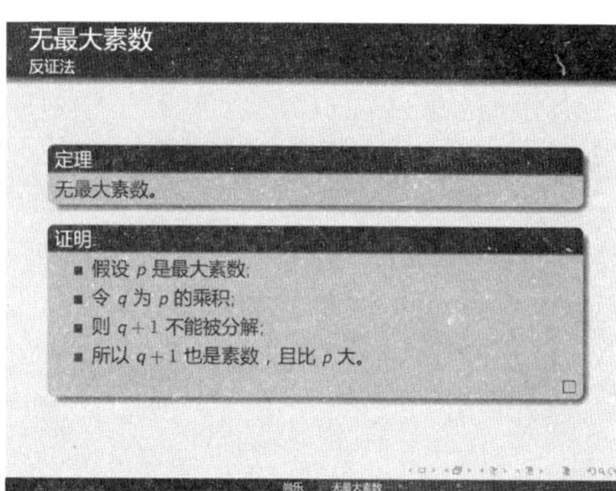

图 6.11　应用 rectangles 样式打印效果

外部主题样式主要对页面头部 (head) 和底部 (footline)、旁注 (sidebars)、图标 (logo)、标题 (title) 等元素起作用，beamer 中预定义的外部主体风格有：default、infolines、miniframes、smoothbars、sidebar、split、shadow、tree、smoothtree。如图 6.12 所示，为外部主题样式 smoothtree 与内部主题样式 rectangles 和 Warsaw 样式的共同作用下的效果。

```
...
\usetheme{Warsaw}
\useinnertheme{rectangles}
\useoutertheme{smoothtree}
\setbeamercolor{normal text}{bg=gray!20}
\begin{document}
...
\end{document}
```

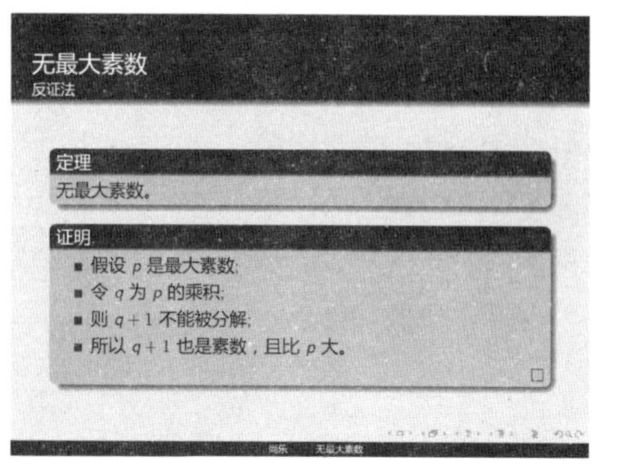

图 6.12　应用 smoothtree 样式打印效果

beamer 中定义的主题样式、色彩样式、字体样式、内部外部样式可以叠加使用，用户还可以根据需求自定义主题样式。使用模板 (template) 机制，用 \setbeamercolor、\setbeamercovered、\setbeamerfont、\setbeamertemplate 等方式修改模板。[3]

6.3 模块

所谓模块，就是用预定义的环境或者命令，打印符合特性的文本。读者在本节将看到很多有特点的文本环境，例如用于强调文本的 \structure 命令，用于框选文本的 block 环境，还有装载定义、定理的 definition、theorem 环境。

6.3.1 文本

在放映幻灯片的时候，很多地方标记、强调，以凸显其重要性。beamer 中有很多文本环境，突出不同类型的文本。

强调命令　有 \structure 命令和 \alert 命令，用于强调文本。

```
\usetheme{Warsaw}
\setbeamercolor{normal text}{bg=gray!20}
\begin{frame}{无最大素数}{反证法}
  \begin{theorem}
    无最大素数。
  \end{theorem}
  \begin{proof}
    \begin{structureenv}
    证明过程...
    \end{structureenv}
  \end{proof}
  \begin{proof}
    \alert{证明过程...}
  \end{proof}
\end{frame}
```

[3]此部分内容为扩展部分，读者可以参考 CTAN 提供的 beamer 宏包说明文档学习。

如图 6.13 所示为 \structure 命令和 \alert 命令打印的效果。\structure 命令与 structureenv 环境等价，\alert 命令与 alertenv 环境等价。

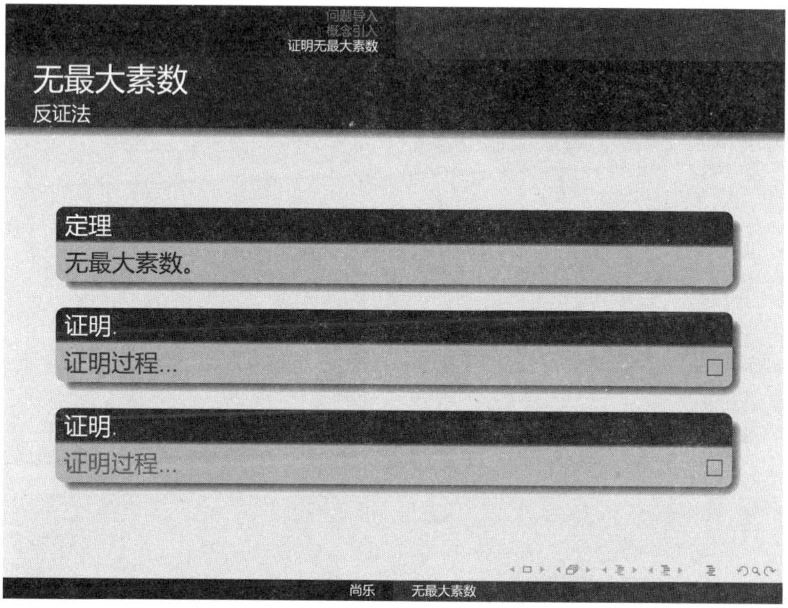

图 6.13 用于强调文本的命令打印效果

block block 环境作用于稍大文本段，它有几个变体：alertblock、exampleblock 等环境。它们的语法格式相同。

```
\begin{block}<ovelay>{title} ... \end{block}
\begin{alertblock}<ovelay>{title} ... \end{alertblock}
\begin{exampleblock}<ovelay>{title} ... \end{exampleblock}
```

block、alertblock、exampleblock 等环境有相同的格式，参数 ovelay 指定帧数，参数 title 表示文本段的标题。如图 6.14 所示为 block、alertblock、exampleblock 等环境下的打印效果。

```
\usetheme{Warsaw}
\setbeamercolor{normal text}{bg=gray!20}
\begin{frame}{无最大素数}{反证法}
  \begin{theorem}
```

```
    无最大素数。
  \end{theorem}
  \begin{block}{Definition}
    证明过程...
  \end{block}
  \begin{alertblock}{Wrong Theorem}
    证明过程...
  \end{alertblock}
  \begin{exampleblock}
    证明过程...
  \end{exampleblock}
\end{frame}
```

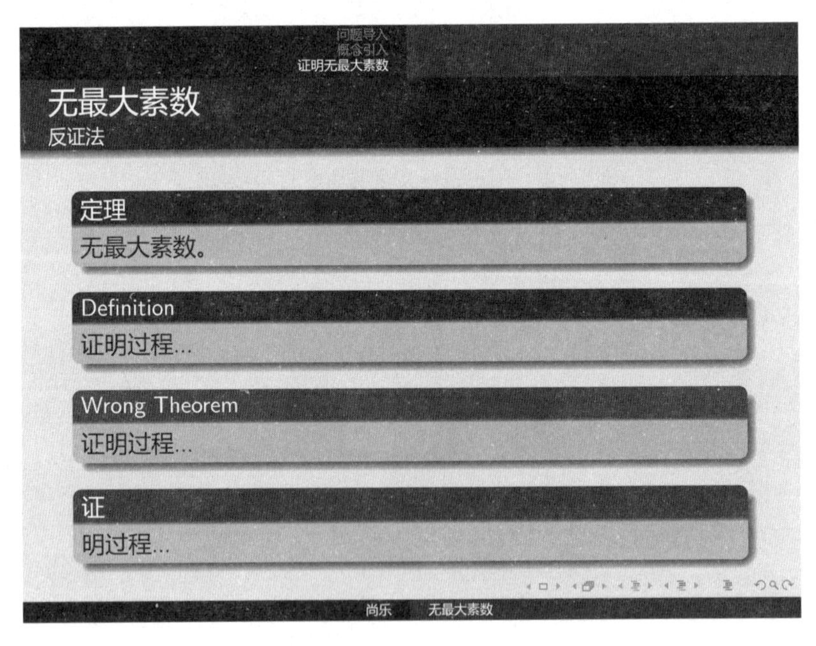

图 6.14 用于强调文本段的环境打印效果

theorem 环境已经用过很多次了，与 theorem 类似的还有 definition、example、proof 等，它们的用法基本相同，这里不再赘述。

6.3.2 列表

在前面用过很多次 itemize 列表，除 itemize 列表外，还有 enumerate、description 等环境，列表项都是 `\item` 等。

itemize 列表 itemize 列表在前面的案例中使用过很多次，这里不再赘述。需要说明的是，帧控制参数 overlay 可以作为 itemize 环境的参数。

对 itemize 列表的自定义设置，同样可以利用 `\setbeamertemplate` 命令实现，可操作对象有 itemize items、itemize item、itemize subitem、itemize subsubitem。这些对象的可选参数有：default、triangle、circle、square、ball 等。

例 将列表的小图标设置为三角形，即将 itemize items 设置为 triangle，其打印效果如图 6.15 所示。

```
\usetheme{Warsaw}
\setbeamercolor{normal text}{bg=gray!20}
\setbeamertemplate{itemize items}[triangle]
\begin{frame}{无最大素数}{反证法}
  \begin{theorem}
    无最大素数。
  \end{theorem}
  \begin{proof}
    \begin{itemize}[<+->]
      \item 假设 $ p $ 是最大素数;
      \item 令 $ q $ 为 $ p $ 的乘积;
      \item 则 $ q+1 $ 不能被分解;
      \item 所以 $ q+1 $ 也是素数，且比 $ p $ 大。
    \end{itemize}
  \end{proof}
\end{frame}
```

案例中将 itemize items 从默认的小圆点更换成 triangle，对 itemize item 等对象也可以做类似的修改。itemize 环境添加可选项 overlay 为 `<+->`，所以能够打印四页幻灯片。

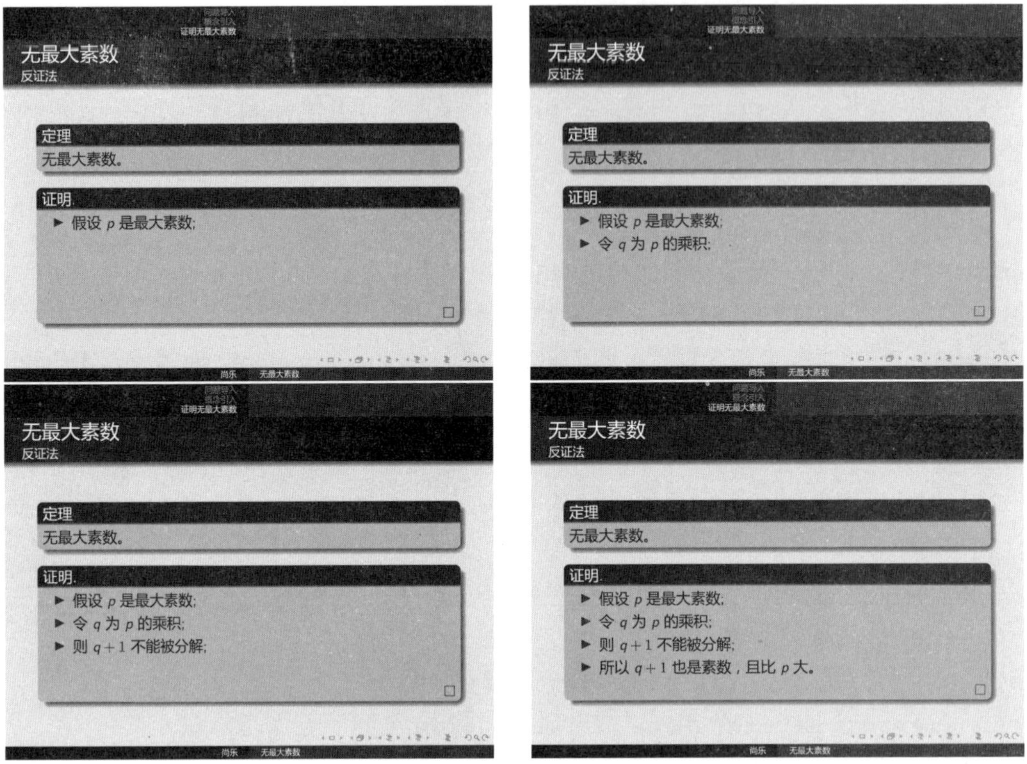

图 6.15　itemize 列表打印效果

enumerate 列表　enumerate 列表与 itemize 列表类似，不同点在于列表项的标记，enumerate 列表的语法格式为：

```
\begin{enumerate}[<overlay>][template]
\end{enumerate}
```

参数 overlay 指定帧数，template 指定列表项标记的内容。template 指定的内容应该能够自动编号，例如指定为 (i)、(A)。也可以用 \setbeamertemplate 命令定义列表项标记，可操作对象有：enumerate items、enumerate item、enumerate subitem、enumerate subsubitem、enumerate mini template、items 等，可选值有：circle、square、ball 等。

例　类似于 itemize 列表，修改列表项的标记，如图 6.16 所示。

```
\usetheme{Warsaw}
\setbeamercolor{normal text}{bg=gray!20}
```

```
\setbeamertemplate{enumerate items}[square]
\begin{frame}
  \begin{enumerate}[<+->][(i)]
    \item 假设 $ p $ 是最大素数；
    \item 令 $ q $ 为 $ p $ 的乘积；
    \item 则 $ q+1 $ 不能被分解；
    \item 所以 $ q+1 $ 也是素数，且比 $ p $ 大。
  \end{enumerate}
\end{frame}
```

将列表项 enumerate items 的标记修改为方块 (square)，`<+->` 使得每一个列表项都作为一帧，`(i)` 改变默认编号方式。

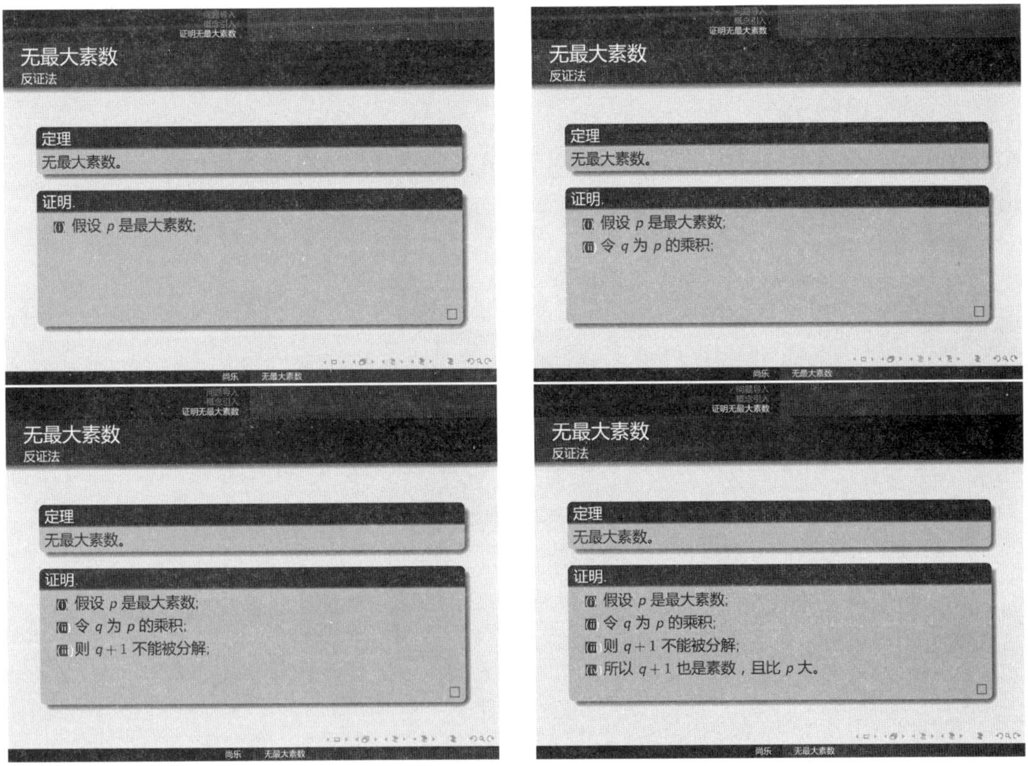

图 6.16 enumerate 列表打印效果

例　另外，\insertenumlabel、\insertsubenumlabel、\insertsubsubenumlabel 等命令在构建列表项层次标记的时候也非常有效。

```
\setbeamertemplate{enumerate subitem}{\insertenumlabel-\
  insertsubenumlabel}
```

description 列表　description 列表用于陈列注释、定义等，其语法格式为：

```
\begin{description}[<overlay>][text]
\end{description}
```

可选项 overlay 表示指定的帧，text 表示列表项缩进的宽度。如果没有设置参数 text，则可通过 \setbeamersize 命令设置 description width 来实现相同效果。

例　如图 6.17 所示，为 description 列表的简单示例。

```
\usetheme{Warsaw}
\setbeamercolor{normal text}{bg=gray!20}
\begin{frame}{无最大素数}{反证法}
  \begin{theorem}
  无最大素数。
  \end{theorem}
  \begin{proof}
    \begin{description}[longest-indentation]
      \item<1->[short] 假设 $ p $ 是最大素数;
      \item<2->[longest-indentation] 令 $ q $ 为 $ p $ 的乘积;
      \item<3->[long-indentation] 则 $ q+1 $ 不能被分解;
      \item<4->[normal] 所以 $ q+1 $ 也是素数，且比 $ p $ 大。
    \end{description}
  \end{proof}
\end{frame}
```

longest-indentation 的宽度代表了列表项缩进的宽度，description 也可以用 <+-> 作为可选项，实现相同效果。\item 的可选项是各个列表项的标记。

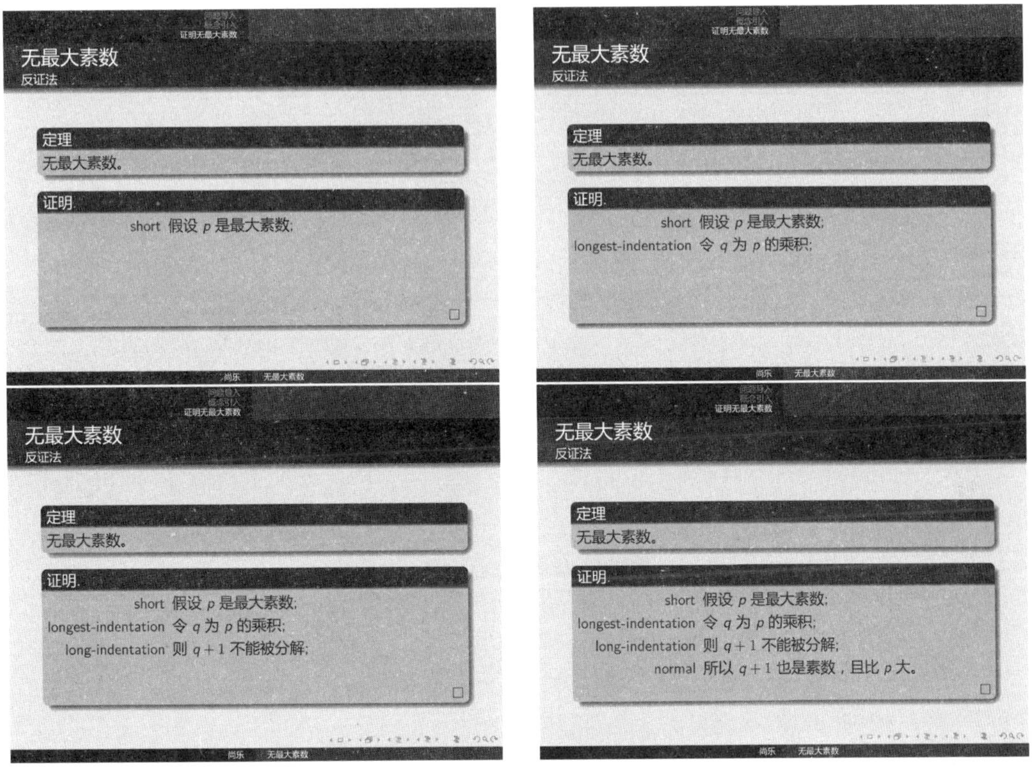

图 6.17　description 列表的简单示例

类似地，可用 \setbeamertemplate 命令设计列表项，可处理对象有：description item、item、item projected、subitem、subitem projected、subsubitem、subsubitem projected 等，读者可按照前面的方法尝试设计个性化列表。

6.3.3　分栏

幻灯片页面可分为多列，在 beamer 中，可用 columns 环境实现。在 columns 环境中，嵌套 column 环境或者 \column 命令，用于确定列数。columns 环境的语法格式为：

```
\begin{columns}<overlay>[options]
\end{columns}
```

overlay 为页面的覆盖，即帧数 (参考第 6.4 节)。可选项 options 的参数说明如表 6.7 所示。

表 6.7　columns 环境可选项 options 的参数说明

b	列底线对齐	c	垂直方向上居中对齐 (默认)
t	列首行对齐	onlytextwidth	与 `totalwidth=\textwidth` 等效
T	与 t 类似	totalwidth	设置总宽度

在 columns 环境中添加 column 环境或者 `\column` 命令实现分列，column 环境和 `\column` 命令的语法格式如下：

```
\begin{column}<overlay>[placement]{width} ... \end{column}
\column<overlay>[placement]{width}
```

overlay 指定内容出现的帧位置；placement 为垂直方向位置，取值为 t/T/c/b；width 为列宽度。

例　幻灯片分栏。

```
\usetheme{Warsaw}
\setbeamercolor{normal text}{bg=gray!20}
\begin{frame}{无最大素数}{反证法}
  \begin{theorem}
    无最大素数。
  \end{theorem}
  \begin{columns}[t]
    \begin{column}{5cm}
      \begin{proof}
        \begin{itemize}
          \item 假设 $ p $ 是最大素数；
          \item 令 $ q $ 为 $ p $ 的乘积；
          \item 则 $ q+1 $ 不能被分解；
          \item 所以 $ q+1 $ 也是素数，且比 $ p $ 大。
        \end{itemize}
      \end{proof}
    \end{column}
    \column[T]{5cm}
    \begin{proof}
      \begin{itemize}
```

```
      \item 假设 $ p $ 是最大素数;
      \item 令 $ q $ 为 $ p $ 的乘积;
      \pause
      \item 则 $ q+1 $ 不能被分解;
      \item 所以 $ q+1 $ 也是素数, 且比 $ p $ 大。
    \end{itemize}
  \end{proof}
 \end{columns}
\end{frame}
```

如图 6.18 所示，在 columns 环境中既可以用 column 环境分列，也可以用\column 命令分列，它们有几乎相同的参数。需要注意的是，对齐方式 t/T 存在一定的差异。

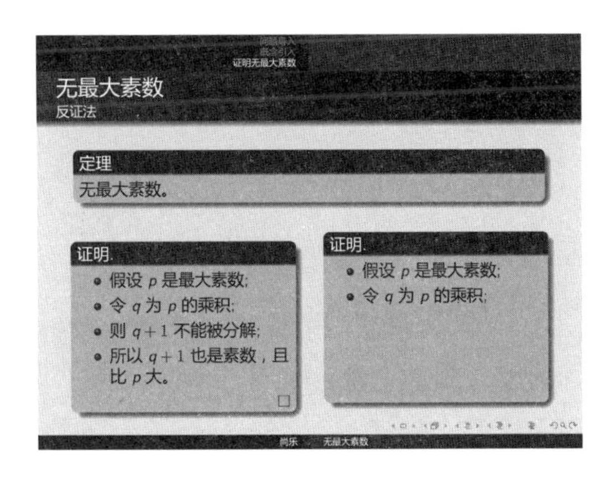

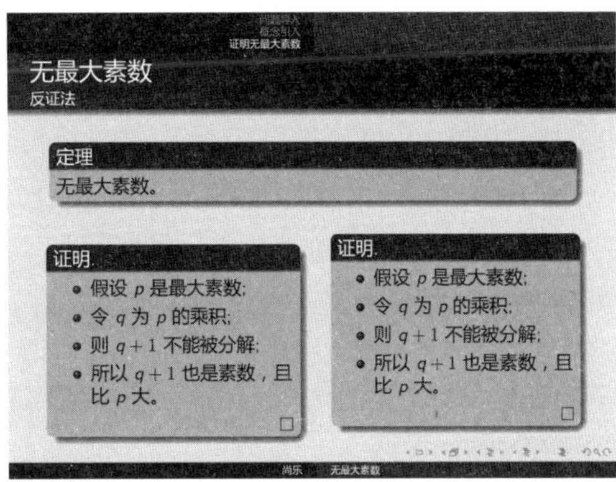

图 6.18　幻灯片分列

6.4 动画

我们说 beamer 制作的动画，并非像 PowerPoint 那样有动态效果，它的本质是多个页面的依次排列。在官方文档中用 overlay 表示，即覆盖，是后一页对前一页的增减。也许你现在还没有概念，没关系，我们从一些案例出发，去理解 beamer 设计思路。

前面介绍过 `\begin{frame}[<+->] \end{frame}` 的效果，其中 `<+->` 表示分多个帧展示某一页幻灯片。至于有多少页，就看该页幻灯片中包含多少个 `\item` 等项目。`<+->` 是一种简便的表记方法，还可以用数值指定某一具体的帧。

例 将 `<1-2,4->` 作为可选参数，可以打印多少帧呢？

```
\begin{frame}<1-2,4->
当前帧为 \only<1>{1}\only<2>{2}\only<3>{3}\only<4>{4}\only<5>{5}\
   only<6>{6}\only<7>{88}.
\end{frame}
```

第一帧打印“当前帧为 1”，第二帧打印“当前帧为 2”，第三帧打印“当前帧为 4”，第四帧打印“当前帧为 5”，第六帧打印“当前帧为 6”，第七帧打印“当前帧为 88”。读者已经发现规律，当精确指定打印某一帧的时候，给出该帧的编号即可；`<1-2,4->` 表示打印第一帧和第二帧，以及第四帧及后续所有帧。

如果将帧设置为 0，即表示抑制该帧打印。如 `\begin{frame}<handout:0>`，它表示在 handout 模式中，当前帧不打印，后续所有帧中都打印。类似地，还有 beamer 模式。

如果打印上述案例，你会发现虽然只有一个 frame，却打印出很多个页面，这就是我们说的覆盖 (overlay)。试想，每一个打印出来的页面按照一定时间间隔连续播放，是不是有了类似动画的效果呢？

6.4.1　pause 命令

用 \pause 命令作为帧分隔，是一种简单方式，但操作比较烦琐，不适合用于批量分帧。`\pause[number]` 命令有一个可选参数，如果设置可参数，帧计数器 beamerpauses 就会设置为该值。

例　对比 overlay 选项设置为 `<+->`，有如下案例，其打印结果与图 6.3 类似，按照 `\item` 的条目打印帧。

```
\documentclass{beamer}
\usetheme{Warsaw}
\setbeamercolor{normal text}{bg=gray!20}
\begin{frame}[<+->]
  \frametitle{无最大素数}
  \framesubtitle{反证法}

  \begin{theorem}
    无最大素数。
  \end{theorem}
```

```
  \begin{proof}
    \begin{itemize}
      \item 假设 $ p $ 是最大素数;
      \item 令 $ q $ 为 $ p $ 的乘积;
      \item 则 $ q+1 $ 不能被分解;
      \item 所以 $ q+1 $ 也是素数，且比 $ p $ 大。
    \end{itemize}
  \end{proof}
\end{frame}
```

先换成 \pause 命令，即在各个 \item 的后面添加 \pause 命令，也可以实现相同效果，如图 6.19 所示。

```
...
\begin{frame}
  \frametitle{无最大素数}
  \framesubtitle{反证法}

  \begin{theorem}
  无最大素数。
  \end{theorem}
  \begin{proof}
    \begin{itemize}
      \item 假设 $ p $ 是最大素数;
      \item 令 $ q $ 为 $ p $ 的乘积;
      \pause
      \item 则 $ q+1 $ 不能被分解;
      \pause[4]
      \item 所以 $ q+1 $ 也是素数，且比 $ p $ 大。
    \end{itemize}
  \end{proof}
\end{frame}
```

从图 6.19 中可知，\pause 命令作为分帧标志。如果没有带可选项，帧自动计数；如果带了可选项，帧计数器设置为该值 (大于前一个值，出现重复打印；小于前一个值，帧被抑制打印)。

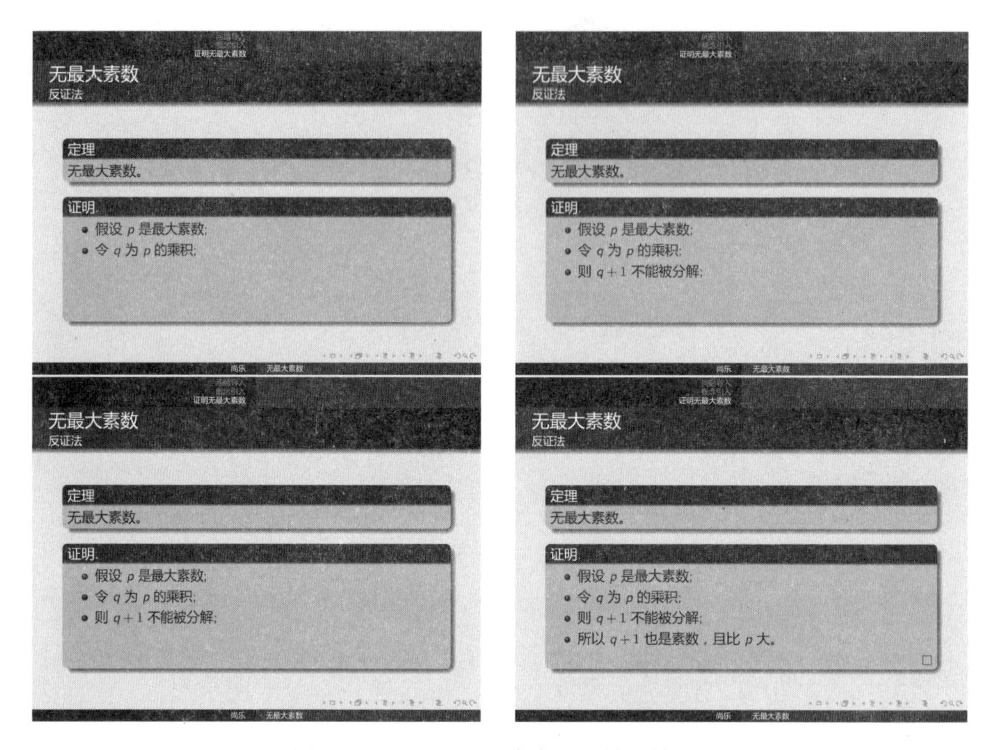

图 6.19 用 \pause 命令设置帧的效果

6.4.2 overlay 覆盖

<+-> 作用在 \item 上，可直接将 <+-> 作为 itemize 的可选项，相当于对每个 \item 用 <+->。类似地，数值可精确地指定帧数，但必须放在尖括号 (<>) 里面。

例 如图 6.20 所示，精确定位每一帧，在每一项后面添加帧标记 (<>)，其 LaTeX 文本如下：

```
\usetheme{Warsaw}
\setbeamercolor{normal text}{bg=gray!20}
\begin{frame}
  \textbf{在这一帧中，字体加粗。}
  \textbf<2>{在这一帧中，只有第2帧字体加粗。}
  \textbf<3->{在这一帧中，只有第3帧字体加粗。}
  \textbf<4>{在这一帧中，第3帧和第4帧字体加粗。}
\end{frame}
```

在图 6.20 所示案例中，对 `\textbf` 添加帧标记，第二帧与第三帧不同，第三帧添加了短横线，表示后面的帧都有该效果。

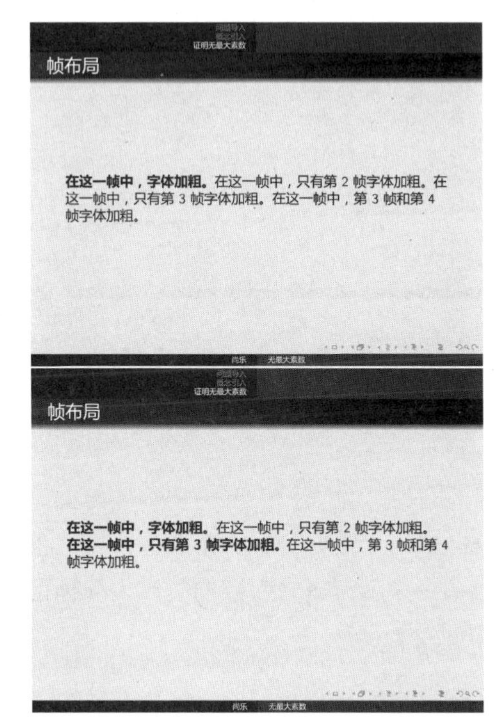

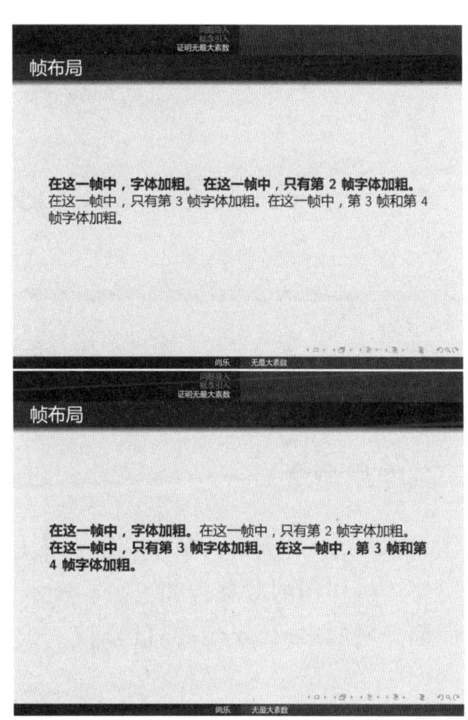

图 6.20 精确定位帧

例 类似地，还可以控制某一部分内容只出现在当前帧。

```
\usetheme{Warsaw}
\setbeamercolor{normal text}{bg=gray!20}
\begin{frame}
  \only<1>{只在这一帧中插入(第1帧)}
  \only<2>{只在这一帧中插入(第2帧)}
\end{frame}
```

如图 6.21 所示，虽然分了两帧，但 `\only` 中的内容只会出现在指定的帧内，不会出现在其他帧里。

通过上述案例，我们不难发现，所谓的覆盖，并不是在原来的一页幻灯片上动态添加内容，而是以帧的形式按次序排列。帧的次序以数值的方式确定，放在尖括号里面，如果带有短横线，则表示后续多个帧都有同样的效果。

图 6.21　控制内容出现位置

6.4.3　帧作用命令

在图 6.20 所示案例中，帧作用的对象是 **\textbf**。除 **\textbf** 命令外，还有很多其他命令可作为帧作用的对象，如表 6.8 所示。当命令中带有多个参数的时候，帧标记紧跟在命令后面，例如 \color<2-3>[rgb]{1,0,0}。

表 6.8　帧可作用的对象

\textbf	\textit	\textmd	\textnormal	\textrm
\textsc	\textsf	\textsl	\texttt	\textup
\emph	\color	\textcolor	\alert	\structure

帧的覆盖 (overlay) 有很多命令控制，例如在图 6.21 所示案例中，用到了 \only 命令，它规定某些内容只能出现在指定帧中。除 \only 命令外，还有其他很多命令，与帧的覆盖紧密相关。

\onslide 命令与 \only 命令类似，指定内容出现在哪一帧中，其语法格式为：

```
\onslide[modifier]<overlay>{text}
```

如果参数 text 不为空，将在指定帧中打印，在没有打印的帧中不打印，但依然占据空间。overlay 为指定的帧，modifier 取值为加号 (+) 或者星号 (*)。

例　如图 6.22 所示，应用 \onslide 命令打印，LaTeX 文本如下，\onslide 跟随的内容在指定帧打印，与 \only 命令类似。

```
\usetheme{Warsaw}
\setbeamercolor{normal text}{bg=gray!20}
\begin{frame}
  \onslide{所有帧打印}
  \onslide<2>{第二帧打印}
  \onslide<3->{第三帧和第四帧打印}
  \onslide<4>{第四帧打印}
\end{frame}
```

图 6.22 用 \onslide 命令控制帧

例 \onslide 的可选参数加号 (+) 或者星号 (*)，与 \uncover、\visible、\invisible 等命令的作用相似。

```
\usetheme{Warsaw}
\setbeamercolor{normal text}{bg=gray!20}
\begin{frame}
```

```
  \onslide<1>{与下面命令的效果相同(第1帧)}
  \uncover<1>{与前面命令的效果相同(第1帧)}
  \onslide+<2>{与下面命令的效果相同(第2帧)}
  \visible<2>{与前面命令的效果相同(第2帧)}
  \onslide*<3>{与下面命令的效果相同(第3帧)}
  \only<3>{与前面命令的效果相同(第3帧)}
  \onslide<4>{最后一帧(第4帧)}
  \invisible<4>{最后一帧(第4帧)}
\end{frame}
```

如图 6.23 所示，利用 \onslide、\uncover、\visible、\invisible 等命令可控制帧的可见性。

图 6.23 控制帧的可见性

还有 \alt、\temporal、\item、\label 等命令，也可以用于对帧的控制，读者可以尝试使用。

第四部分　自定义 LaTeX 的命令和环境

第 7 章　定制 LaTeX

到了这一章，读者已经具备了应用 LaTeX 写作的能力，已经对 LaTeX 的命令和语法有了基本认识，可以定制个性化文档样式了。

本章主要介绍 LaTeX 中宏的编辑方式，这与对 TeX 的调用紧密相关。通过宏定义的学习，读者有能力定制自己的宏文件。为了提高 LaTeX 文档的编辑效率，我们介绍一些具有代表性的外部工具，供读者参考。LaTeX 是一个非常庞大的体系，拥有数以万计的文件，本书不能穷举，所以列举很多在线资源网站，供读者学习。

7.1　宏编辑

LaTeX 本身是运行在 TeX 上的宏，经过预编译得到 LaTeX 格式。运行 LaTeX、PDFLaTeX、XeLaTeX，都是通过调用 TeX 引擎得到 LaTeX 格式。

所谓宏定义，在后面的描述中多称为命令，多数时候是以命令的形式定义的。本节主要介绍如何定制命令、环境、建立宏包，以及建立宏包可能用到的命令和条件结构。

7.1.1　定义命令

TeX 中定义命令的命令有：\def、\gdef、\edef、\xdef，其中 \def 是最常用的一个命令。

```
\def{cmd}[#num]{definition}
\gdef{cmd}[#num]{definition}
\edef{cmd}[#num]{definition}
\xdef{cmd}[#num]{definition}
```

参数 cmd 表示新定义的命令，可选项 num 表示被定义命令的参数，参数可以有多个，都以 # 号加数值的形式预留，参数 definition 表示命令的内容。需要注意的是，在 \def 命令中，不允许定义分段 (如 \par、\\ 等)，但是可以在 \def 命令前面添加 \long，即 \long\def。

\gdef 命令与 \def 命令使用方式相同，表示定义全局命令，为 \global\def 的缩写，其中 \global 可以放在 \setlength、\let 等命令前面。

如果要对 \def 的定义进行再定义 (递归定义)，可借助 \edef 命令。\edef 命令解决了递归定义的矛盾，如果用 \def 实现的话，就会形成死循环。

\xdef 命令相当于 \global\edef，可解决全局命令的递归定义问题。

例　\def、\gdef、\edef、\xdef 等命令的应用。

```
\def\abc{$ (x-1)^2=0 $}
\abc
\def\xyz#1{定义的内容是： #1}
\xyz{$ (x-1)^2=0 $}
\def\xyzs(#1,#2){定义的内容是： #1 和 #2}
\xyzs($ (x-1)^2=0 $,$ (x+1)^2=0 $)
\long\def\filter#1{\ifx#1\par\expandafter\filter\else#1\fi}
\filter{什么是

真的爱情？}
\def\syx#1{sum(#1,#1)}
\edef\syx#1{sum(\syx{#1}, \syx{#1})}
递归定义： \syx{2}
```

上述 LaTeX 命令打印效果如下：

$(x-1)^2=0$
定义的内容是：$(x-1)^2=0$
定义的内容是：$(x-1)^2=0$ 和 $(x+1^2=0)$
什么是
真的爱情?
递归定义：sum(sum(2,2), sum(2,2))

在使用 \def 定义命令的时候，可以添加多个参数，在调用新命令的时候，各个参数用逗号分隔。定义单个命令可以省略花括号。

在定义的 \filter 中，添加了分段命令 \par，在调用的时候，确实对文本分段了，因为 \def 前面有 \long，所以这是允许的。\ifx...\else 对参数进行判断，如果存现分段，就执行前面的命令，否则执行后面的命令。\expandafter\filter 让 \filter 延迟展开，也就是先处理后面的 \else 部分，否则 \filter 将 \else 当作输入进行过滤。

先定义 \syx，并带有一个参数，然后用 \edef 递归定义 \syx，先解析 \syx{#1} (参数放在花括号里面，所以 \syx{#1} 里面用的是花括号)，然后定义 \syx。如果直接用 \def 做递归定义，则是无效的，也就是说，\def\syx#1{sum(\syx{#1}, \syx{#1})} 是一个无限递归的定义。

LaTeX 的 \newcommand 命令与 \def 命令与有相似的作用，但是两者也存在区别。\def 命令不会检查 LaTeX 文档中是否已经存在被定义，所以即使存在，新定义会覆盖旧定义，\newcommand 命令则会检查是否存在重复定义，如果存在，编译将会报错。想要用 LaTeX 的 \newcommand 命令不能覆盖原有定义，但是可以用 \renewcommand 命令实现命令重定义。

```
\newcommand{cmd}[num][default]{definition}
\newcommand*{cmd}[num][default]{definition}
\renewcommand{cmd}[num][default]{definition}
```

参数 cmd 为新定义的命令，可选项 num 表示新命令中带有的参数个数，可选项 default 表示默认的参数值，参数 definition 表示定义的内容。

例 用 \newcommand 定义命令，用 \renewcommand 重定义命令。

```
\newcommand\emphx{The old emph.}
\emphx
\renewcommand{\emphx}[1]{\textcolor{red}{\textbf{#1}}}
\emphx{The new emph.}
```

上述 LaTeX 命令打印效果如下：

The old emph.

The new emph.

\let 命令也可以用来定义命令，但不像 \def 那样定义命令，而是以赋值的形式接收已定义的命令，常用于宏的重定义之前，保存宏原有定义。

```
\let{cmd}=odlcmd
or
\let{cmd}{oldcmd}
```

\let 有两种定义方式，一种是用等号 (=) 连接，另一种是省略等号。参数 cmd 用于存储原有的宏命令，参数 oldcmd 就是原有的命令。

例 重定义 \emph 命令。

```
\let\oldemph=\emph
\renewcommand{\emph}[1]{\textcolor{red}{\textbf{#1}}}
\oldemph{The old emph.}
\emph{The new emph.}
```

上述 LaTeX 命令打印效果如下：

The old emph.

The new emph.

用 \let 命令将原来的 \emph 保存在 \oldemph 中，然后重定义 \emph，且带有一个参数。从案例中可以知道，\emph 原来的效果被保存下来，并被赋予了新的使命。

7.1.2 定义环境

LaTeX 不仅提供了定义命令的接口，还提供了定义新环境的接口：\newenvironment 和 \renewenvironment 分别表示定义环境和重定义环境，它与定义命令的 \newcommand 和 \renewcommand 类似。

```
\newenvironment{name}[narg][default]{begdef}{enddef}
\renewenvironment{name}[narg][default]{begdef}{enddef}
```

参数 name 表示新环境的名称，可选项 narg 表示参数个数，可选项 default 表示参数默认值，参数 begdef 表示开始定义的内容，参数 enddef 表示结束定义的内容。

例 定义 Abstract 环境，并对其进行重定义。

```
\newenvironment{Abstract}
```

```
{\begin{center}\normalfont\bfseries Abstract
\end{center}\begin{quote}}{\end{quote}\par}
\begin{Abstract}
这是本文的摘要部分，请简要概述本文内容及主要贡献，但摘要部分内容
    不要超过五百字。
\end{Abstract}
\renewenvironment{Abstract}[1][\qquad]
{\begin{center}\normalfont\textbf{摘要}
\end{center}\begin{quote}#1}{\end{quote}\par}
\begin{Abstract}{}
这是本文的摘要部分，请简要概述本文内容及主要贡献，但摘要部分内容
    不要超过五百字。
\end{Abstract}
```

上述 LaTeX 命令打印效果如下：

Abstract

这是本文的摘要部分，请简要概述本文内容及主要贡献，但摘要部分内容不要超过五百字。

摘要

　　这是本文的摘要部分，请简要概述本文内容及主要贡献，但摘要部分内容不要超过五百字。

\newenvironment 命令定义了一个 Abstract 环境，调用方式与其他环境 (如 itemize 环境) 一样。其实 Abstract 环境是建立在 quote 环境之上的，而 quote 环境是文本环境，在第 2.4.6 节已经学习过。重定义 Abstract 环境的时候，添加了参数和默认参数值，在调用 Abstract 环境的时候，只给了空参数，所以打印出 \qquad (空白)。

7.1.3 条件判断

TeX 中可以用 \if 等语句作为条件判断，这在上一节的案例中已经见过，其语法格式如下：

```
\if{exp} text \fi
\if{exp} text1 \else text2 \fi
\ifx{exp} text \fi
\ifx{exp} text1 \else text2 \fi
\ifnum{exp} text \fi
\ifnum{exp} text1 \else text2 \fi
\ifdim{exp} text \fi
\ifdim{exp} text1 \else text2 \fi
```

这里列举了几种常见的条件判断结构，表示如果条件 exp 成立，则执行 text1 的命令，否则执行 text2 的命令 (或什么也不做)。

\if 和 \ifx 用于比较字符是否相同。\ifnum 表示整数比较，表达式 exp 中可以是整型常量，也可以是 LaTeX 的计数器 \value{计数器}，可以有比较运算符 (大于号、小于号、等号)。\ifdim 表示长度比较，表达式 exp 中可以是长度变量，可以有比较运算符。

还有很多其他条件判断：\ifodd 用于判断整数是否为奇数，\iftrue 和 \iffalse 用于判断真假，还有 \ifmmode、\ifvmode、\ifhmode、\ifinner 等条件用于测试当前模式。如果要自定义判断形式，可以用 \newif 实现。

例　条件判断的应用。

```
\def\texts{abc}
\def\textx{abc}
\if \texts\textx 相同 \else 不相同 \fi
\ifx \texts\textx 相同 \else 不相同 \fi
\ifnum 1=2 相等 \else 不相等 \fi
\ifnum \value{page}>100 长文本 \else 短文本 \fi
\ifdim \linewidth>5cm book \else beamer \fi
\ifcase 2
打印0 \or 打印1 \or 打印2 \else 其他
\fi
```

上述 LaTeX 命令打印效果如下：

不相同　　相同　　不相等　　长文本　　book　　打印 2

需要注意的是，在使用条件判断的时候，需要用 \fi 结束判断结构。\ifcase 命令后

面跟随一个整数 (与 C 语言的 switch 结构很像)，后面用 \or 命令区分每个条件。

7.1.4 建立宏包

文档类宏包一般以 .cls 后缀命名，样式宏包一般以 .sty 后缀命名。在使用文档类宏包的时候，即直接作为 \documentclass 的参数；使用样式宏包的时候，在导言区用 \usepackage 命令将宏包包含到 LaTeX 文档中。不管是哪种类型的宏包，在使用的时候，只需要文件名称，不需要添加后缀名 (后缀名按照规范约定设置)。

宏包开头，用 \ProvidesClass 命令或者 \ProvidesPackage 命令标识文件分别属于文档类型宏包或样式宏包。

```
\ProvidesClass{name}[information]
\ProvidesPackage{name}[information]
```

参数 name 表示宏包名称 (一般与文件名相同)，可选项 information 为补充信息，如 YYYY/MM/DD 格式的日期及版本号等。

在 LaTeX 文档中加载文档类宏包和样式宏包分别用 \documentclass 命令和 \usepackage 命令，在宏包中加载其他文档类宏包或者样式宏包，应该用 \RequirePackage 命令或者 \LoadClass 命令。

```
\LoadClass[arg]{name}[date]
\RequirePackage[arg]{name}[date]
```

可选参数 arg 表示宏包中的某些选项，通过指定选项参数，可以减少宏包加载过多累赘内容。参数 name 表示宏包名称，可选参数 date 指定日期，引入的宏包日期应该比这个日期新。

为了适应不同的编译环境或者文档需求，一个宏包可以包含很多可选项。宏包中可以用 \DeclareOption 命令声明一个选项，只有在需要的时候使用该选项。使用选项有两种方式，一种方式是在宏包中用 \ProcessOptioins 命令执行所有选项，或者用 \ExecuteOptions 命令执行指定的选项；另一种方式是在加载文档类或者样式宏包的时候，添加选项，如 \documentclass[a4paper]{book}。

在宏包文件中常见到 @ 符号，在宏包里面，该符号当作一个特殊的字母处理，而不是特殊符号，在宏包中可以直接使用。用带有 @ 号的命令，一般为内部命令，用户不能使用。

例 综上所述，建立一个自己的文档类型宏包 myclass.cls，然后新建 test.tex 文件测试，测试结果如图 7.1 所示。如果是建立样式宏包，后缀名一般为 .sty，在 .tex 文档中 \usepackage 引入，这里不再赘述。

```
%% 这是自定义的宏包 myclass.cls

\NeedsTeXFormat{LaTeX2e}

%% 自定义的文档类宏包 myclass
\ProvidesClass{myclass}[2022/01/06 v1.1 Macro package developed
   by Lee.]

%% 加载文档类
\LoadClass[a4paper]{book}

%% 引入宏包
\RequirePackage{ctex}
\RequirePackage{color}
\RequirePackage{titlesec}

%% 定义一些命令
\newcommand\chinesedegreename{}
\newcommand\chinesebooktitle{}
\newcommand\englishbooktitle{}

%% 声明选项
\DeclareOption{bachelor}{
  \renewcommand{\chinesedegreename}{本科}
  \renewcommand{\chinesebooktitle}{本科生毕业设计（论文）}
  \renewcommand{\englishbooktitle}{Bachelor Thesis}
}

%% 执行声明的选项 bachelor
\ExecuteOptions{bachelor}
%% 声明选项
\DeclareOption{green}{\newcommand\degreename{\color{green}{\
   chinesebooktitle}}}
%% 只有一个参数，为匿名选项
```

```
\DeclareOption*{
  \RequirePackage{geometry}
  \geometry{
    a6paper,
    left=30mm,
    right=30mm,
  }
}

%% 执行所有声明的选项
\ProcessOptions\relax

\AtEndOfClass{
  \RequirePackage{amsmath}
}

\AtEndOfPackage{
  %\RequirePackage{fancyhdr}
}

%% 在文档末尾插入的内容
\AtEndDocument{
  \begin{center}
    可以在文档末尾插入图片标志 logo
  \end{center}
}

%设置标题
\titleformat{\chapter}{\centering\Huge\bfseries}{第\,\thechapter
   \,章}{1em}{}
\titleformat{\section}{\centering\Large\bfseries}{\thesection}{1
   em}{}

%% 定义内部命令
\let\myclass@oldemph=\emph
\def\newemph#1{{\color{red}{\myclass@oldemph{#1}}}}
```

```
%% tex 文件
\documentclass[green]{myclass}

\begin{document}

  \chapter{宏编译}

  \section{声明选项}

  因为宏包中执行了 bachelor 选项，所以可以直接打印： \
     chinesedegreename。

  因为在加载文档类的时候添加了 green 选项，所以能够调用命令打印：
  {\degreename}

  \section{加载宏包}

  在宏包尾部加载了 amsmath 宏包，可以打印数学公式。

  \begin{align*}
  \widehat{\psi(t) A} &= \widetilde{\psi(t) B} &\quad
  \overline{\psi(t) A} &= \underline{\psi(t) B} &\quad
  \overbrace{\psi(t) A} &= \underbrace{\psi(t) B} \\
  \overrightarrow{\psi(t) A} &= \overleftarrow{\psi(t) B} &\quad
  \underrightarrow{\psi(t) A} &= \underleftarrow{\psi(t) B} &\
     quad
  \overleftrightarrow{\psi(t) A} &= \underleftrightarrow{\psi(t)
     B}
  \end{align*}

  \section{内部命令}
  内部命令是不能调用的，\newemph{outer command.}
\end{document}
```

第1章 宏编译

1.1 声明选项

因为宏包中执行了 bachelor 选项，所以可以直接打印：本科。

因为在加载文档类的时候添加了 green 选项，所以能够调用命令打印：
本科生毕业设计（论文）

1.2 加载宏包

在宏包尾部加载了 amsmath 宏包，可以打印数学公式。

$$
\begin{array}{lll}
\widehat{\psi(t)}A = \widetilde{\psi(t)}B & \overline{\psi(t)A} = \underline{\psi(t)B} & \overbrace{\psi(t)A} = \underbrace{\psi(t)B} \\
\overrightarrow{\psi(t)A} = \overleftarrow{\psi(t)B} & \underrightarrow{\psi(t)A} = \underleftarrow{\psi(t)B} & \overleftrightarrow{\psi(t)A} = \underleftrightarrow{\psi(t)B}
\end{array}
$$

1.3 内部命令

内部命令是不能调用的，*outer command.*

可以在文档末尾插入图片标志 logo

1

图 7.1 测试自定义宏包

前面已经对 myclass.cls 和 test.tex 文件中的命令做了详细说明，这里不再赘述，读者可参考上述 LaTeX 文本和图 7.1 所示说明。案例中有很多细节需要注意，比如 tex 文件中调用的 \degreename 命令和 \newemph 命令，对后文字体颜色的影响如何消除问题，值得读者对比考量。这个案例也可以作为一个简单的文档模板使用，已经对页面做了简单布局，对标题等格式做了调整。

7.2　扩展

7.2.1　外部工具

本节主要介绍一些好用的工具，用于自动生成 LaTeX 命令。LaTeX 文档中经常有公式编辑的需求，所以首先介绍能够生成公式的软件。对于不太熟悉的用户来说，用 tikz 画图也比较困难，我们可以借助 TpX 等可视化工具实现。最后介绍一个表格生成器，将 Excel 表格转换为 LaTeX 表格，可以极大地提高工作效率。

公式生成器　我们不止一次说过，LaTeX 的一大优势就是数学公式编辑。虽然公式编辑的语法和逻辑并不复杂，但是如果文档中出现大量复杂的公式，则用户在编辑的时候很难不犯错。

例　有如下一个很长的数学公式。

$$\begin{aligned}(1+7x+6y+5z)^6 \mod 13 = &12x^6+6x^5y+5x^5z+x^5+11x^4y^2+x^4yz+8x^4y+\\&8x^4z^2+11x^4z+5x^4+7x^3y^3+11x^3y^2z+10x^3y^2+\\&7x^3yz^2+8x^3yz+6x^3y+7x^3z^3+12x^3z^2+5x^3z+\\&9x^3+11x^2y^4+\cdots\end{aligned} \tag{7.1}$$

公式 (7.1) 结构非常简单，但是公式非常长 (笔者已经抄录到放弃，用省略号代替了)。如果文档中有大量这样公式，相信你也会崩溃。

如果使用 Mathematica 软件编辑公式 (7.1)，就变得非常简单，只需要输入命令：

```
TeXForm[Expand[(1+7x+6y+5z)^6, Modulus -> 13]]
```

与 Mathematica 类似的软件还有 Maple、Maxima、MATLAB 等，它们可以将公式转换为 LaTeX 格式文本输出，实现自动计算。但不可否认，使用这些专业软件，需要熟悉对应软件的语法和命令，而且这些软件也非常大，需要较好的运行环境。现在有很多在线编辑器，如 MATLAB 在线编辑器，可以直接在网页上实现基本需求。

图形生成器 第 5 章介绍了 LaTeX 插图，还介绍了 tikz 绘图，不可否认 tikz 绘图具有一定的难度。除用 tikz 绘图外，还可以用 TpX、Gnuplot、Ipe、Jpgfdraw、GeoGebra 等专业绘图软件，它们能够生成 tikz 代码，用 `\input` 命令将图片插入到 LaTeX 文档中。

例 以 TpX 软件为例，它是一个应用于 Windows 平台的小型矢量图绘图软件，能够生成 EPS 或者 PDF 格式文件。在后缀名为 .TpX 的文件中包含 LaTeX 文本。如图 7.2 所示，为 TpX 绘制的图形。

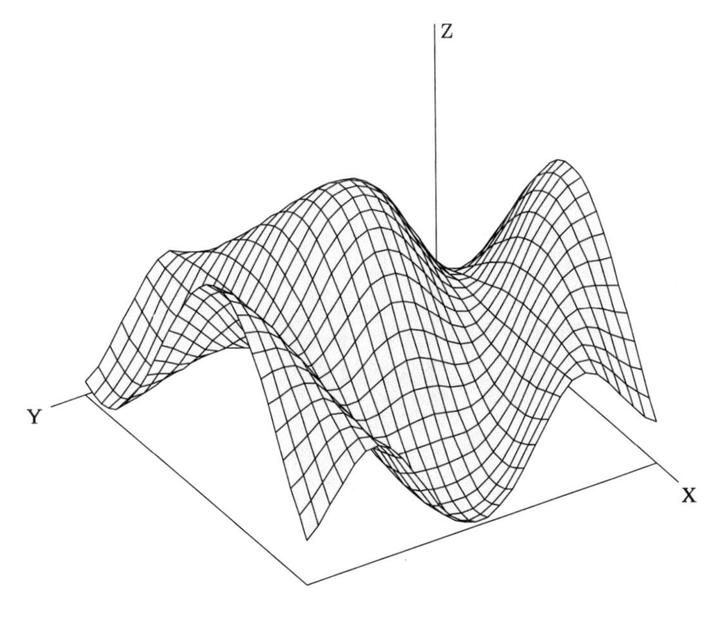

图 7.2　TpX 绘制的图形

```
...
\begin{figure}
\centering
  \ifpdf
  ...
  \else
    \setlength{\unitlength}{1bp}%
    \begin{picture}(383.66, 332.79)(0,0)
```

```
      \put(0,0){\includegraphics{../Plot3D}}
      \put(371.34,54.43){\fontsize{9.25}{11.10}\selectfont X}
      \put(5.67,99.50){\fontsize{9.25}{11.10}\selectfont Y}
      \put(235.28,318.05){\fontsize{9.25}{11.10}\selectfont Z}
    \end{picture}%
  \fi
\end{figure}
```

表格生成器　本书列举了很多表格，其中部分表格非常庞大 (如表 3.19)，对于庞大、复杂的表格，用 LaTeX 命令编辑是件很麻烦的事情。常用表格编辑软件 Excel 能够直观快速地建立表格，能不能将 Excel 表格转换为 LaTeX 的表格呢？

插件 Excel2LaTeX 能够实现 Excel 表格与 LaTeX 表格的双向转换，先下载 Excel2LaTeX.xla 文件，然后双击安装，重启 Excel 就可以在 Excel 的【加载项】中看到【Convert Table to Latex】。在 Excel 中建立表格，单击【Convert Table to Latex】就可以得到 LaTeX 命令，如图 7.3 所示。

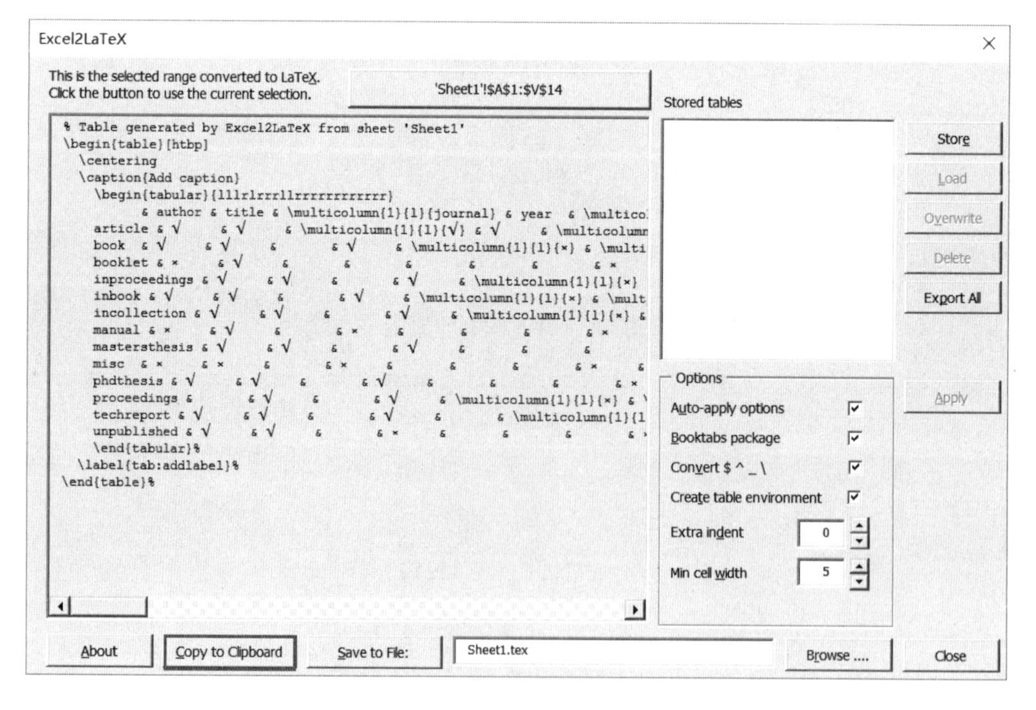

图 7.3　Excel2LaTeX 在 Excel 中生成的 LaTeX 表格

与 Excel2LaTeX 插件类似的有 Calc2LaTeX，将 Calc 表格转换为 LaTeX 表格。pgfplotstable 宏包可以读取纯文本文件，以空格或者逗号分隔的文本能够转换为表格输出。datatool 宏包可以读取数据库文件，输出 LaTeX 表格。

在线工具 随着互联网技术越来越成熟，还有很多专门为 LaTeX 开发的在线工具，值得大家关注。Detexify 是一个符号识别应用，用户通过鼠标画出符号图形，Detexify 自动识别找出相近符号。Overleaf 也是一款在线 LaTeX 编辑工具，它与本地编译效果基本相同，但使用之前需要注册。LaTeX 公式编辑器是一款非常好用的在线公式编辑器，能够可视化操作公式。Tables Generator 是一款在线编辑表格的软件，能够得到 LaTeX 表格、HTML 代码等不同格式输出。

7.2.2 资源

LaTeX 的学习资源有两类：离线资源和在线资源。离线资源就是下载到本地计算机上的资源，这类资源比较有限。在线资源比较全面，但是很分散。

离线资源 MiKTeX 和 TeXLive 都提供了 texdoc 命令查找帮助文档，本书是在 Windows 平台使用 TeXLive 编辑，所以以 TeXLive 作为案例介绍。假设要查看 ctex 宏包的说明文档，只需要在 Windows 的 cmd 窗口中输入“texdoc ctex”，就会打开 ctex.pdf 的文档 (说明文档一般以 .pdf 作为后缀名)。

CTAN CTAN 是 Comprehensive TeX Archive Network 的缩写，是一个 LaTeX 的资料仓库，它由志愿者建立，在全世界都有 CTAN 的镜像服务器，供用户查阅。在官方网站上几乎可以找到全部有关 TeX 的资料。通过镜像站点查询可能更快捷，在浏览器地址栏输入“`mirror.ctan.org`”，可以自动匹配到最近的镜像站点。

TUG TUG 是 TeX Users Group 的简称。TUG 旨在鼓励和推广 TeX 及相关软件应用。在 TUG 上可以下载很多应用软件，获取很多免费资料文档。

社区 有很多痴迷 LaTeX 的用户，建立了一些可供学习讨论的社区论坛。例如有 CTEX、LaTeX 工作室等，为 LaTeX 的学习提供了很多案例，也在一定程度上促进了 LaTeX 的发展。

除了专门为 LaTeX 建立的社区论坛，还有很多博客和个人网站也在分享 LaTeX 的相关内容，具有一定的参考价值。

参考文献

[1] Kent McPherson a.o. Displaying page layout variables. CTAN://macros/latex/required/tools/layout.pdf.

[2] Donald Arseneau. The relsize package. CTAN://macros/latex/contrib/relsize/relsize-doc.pdf.

[3] Donald Arseneau. The threeparttable package. CTAN://macros/latex/contrib/threeparttable/threeparttable.pdf.

[4] Donald Arseneau. The truncate package. CTAN://macros/latex/contrib/truncate/truncate.pdf.

[5] Donald Arseneau. The ulem package:underlining for emphasis. CTAN://macros/latex/contrib/ulem/ulem.pdf.

[6] Donald Arseneau. The wrapfig package. CTAN://macros/latex/contrib/wrapfig/wrapfig-doc.pdf.

[7] Javier Bezos. The accents package. CTAN://macros/latex/contrib/accents/accents.pdf.

[8] Stephan I. Bottcher and Uwe Luck. A latex package to attach line numbers to paragraphs. CTAN://macros/latex/contrib/lineno/lineno.pdf.

[9] Johannes Braams. The alltt environment. CTAN://macros/latex/base/alltt.pdf.

[10] Johannes Braams and Theo Jurriens. The supertabular environment. CTAN://macros/latex/contrib/supertabular/supertabular.pdf.

[11] D. P. Carlisle. The color package. CTAN://macros/latex/required/graphics/color.pdf.

[12] D. P. Carlisle. Packages in the ‘graphics’ bundle. CTAN://macros/latex/required/graphics/grfguide.pdf.

[13] D. P. Carlisle and S. P. Q. Rahtz. The graphics package. CTAN://macros/latex/required/graphics/graphics.pdf.

[14] David Carlisle. The colortbl package. CTAN://macros/latex/contrib/colortbl/colortbl.pdf.

[15] David Carlisle. The dcolumn package. CTAN://macros/latex/required/tools/dcolumn.pdf.

[16] David Carlisle. The enumerate package. CTAN://macros/latex/required/tools/enumerate.pdf.

[17] David Carlisle. The hhline package. CTAN://macros/latex/required/tools/hhline.pdf.

[18] David Carlisle. The indentfirst package. CTAN://macros/latex/required/tools/indentfirst.pdf.

[19] David Carlisle. The longtable package. CTAN://macros/latex/required/tools/longtable.pdf.

[20] David Carlisle. The tabularx package. CTAN://macros/latex/required/tools/tabularx.pdf.

[21] David Carlisle. The tabulary package. CTAN://macros/latex/contrib/tabulary/tabulary.pdf.

[22] David Carlisle. The textcase package. CTAN://macros/latex/contrib/textcase/textcase.pdf.

[23] David Carlisle and Morten Hogholm. The xspace package. CTAN://macros/latex/required/tools/xspace.pdf.

[24] CETX.ORG. Ctex 宏集手册. CTAN://language/chinese/ctex/ctex.pdf.

[25] Steven Douglas Cochran. The subfigure package. CTAN://obsolete/macros/latex/contrib/subfigure/subfigure.pdf.

[26] Jacques Cr ´emer. A very minimal introduction to tikz. http://cremeronline.com/LaTeX/minimaltikz.pdf.

[27] Patrick W. Daly. Natural sciences citations and references. CTAN://macros/latex/contrib/natbib/natbib.pdf.

[28] Jean-Pierre F. Drucbert. The tabbing package. CTAN://macros/latex/contrib/Tabbing/Tabbing.pdf.

[29] Matthias Eckermann and Berlin. The parallel-package. CTAN://macros/latex/contrib/parallel/parallel.pdf.

[30] Robin Fairbairns. chappg —a latex package for numbering pages "by chapter". CTAN://macros/latex/contrib/chappg/chappg.pdf.

[31] Robin Fairbairns. footmisc —a portmanteau package for customising footnotes in latex. CTAN://macros/latex/contrib/footmisc/footmisc.pdf.

[32] Simon Fear. Publication quality tables in latex. CTAN://macros/latex/contrib/booktabs/booktabs.pdf.

[33] Daniel Flipo. Typesetting dropped capitals with latex. CTAN://macros/latex/contrib/lettrine/doc/lettrine.pdf.

[34] Rainer Sch¨opf Frank Mittelbach and Michael Downes. The amscd package. CTAN://macros/latex/required/amsmath/amscd.pdf.

[35] Melchior FRANZ. The soul package. CTAN://macros/generic/soul/soul.pdf.

[36] M. Goossens, F Mittelbach, S. Rahtz, D. Roegel, and H. Voss. The latex graphics companion, second edition - tools and techniques for computer typesetting. 2007.

[37] M. Goossens, F Mittelbach, and A. Samarin. *The LaTeX companion.* Addison.

[38] Jobst Hoffmann. The listings package. CTAN://macros/latex/contrib/listings/listings.pdf.

[39] Alan Jeffrey and Frank Mittelbach. inputenc.sty. CTAN://macros/latex/base/inputenc.pdf.

[40] David M. Jones. The amsfonts package. CTAN://fonts/amsfonts/doc/amsfonts.pdf.

[41] L. Lamport. Latex : a document preparation system : user's guide and reference manual. *software*, 1994.

[42] Johannes Braams Leslie Lamport, Frank Mittelbach and the LATEX Project Team. Standard document classes for latex version 2e. CTAN://macros/latex/base/classes.pdf.

[43] Leo Liu. diagbox package making table heads with diagonal lines. CTAN://macros/latex/contrib/diagbox/diagbox.pdf.

[44] Andreas Matthias. The pdfpages package. CTAN://macros/latex/contrib/pdfpages/pdfpages.pdf.

[45] Gonzalo Medina. The background package. CTAN://macros/latex/contrib/background/background.pdf.

[46] Frank Mittelbach. The bm package. CTAN://macros/latex/required/tools/bm.pdf.

[47] Frank Mittelbach. An environment for multicolumn output. CTAN://macros/latex/required/tools/multicol.pdf.

[48] Frank Mittelbach. An extension of the latex theorem environment. CTAN://macros/latex/required/tools/theorem.pdf.

[49] Frank Mittelbach and David Carlisle. A new implementation of latex's tabular and array environment. CTAN://macros/latex/required/tools/array.pdf.

[50] H.-Martin M¨unch. The lastpage package. CTAN://macros/latex/contrib/lastpage/lastpage.pdf.

[51] Hiroshi Nakashima. The arydshln package. CTAN://macros/latex/contrib/arydshln/arydshln.pdf.

[52] Rolf Niepraschk. The overpic package. CTAN://macros/latex/contrib/overpic/overpic.pdf.

[53] Rolf Niepraschk and Hubert Gäßlein. The sidecap package. CTAN://macros/latex/contrib/sidecap/sidecap.pdf.

[54] Mauro Orlandini. The shadow package. CTAN://macros/latex/contrib/shadow/shadow-doc.pdf.

[55] Scott Pakin. The boxedminipage package. CTAN://macros/latex/contrib/boxedminipage/boxedminipage.pdf.

[56] Herries Press Peter Wilson. The layouts package: User manual. CTAN://macros/latex/contrib/layouts/layman.pdf.

[57] Øystein Bache Pieter van Oostrum and Jerry Leichter. The multirow, bigstrut and bigdelim packages. CTAN://macros/latex/contrib/multirow/multirow.pdf.

[58] Sunil Podar. Enhancements to the picture environment of latex. `CTAN://macros/latex/contrib/epic/picman.pdf`.

[59] The LATEX Projec. Latex2e for class and package writers. `CTAN://macros/latex/base/clsguide.pdf`.

[60] Bernd Raichle Rainer Schopf and Chris Rowley. A new implementation of latex's verbatim and verbatim* environments. `CTAN://macros/latex/required/tools/verbatim.pdf`.

[61] Young Ryu. The tx fonts. `CTAN://fonts/txfonts/doc/txfontsdocA4.pdf`.

[62] Martin Schröder. The ragged2e-package. `CTAN://macros/latex/contrib/ragged2e/ragged2e.pdf`.

[63] American Mathematical Society and LATEX Project. User's guide for the amsmath package. `CTAN://macros/latex/required/amsmath/amsldoc.pdf`.

[64] Axel Sommerfeldt. Customizing captions of floating environments. `CTAN://macros/latex/contrib/caption/caption-eng.pdf`.

[65] Friedhelm Sowa. The picinpar package. `CTAN://macros/latex209/contrib/picinpar/picinpar-en.pdf`.

[66] Kresten Krab Thorup and Frank Jensen. The calc package infix notation arithmetic in latex. `CTAN://macros/latex/required/tools/calc.pdf`.

[67] Joseph Wright Till Tantau and Vedran Miletić. The beamer class. `CTAN://macros/latex/contrib/beamer/doc/beameruserguide.pdf`.

[68] Princeton University Timothy Van Zandt and Princeton USA. The fancyvrb package fancy verbatims in latex. `CTAN://macros/latex/contrib/fancyvrb/doc/fancyvrb-doc.pdf`.

[69] Hideo Umeki. The geometry package. `CTAN://macros/latex/contrib/geometry/geometry.pdf`.

[70] Pieter van Oostrum. The fancyhdr and extramarks packages. `CTAN://macros/latex/contrib/fancyhdr/fancyhdr.pdf`.

[71] Timothy Van Zandt. Documentation for fancybox.sty: Box tips and tricks for latex. `CTAN://macros/latex/contrib/fancybox/fancybox-doc.pdf`.

[72] 刘海洋. *LATEX 入门*. 电子工业出版社, 2013.